3分钟

农业科普

杨永坤 邬震坤 李海燕 编著

中国农业科学技术出版社

图书在版编目（CIP）数据

3分钟农业科普 / 杨永坤，邬震坤，李海燕编著 . — 北京：中国农业科学技术出版社，2019.10

ISBN 978-7-5116-4462-6

Ⅰ. ① 3 … Ⅱ . ①杨… ②邬… ③李… Ⅲ . ①农业技术—普及读物 Ⅳ . ① S-49

中国版本图书馆 CIP 数据核字（2019）第 235255 号

责任编辑 崔改泵
责任校对 贾海霞

出 版 者 中国农业科学技术出版社
北京市中关村南大街 12 号 邮编：100081
电 话 （010）82109194（编辑室）（010）82109702（发行部）
（010）82106629（读者服务部）
传 真 （010）82106650
网 址 http://www.castp.cn
经 销 者 各地新华书店
印 刷 者 北京地大天成文化发展有限公司
开 本 710 mm×1 000 mm 1 /16
印 张 17.25
字 数 248 千字
版 次 2019 年 10 月第 1 版 2020 年 7 月第 2 次印刷
定 价 39.80 元

《3分钟农业科普》
编著委员会

主　　任：张合成

副 主 任：高士军　王晓举

委　　员（按姓氏笔画排序）：

刁其玉	万方浩	万建民	王　静	王力荣
王凤忠	王文辉	王玉富	王加启	王建华
王朝云	刘合光	江用文	李　强	李付广
李光玉	李秀根	李春义	李祥洲	李德芳
吴文斌	吴崇友	谷晓峰	张亚玉	张金霞
张继瑜	陈萌山	陈锦永	林而达	郑向群
赵立宁	胡志超	侯水生	施国中	贾万忠
高振宇	唐中林	黄三文	黄凤洪	黄修桥
梅旭荣	曹永生	章力建	彭源德	董雅凤
粟建光	路　远	熊和平	薛新宇	

主 编 著：杨永坤　邬震坤　李海燕

副主编著：侯丹丹　陈　莹　高羽洁　郑钊光　王安佳

编 著 者（按姓氏笔画排序）：

王安佳	朱妍婕	邬震坤	李海燕	杨永坤
陈　莹	郑钊光	侯丹丹	高羽洁	

目录 Contents

•作物科学篇•

●畜牧兽医篇●

●农业机械篇●

●资源环境篇●

● 食品营养篇 ●

● 食品安全篇 ●

● 农业经济篇 ●

作物科学篇

高锰和低镉并举，将水稻高品质育种进行到底！

长期以来，提高产量始终是我国水稻的育种目标，但由于育种工作者在水稻育种过程中过多强调产量性状，致使现有大部分品种虽然产量高，但品质下降。

随着人们对稻米品质需求的升级，现阶段我国调整了水稻育种思路，将品质育种放在重要地位，要求新型水稻品种必须达到一定的品质标准，同时兼顾抗性和产量。

锰和镉与人体健康关系密切

人体由多种化学元素组成，可分为必需元素、非必需元素和有毒元素。必需元素是人体正常代谢必需有的元素，非必需元素是人体不需要的元素，而有毒元素则是指对人体有害的元素。虽然这些元素在体内含量很低，但是它们与我们的身体健康息息相关。

矿质元素锰是人体的必需元素之一，它广泛分布于人体的不同组织器官，在维持人的生命活动过程中发挥着重要作用，一旦缺少便会导致不良症状和亚健康状态。美国国家研究委员会确定了锰的安全标准：成人每天需要摄入 2~5 毫克锰元素。

镉是有害的重金属，它进入人体后会蓄积于肝脏和肾脏，不仅对人的肝和肾造成损伤，而且还对骨骼、胃肠道和生殖系统等构成危害。

这些元素主要是通过摄入的食

物进入人体的。因此，对于人们普遍爱吃的大米，其中元素含量的高低直接影响到吸收这些元素的多少。

水稻新品系，高锰低镉能两全

全世界有 2/3 以上人口在日常饮食中缺少包括锰元素在内的一种或多种必需矿质元素。水稻是我国主要的粮食作物，稻米中锰和镉含量与人类健康息息相关，尤其是镉含量。目前，国家规定糙米中镉含量的安全标准是低于 200 微克 / 千克。

因此，开展高必需元素、低有毒元素的作物育种，不仅能够提高广大农民的收益，而且可以有效地保障我国居民吃上更营养的大米。

稻米的锰、镉含量不仅受到生产水稻的外界环境影响，如土壤元素的含量高低、气候条件、水肥管理和农药等，还受自身遗传因素的控制。在不考虑外界环境情况下，希望种植的水稻品种籽粒能多积累对人体有益的元素（锰），少积累对人体有害的元素（镉）。

近年来，研究人员发现不同水稻品种的稻米中锰、镉含量变异范围较大，特别是稻米中的镉含量。利用高必需元素、低重金属镉的稻米优异种质资源（主要是优良等位基因型）改良水稻品种是最直接且具有应用价值的途径。

经过多年研究，发现水稻第 7 号染色体的同一个区段内的两个优异等

位位点：其中一个负责提高稻米的锰含量，另一个可有效控制稻米的镉含量。将该区段导入水稻的骨干品种 93-11 中，实现了稻米的高锰低镉。

改良的是品种，造福的是大众

目前，已经获得包括产量、生育期、株高等许多重要农艺性状与93-11品种一致的，并且稻米表现为高锰低镉的改良品系。

将利用该材料进行更多的配组，并从中选择表型优异的杂交组合，希望能早日通过国家的品种审定，推广种植，造福大众。

重磅！《Science》再次发声，水稻自私基因挑战孟德尔遗传规律

籼粳杂交稻产量高，半不育难题是困扰

杂交稻对解决我国粮食安全问题作出了巨大贡献，但如何进一步提高杂交稻的产量，急需寻找新的技术途径。研究表明，水稻籼粳亚种间杂交稻比目前的杂交稻能进一步提高单产 15%~30%，但籼粳杂种存在半不育的问题，严重制约了籼粳杂交稻产量的提高。

Tips：植物杂交种半不育性： 植物杂合体在减数分裂过程中因一半的配子发育异常，常表现为 50% 的花粉败育或 50% 的胚囊败育，最终导致结实率只有一半左右。

基因也自私？自私基因控制 DNA 片段优先遗传

自私基因是指双亲杂交后，父本或母本中能控制其自身的 DNA 片段优先遗传给后代的基因。它使亲本自身的遗传信息能更多、更快地复制，并能更多地传递给子代，其遗传不符合孟德尔遗传规律。2017 年《Science》报道了小鼠和线虫自私基因的非孟德尔遗传现象。这些研究表明在动物中自私基因驱动了基因组的进化，并影响了物种自身基因组的稳定性。但在植物中的自私基因相关研究尚未有任何报道。

孟德尔遗传规律： 1865 年，奥地利帝国遗传学家格里哥·孟德尔发表并催生了遗传学诞生的著名定律。他揭示出遗传学的两个基本定律——分离定律和自由组合定律，统称为孟德尔遗传规律。

分离定律：在生物的体细胞中，控制同一性状的遗传因子成对存在，不相融合；在形成配子时，成对的遗传因子发生分离，分离后的遗传因子分别进入不同的配子中，随配子遗传给后代的现象叫做孟德尔分离定律。

自由组合规律：当具有两对（或更多对）相对性状的亲本进行杂交，在子一代产生配子时，在等位基因分离的同时，非同源染色体上的基因表现为自由组合。其实质是非等位基因自由组合，即一对染色体上的等位基因与另一对染色体上的等位基因的分离或组合是彼此间互不干扰的，各自独立地分配到配子中去。因此也称为独立分配定律。

三个关键基因ORF1、ORF2和ORF3，"毒性—解毒"才是水稻不育核心机制

科研团队以亚洲栽培稻粳稻品种（*Oryza sativa* ssp. *japonica*）和南方野生稻（*Oryza meridionalis*）为研究材料，系统解析了野生稻与栽培稻种间杂种不育问题与遗传特性。研究发现，其不育性主要受水稻自私基因位点qHMS7的控制。研究发现其包含三个紧密连锁的基因ORF1、ORF2和ORF3，其中ORF1基因编码一个未知功能的蛋白；ORF2基因编码一个杀配子的毒性蛋白，以母体效应导致花粉死亡；而ORF3基因编码一个解毒蛋白，以配子体效应选择性保护配子，使携带ORF3基因的花粉可育。

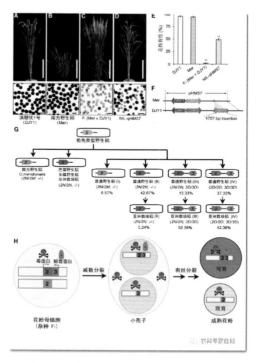

水稻自私基因系统导致杂种花粉半不育

在"祖先野生稻—普通野生稻—亚洲栽培稻"的演化过程中，ORF1一直被保留，ORF2从没有毒性功能逐步演变成有毒性功能的类型，ORF3是在普通野生稻中由ORF1基因复制产生，并获得解毒功能，在随后的稻种驯化过程中被选择传递到亚洲栽培稻。研究表明，粳稻品种同时携带毒性的ORF2和解毒的ORF3，而南方野生稻只含有无毒性的ORF2，在其杂种 F_1 中，携带南方野生稻基因型的花粉因缺乏ORF3保护而死亡，携带粳稻品种基因型的花粉因有ORF3保护而存活，最终导致后代中没有纯合的南方野生稻基因型个体存在，群体分离不符合经典的孟德尔遗传模式。

该研究阐明了自私基因在维持植物基因组的稳定性和促进新物种的形成中的分子机制，探讨了毒性—解毒分子机制在水稻杂种不育上的普遍性，为揭示水稻籼粳亚种间杂种雌配子选择性致死的本质提供了理论借鉴。

基因编辑技术删除毒性自私基因，籼粳杂交告别不育烦恼

早在1986年，日本学者池桥宏提出广亲和基因的概念，即携带广亲和基因的品种与典型的籼稻或粳稻杂交，杂种 F_1 育性正常，这些品种被

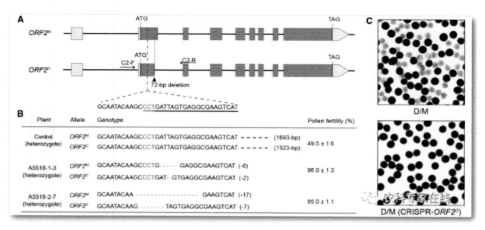

编辑删除毒基因恢复花粉育性

称为广亲和品种。1988 年袁隆平先生提出利用广亲和品种来解决籼粳杂种不育的难题。但进一步研究发现广亲和性是相对的，即广亲和品种与部分的籼稻或粳稻杂交，其杂种后代能正常结实，而与其他籼稻或粳稻品种杂交仍存在不育性，且关于广亲和基因的相关分子机制仍不清楚。

本研究表明 ORF3 是广亲和位点的必需基因。在深入了解水稻杂种不育的分子遗传机理基础上，可利用基因编辑技术对具毒性功能的自私基因进行编辑删除，创制广亲和的水稻新种质，实现籼粳交杂种优势的有效利用，为籼粳亚种间杂交稻品种的培育提供基础。

科研工作者亲尝 180 000 枚黄瓜叶片，终于破解黄瓜苦味谜题！

黄瓜——被"驯化"的野生草药

黄瓜源自喜马拉雅山脉南麓，本是印度境内土生土长的植物。黄瓜的

野生黄瓜

祖先长相狰狞，它们荔枝大小，通体碧绿，像海胆一样满身是刺，果实极苦，轻咬一口就让人肠胃尽空，原本在印度被作为草药使用。经过一代又一代的挑选，那些个儿大、味甜、刺少的品种被广泛种植，黄瓜果实和叶片都变大了，果实也失去了苦味。黄瓜逐渐从野生草药被"驯化"为一种蔬菜，并逐渐传到世界各地。

苦味——黄瓜自我防卫的武器

不抗虫黄瓜与叶片苦抗虫黄瓜

驯化其实就是一个人工选择的过程。尽管对人类有利的特点得到了强化，"野性难驯"的黄瓜们还是在叶片中保留了祖先的苦味，这是黄瓜在进行自我防卫，苦味是植

物防御虫害、保护自己的一种天然武器，为了保护果实不被动物们吃，好繁衍后代。研究发现，黄瓜的苦味是由葫芦素引起的，极低量的葫芦素就能引起明显的苦味，比典型的苦味剂咖啡因还要苦100倍左右。

荷兰育种家采用了"简单粗暴"的方法——把黄瓜苦味物质葫芦素C破坏掉，使整株黄瓜完全产生不了苦味，结果果实自然不苦了，但同时牺牲了叶片的抗虫性。苦味在果实中的存在，不仅会影响蔬果的品质，也会影响农民的生产效益。如何更加精准调控苦味基因，让它们在可食用部位不苦，在其他部位苦，从而既能保证果实品质，又能保证其仍具有防御虫害的能力，须从基因中找到黄瓜变苦的秘密开关。

黄瓜

寻找苦味开关　科研工作者亲尝18万枚黄瓜苦叶片

味道的获得和丢失，与植物中次生代谢产物在作物可食用部分的分布和积累密切相关。研究团队致力于蔬菜作物基因组、变异组及转录组等大数据研究，探寻黄瓜苦味开关。

经过5年时间，科学家找到了合成苦味物质葫芦素C的9个基因，这9个基因源源不断地制造着苦味物质葫芦素C，苦味的出现由两个"主开关基因"控制。被驯化的黄瓜中，控制果实苦味的主开关常是关闭的，因而味道清爽，叶片苦味开关则开启着，以抵御虫害。但生长条件一不如意，一些"任性"的黄瓜便把果实上的苦味开关打开，9个基因立即生产葫芦素C，果实也就变苦了。找到叶片开关失灵的植株是进一步研究的关键。

黄瓜叶片

判断黄瓜叶片苦不苦最简单、最便捷的方式就是靠人去尝，为提高准确性，3 人一组同时品尝，结果一致才能最终判定。科研工作者将 60 000 株黄瓜，180 000 枚苦叶子逐一尝下来，终于找到了两株不苦的叶片，意味着这两株黄瓜的叶片开关失灵，种子则被非常金贵地保存了起来。依靠这两棵研究材料，团队找到了控制黄瓜叶片苦味的开关，对照其结构和功能在果实中寻找，又"顺藤摸瓜"地找到了控制黄瓜果实苦味的开关。

Bl 和 Bt 基因　黄瓜苦味的主开关

研究团队找到了控制黄瓜苦味合成和调控过程中的 11 个关键基因。其中 9 个基因负责苦味物质葫芦素的合成，而另外的两个基因 Bl 和 Bt 则被形象地命名为"主开关基因"，控制其他 9 个苦味合成基因表达与否，其中 Bl 基因负责控制叶片的苦味，Bt 基因控制果实的苦味。如果能够精确调节 2 个主开关基因的表达模式，就可以做到让黄瓜果实中不积累苦味物质，保证黄瓜的商品品质，同时还可以提高叶片中的葫芦素含量，用于抵御害虫的侵害，减少农药使用。

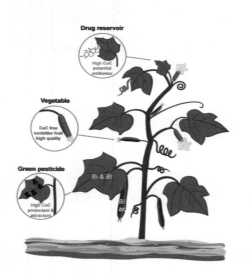

叶苦、瓜不苦的新品种黄瓜

葫芦素 C 控制苦味，还能抗癌？

苦味可以被去除，当然也能被利用。研究发现癌细胞对葫芦素 C 很敏感，同时控制血糖的效果也很明显，随着葫芦素合成和调控机制的破解，利用"苦味"开发合成治癌药物已成为可能。目前，科学家已经开始了葫芦素 C 药用价值的研发。

经历千百年"驯化"的黄瓜或将被"反驯化"，用种植黄瓜与野生黄瓜进行杂交，果实就能又大又苦，弥补野生黄瓜太小不好入药的缺陷。用于食用的也将是"超级黄瓜"，叶子能抗虫，果实在任何条件下不会变苦。

野生变家种，"神草"人参的前世今生

土产参为贵

人参（*Panax ginseng* C. A. Meyer）为五加科多年生宿根性草本植物，以根入药。

《神农本草经》是现存最早的中药学专著，记载着中国 4 000 年前就已经形成的人参药用的精髓：人参不仅可补五脏，还可以安精神，定魂魄，止惊悸，除邪气，明目，开心益智。久服，轻身延年。也就是说，经常服用人参，可以防止衰老，可以延年益寿。

野生人参的根

我国《图经本草》记载："相传尝试上党人参者，当使二人同走，一人与人参含之，一人不与，度走三五里许，其不含人参者必大喘，含者气息自如"。

药乡神话　千年神草被驯化

人参被视为"百草之王"，野生人参自然生存量小，自然生长速度极慢。由于其极高的药效作用和经济价值，需求量不断增加，利益驱使，人们盲目采挖，导致野生人参濒临灭绝。因此，开展野生人参驯化栽培不仅能够满足市场需求，同时对保护资源的永续利用有重要的经济效益、

人工栽培人参的根

社会效益和生态效益。

人参生长对环境条件有着苛刻的要求，其生长发育与环境条件密切相关。基本的生态条件包括光照、温度、水分、土壤、养分、空气、生物等因子，这些因子具有同等重要性和不可代替性。

人参的光照、营养等环境因子调控试验

中国人参产量占全球的一半　人参产业有多大？

在国际市场上，广义的人参包括人参和西洋参，人参起源于亚洲，主产国有中国、韩国、俄罗斯、朝鲜、日本。在澳大利亚、英国、德国、法国、美国也有少量种植。西洋参起源于北美洲，主产于美国和加拿大，但后起之秀中国成为世界上第二大主产国。

我国是世界上人参主产国，产量占世界总产量的52%，我国人参主产区主要分布在吉林省、黑龙江省和辽宁省。吉林省是我国人参的主产区，产量为全国的60%以上。我国人参目前产量约8 000吨/年，其中药用约4 000吨，零售1 000吨，出口约3 000吨，是我国出口额最大的中药材品种。我国的人参出口市场主要集中在日本、欧洲、东南亚等国家及我国港澳台地区。出口基本以原料为主，近年人参皂苷等提取物出口增加较快。

野生人参和园参生长环境对比图

韩国是人参的第二大主产国，产于韩国的人参称为高丽参，在韩国人的心目中，人参是圣洁、长寿的标志，被视为国宝。韩国无论大人小孩都吃人参，把食人参视为一种荣耀。

人工种植真的没有野生的好？

在古代人参几乎全部来源于野生。随着社会的进步，人口的增多，需求量亦随之加大，野生的人参生产量无法满足需求，从而开启了野生变家种的栽培路线，人参的栽培历史已达 1 600 余年。

在漫长的历史发展过程中，先民们做出了巨大的努力，栽培的面积产

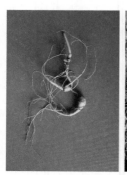

野生人参与园参对比图

量不断增加，对其农艺技术不断完善，形成了不同环境区域的不同栽培模式，也形成了采收后独特的加工炮制工艺，在特定区域生产出疗效突出、性状优良稳定的人参，称之为道地人参。在栽培理论与实践中，人们也发现了不同的栽培管护方式对人参的疗效影响巨大。

人工种植人参的经济效益

由于人参进入食品的法律法规的实施，人参的需求量更加巨大，5 年以下的作为食用人参，5 年以上作为药用人参，由于市场的调节，人参的价格有一定的波动，但大年生价格变动较少，小年生价格波动较大。仅以 5 年人参为例，如果管理的好，平均产量为每亩（1 亩 ≈667 平方米。全书同）400~600 千克，按照 2017 年价格 220~300 元 / 千克计算，每亩产值为 88 000~180 000 元，每亩成本约为 20 000~45 000 元，每亩净利润为 68 000~135 000 元。

剑指千亿级　人参全产业链布局

"世界人参看中国，中国人参看吉林"，吉林省人参产业发展好坏直接影响整个人参产业发展。预计十三五末，吉林人参产业要普遍达到绿色、有机标准，精深加工比重达到 50% 以上，参业总产值比 2015 年翻一番，把人参产业培育成产值超 1 000 亿元的重要支柱产业。

非林地人参试验示范基地

学习笔记：人参养殖要点

光照：人参叶片构造具有阴性植物的全部特征，不能忍受强光直射，喜散射光，人参在林下净光合作用呈现单峰型，下午 1：00 达到最大值，为 2.47 微摩尔 /（平方米·秒），光饱和点为 4.1 微摩尔 /（平方米·秒）。

温度：人参的习性是喜阴凉，要求温度变化和缓，温度高低对人参的生育和病害的发生程度有很大影响，人参生长期间的最适温度是 15℃~20℃。

水分：水分在人参生长发育过程中具有重要意义，而人参对水分的要求又很严格，土壤过湿或过旱，易造成人参减产，病害增加，一般土壤湿度以 35%~50% 为宜。

土壤：土壤的物理、化学及生物特性直接影响人参的形体、药效及健康状况，研究发现优质人参生长的土壤有机质含量为 7%~16%，容重 0.6~0.8，孔隙度为 70%~80%，酸碱度以微酸性或近中性（pH 值 6.0~6.5）。

肥料：不同年生人参吸收氮、磷、钾的比例略有不同，在（3~4）：1：

（5~7）。其中，氮肥过多，人参抗病能力降低，易感染病害，铵态氮比硝态氮危害更重；对磷的需要量最小；对钾的吸收量最大；微量元素对人参的生长发育有利，不可缺少，如硫、硼、钙、镁、锌、锗等。施用肥料应以腐熟的有机肥为主，复合肥为辅；配方施肥为主，单一品种肥料为辅等。

追寻神秘的中国草（China grass）足迹，苎麻不仅能穿，还能吃！

苎麻是我国南方极具特色的韧皮纤维作物。苎麻纤维结构的空隙大，吸水而且散湿效率高，所以作为服装面料十分透气凉爽。同时，苎麻的麻骨可作造纸原料或纤维板。如今，"一麻多用"，古老的纺织纤维作物——苎麻正在作为优质饲草闪亮登场。

"中国草"苎麻　连绵千年的布衣植物

"东门之池，可以沤（ōu）纻"，苎麻作为中国古代重要的纤维作物之一在先秦便有文字记载。苎麻起源于我国的中、西部地区，世界各地的苎麻均由我国直接或间接引入，加之苎麻原麻形似干草，故苎麻被外国人称为"中国草"。迄今考古发现最早的是浙江钱山漾新石器时代遗址出土的苎麻布和细麻绳，距今已有4 700余年。

苎麻绳

苎麻充溢于古人诗篇之中。魏晋时陶渊明"相见无杂言，但道桑麻长"的超脱，唐代孟浩然与故人"开轩面场圃，把酒话桑麻"的惬意，宋代范成大对"昼出耘田夜绩麻，村庄儿女各当家"的写实，都显现着苎麻对古人生活的重要性。

现代，苎麻韧皮纤维仍然作为优质纺织原料广泛应用于家纺、服饰、非织造日常用品。

苎麻纱线

苎麻夏布

突破苎麻产业瓶颈　转角遇到新机遇

长期以来，苎麻主要是作为一种纺织原料被人们利用，所利用的纤维仅占其植株的15%，而近85%的苎麻副产物如麻骨、麻叶很少能得到合理利用，造成了资源的极大浪费，苎麻产业的整体效益难以提升。

我国南方地区光热水资源丰富，但缺乏适于湿热气候的优质蛋白饲草，导致畜牧养殖的发展受限于蛋白饲料的匮乏。根据检测数据，苎麻茎叶粗蛋白质含量普遍高于20%，粗纤维含量普遍低于18%。同时，赖氨酸等限制性氨基酸、钙等矿质元素含量显著高于禾本科饲草，更富含绿原酸、熊果酸、黄酮等生命活性物质，可成为草食动物的优良饲料。将苎麻纤维收获以后的副产物

苎麻韧皮（原麻）

（麻叶、麻骨等）作为饲料开发利用，把单一的纺织原料生产转变为全株的综合利用，给产业发展带来新机遇。

苎麻精干麻

一麻多用　效果 N 次方

我国的苎麻种质资源十分丰富，这使得我国在饲用苎麻的品种选育及开发利用方面具有得天独厚的优势，目前已经育成了"中饲苎 1 号"等饲料专用苎麻品种和"中苎 2 号"等纤饲两用苎麻品种。

苎麻草块

苎麻副产物

苎麻产量高，一年能多次收割，纤用苎麻每年收获 3 次，饲用苎麻品种每年可收割 5~7 次。机械收割和剥制后，副产物可制成青贮饲料、草粉、大草块、全价配合饲料，营养成分保留多，能保存约两年时间。

苎麻青贮饲料喂养肉牛，采食

苎麻副产物含量 50% 以上的苎麻颗粒饲料

性好、肉牛生长快、肉质好，并且能够节省30%的精饲料。苎麻饲料化技术的应用，开发了我国南方新的牧草资源，可弥补我国南方匮乏高产、优质蛋白牧草的不足，"一麻多用"既是稳定苎麻产业发展的新途径，也给南方草食畜牧业发展带来了新的契机。

新途径　新契机　"中国草"也有春天

在我国长江流域地区，气候湿润，夏季高温时间长，在这种气候环境下，苎麻有更强的生长优势，开发前景十分广阔。目前该成果依托国家现代农业产业技术体系和当地农村专业合作社等平台，采取企业带动、技术培训、生产示范等方式，先后在湖南涟源、张家界、四川达州和湖北咸宁等地推广应用，3年累计创经济效益41 273.9万元，新增纯收益18 107.9万元。

在国际市场上，日本、韩国和东南亚地区是主要草类饲料产品的进口国家和地区，植物蛋白饲料市场潜力巨大。与其他草类饲料相比，苎麻蛋白质饲料产品营养价值高，成本低廉。苎麻蛋白质饲料将成为国外畜牧业发达的一些国家的潜在市场。

水培育苗

大圣若知人间有，何必上天闹九霄

蟠桃

身不在瑶池，心向往之，桃子熟了，果实芬芳。捧上一只蟠桃，不求长生不老，只求赴一场味蕾的美妙旅程。

相传，王母娘娘的蟠桃园有三千六百株蟠桃树，前面一千二百株，花果微小，三千年一熟，人吃了成仙得道。中间一千二百株，六千年一熟，人吃了霞举飞升，长生不老。后面一千二百株，紫纹细核，九千年一熟，人吃了与天地齐寿，日月同庚。

碧落蟠桃，春风种在琼瑶苑

桃起源于中国，自古以来受到人们的喜爱，是福寿吉祥的象征。蟠桃是普通桃的一个变种，以其形状独特，果形扁圆，顶部凹陷形成一个小窝，风味极佳而成为桃中精品。

蟠桃是一种营养价值很高的水果，含有蛋白质、脂肪、糖、钙、磷、铁和维生素 B、维生素 C 等成分，营养既丰富又均衡，是人体保健比较理想的果品。王母蟠桃会以及孙悟空大闹蟠桃会的传说，更是增加了蟠桃

的神秘色彩，而使得蟠桃家喻户晓。

仙品蟠桃也不完美

蟠桃果顶闭合不完全、果核易开裂、采摘易撕皮、皮薄肉软不耐贮运、产量偏低等缺点，使得长期以来蟠桃在生产中仅有零星栽培。

油蟠桃集蟠桃和油桃特点于一身，食用方便，风味品质更好，但也遗传了二者的缺点，更易裂果，适应性不好；同时遗传加性效应使油蟠桃果实很小，如我国唯一的油蟠桃地方品种单果重不足 40 克。

30 年品种改良，蟠桃下凡

中国农业科学院郑州果树研究所的"桃种质资源与遗传育种"创新团队，自 20 世纪 80 年代中期开始，从 30 多份蟠桃种质资源中筛选出奉化蟠桃和扁桃 2 份优异种质资源，通过 30 多年的不懈努力，采用胚挽救细胞工程技术和分子标记辅助育种技术，将我国优良地方品种进行 3~4 代改良，培育出不同成熟期系列蟠桃、油蟠桃品种，实现了突破。

经过近几年的推广，在中国，蟠桃由零星栽培到初具规模。其中黄肉蟠桃系列品种有早黄蟠桃、中蟠 11 号、中蟠 13 号、中蟠 15 号、中蟠 17 号、中蟠 19 号等；白肉蟠桃系列品种有中蟠 10 号、中蟠 12 号；黄肉油蟠桃系列品种有中油蟠 5 号、中油蟠 7 号、中油蟠 9 号等，这些品种的共同特点是外观漂亮、果实

郑州果树所百项成果推介会

大、果肉厚、基本不裂核、不裂果、不撕皮、果实耐贮运、风味品质极佳。在 2018 年 7 月 18 日桃农帮首届"施优健杯"最美蟠桃盛会上，郑州果树所培育品种包揽所有奖项的所有奖牌，得到广大果农和消费者的高度赞赏。

蟠桃盛会，满目珠玑

中蟠 10 号

俗称：虎皮花斑蟠桃和灵芝蟠桃

成熟时间：6 月底 7 月初

特点：平均单果重 200 克，果肉白色，肉质硬，风味好，可溶性固形物含量 15%~18%。

中蟠 13 号

俗称：水洗蟠桃或金饼蟠桃

成熟时间：7 月上旬

特点：果实外观极其漂亮，茸毛短，平均单果重 225 克，黄肉，成熟后柔软多汁，可溶性固形物含量 13%。

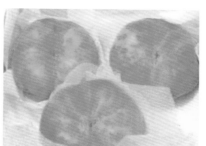

中蟠 19 号

俗称：黄金巨蟠

成熟时间：7 月中旬

特点：果实极大，均果 300 克，黄肉，离核，可溶性固形物含量 15%。

中蟠 11 号

俗称：黄金蜜蟠桃

成熟时间：7 月中下旬

特点：平均单果重 250 克，黄肉，近似不溶质，品质极佳，可溶性固形物含量 15%~18%，套袋后果实外表金黄色。

中蟠 17 号

成熟时间：8 月上旬成熟

特点：平均单果重 250 克，黄肉，果肉硬，品质极佳，可溶性固形物含量 15%，套袋后果实外表金黄色。

中油蟠 5 号

成熟时间：6 月下旬

特点：果面光泽度好，黄肉，肉质好属于高糖低酸品种，充分成熟后，风味浓郁，可溶性固形物含量 13%。

中油蟠 9 号

俗称：清华蟠桃

成熟时间：7 月上旬

特点：果实 300~400 克，黄

肉，肉质很好，固形物含量 15% 以上，高者达 20% 以上，风味极佳，最好套袋栽培，解决因糖度过高引起的果面糖点明显的缺陷。

中油蟠 7 号

俗称：神 7 油蟠

成熟时间：7 月中旬

特点：果实 300~400 克，果面干净，黄肉，固形物含量 16% 以上，高者达 20% 以上，风味极佳。

麻育秧膜神助攻，水稻机插更轻松
——农民用得起，用得好，一用就离不了

我国水稻常年种植面积 4.5 亿亩以上，加快麻育秧膜水稻机插育秧技术推广应用，对推进水稻生产全程机械化、绿色增产增效，提高粮食产量和增加农民收入具有重大意义。

水稻机插秧，育秧现难题

随着现代农业的发展，如今在全国水稻产区，水稻种植都开始采用机插秧的形式，机插水稻要成功，育秧是重要环节。传统的育秧环节一直存在秧苗根系盘结不牢、容易散秧、取秧运秧不便、漏插率高等问题。由于育秧盘不给力，散秧多，往往机插秧过后还需要人工补插秧，降低了劳动效率。有人尝试在育秧盘里加大播种密度，增强盘根，但效果不佳，还影响了秧苗的个体发育。

水稻

麻育秧膜

国内外首创，麻育秧膜驾到

麻育秧膜：以麻纤维为主要原料，采用环保型粘合剂，可完全生

物降解，具有良好的吸水透气性，将其垫铺于育秧盘底面，有盘根、保水保肥、透气增氧的作用，可在育秧土底层创造一层适合于水稻根系生长发育的水—肥—气平衡环境，可促进秧苗根系生长发育，显著提高秧苗素质。

保护秧苗，麻育秧膜显神通

麻育秧膜使用方便，只需要将它铺放在育秧的塑料软盘或硬盘里，然后按常用的秧盘育秧方法进行育秧就行。麻育秧膜的使用，能有效固定秧苗，利于机插秧早插早发高产。

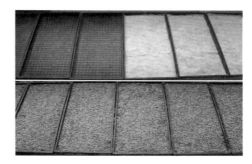

铺膜

育成的秧苗根系发达、白根多、整齐健壮，能提早 3~5 天插秧，即使是下雨天也可机插，易取秧、运输和装秧，省工节本。

麻育秧膜的使用保证了插秧机在插秧时易分秧，对秧苗的伤害更轻，漏插的秧苗更少，插秧后返青快，能显著提高水稻机插效率和质量。

多年的对比试验证明，使用麻育秧膜，单位时间内可提高机插功效

麻育秧膜

20%以上，漏蔸率减少30%左右，在均不补蔸的条件下，比无膜育秧机插水稻增产5%~30%，以早稻增产最为显著。

纸膜、化纤、麻，为何偏偏选中它

纸膜：一到水田就会全部降解，无法固定秧苗。

化纤地膜：虽然能固秧，但并不适合插秧机进行分秧，同时化纤膜撕不烂，不易于降解，污染环境。

麻育秧膜：由麻类等植物纤维制成，是一种有机质，可以在水田里自然降解，不但不会对土壤造成污染，还能增加土壤中的有机质，起到肥田的作用。

装秧

目前麻育秧膜的应用面积超过3 400余万亩，直接增产增收达到38亿元。科研团队成员还将继续针对水稻机插秧的育秧特点，进一步改进工艺，尽可能降低麻育秧膜的生产成本，努力提升麻育秧膜的功效，让农民用得起、用得好，推进水稻的现代化生产。

苎麻纤维乙醇，能源供给侧改革的排头兵

苎麻为我国特有的多年生草本植物，其根系发达，每年可收获3~4次，生物质产量大（22.5~27吨/公顷），纤维含量高，木质素含量低，是较理想的纤维乙醇原料之一。

苎麻

能源危机，谁来解围

近年来，随着化石燃料等不可再生资源的日趋枯竭，快速发展的全球经济与日益短缺的能源供给形成了一对无法调和的矛盾。能源危机、环境恶化已成为影响国家安全与持续发展的两大瓶颈问题。2017年年底，我国石油对外依存度上升到68.75%，因此，开发利用可替代的生物质能源势在必行。

纤维素采用硫酸水解糖化存在严重环境污染问题，随着人们环保意识的加强，以及国家对环保的重视，开发生物质能源需同时考虑高效和清洁生产。

微生物发酵，苎麻摇身一变成乙醇

苎麻韧皮的化学成分主要包括纤维素、半纤维素、果胶、木质素等。其中，纤维素含量高达68%~72%，半纤维素20%~25%，木质素较低约2%，生物转化相对比较容易。

苎麻韧皮纤维微生物提取　　　　　　　　麻类预处理菌种活化

　　苎麻纤维素糖化以前，首先需要利用高效微生物降解苎麻果胶等胶质，破坏苎麻半纤维质等非纤维素物质的结构，使得苎麻纤维素裸露出来；然后，使用高活性纤维素酶和木聚糖酶，在适宜的酶配比、温度和pH值等条件下，将纤维素和半纤维素降解糖化为单糖或寡糖；最后，通过酵母和戊糖转化菌株发酵产生乙醇。

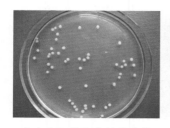

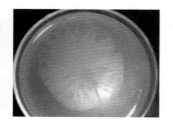

高产木聚糖酶菌株的菌落　　　高产纤维素酶菌株的菌落　　　高耐受性酵母的菌落
形态　　　　　　　　　　　　形态　　　　　　　　　　　形态

　　该技术以木质素含量低而纤维素含量高的苎麻等作为酶解糖化生产燃料乙醇的原料，首次将微生物发酵技术和酶工程有机结合，研究形成苎麻等纤维质生成燃料乙醇的技术，工艺流程为：苎麻原料→微生物预处理→复合酶降解→发酵→分馏→乙醇。

左：酶解液　中：发酵液　右：燃料乙醇

清洁、安全、高效，麻类纤维质燃料乙醇转化率近 30％

研究人员从现有的农产品加工微生物菌种保藏库 3000 多份麻类加工微生物资源中，选育出了麻类纤维提取高效菌株、高活性纤维素酶和木聚糖酶菌株及高效酵母菌株。利用菌剂从麻类等纤维质中提取纤维，降低纤维质提取的环境污染，提高纤维得率；酶法将纤维质降解成糖类，再通过酵母和戊糖转化菌株发酵，将葡萄糖和戊糖转化成乙醇，确定了麻类等纤维质生产燃料乙醇的工艺流程与技术参数。苎麻总糖转化率达到 67.03％，糖醇转化率达 43.82％（w/w），乙醇得率为 29.37％。

纤维燃料乙醇步入快车道

苎麻等纤维质生物降解生产乙醇技术是一种环境友好的绿色加工技术，为缓解我国能源危机提供了一条新的途径；可充分挖掘和综合利用麻类等纤维质资源，保护生态环境，促进我国可持续农业的发展。

一种酶法降解苎麻韧皮
生产燃料乙醇专利证书

　　依据"不与口争粮，不与粮争地"的原则，发展纤维燃料乙醇是生物能源发展方向。该技术为乙醇生产朝着清洁化方向发展奠定了基础，同时对其他纤维质原料乙醇生产提供了一条重要的思路。目前团队正通过采用基因工程手段选育更高效的预处理菌株、产酶菌株及戊糖发酵菌株，结合高效菌剂制备技术及发酵模式的研究降低生产成本，实现节能、环保、低成本的纤维质乙醇生产。

化腐朽为神奇的力量，废弃秸秆上长出蘑菇花

食用菌是我国特色的农业产业，在农业产业结构调整、促进农民增收、保障国民健康等方面发挥着重要作用。1990 年以来我国食用菌产业持续高速增长，2012 年跃升为粮菜果油之后的第五大种植业，产量占全球 75% 以上。

基质：食用菌营养的全部来源

食用菌虽然是重要的种植业组成部分，大部分作为蔬菜食用，但是生产工艺及技术与蔬菜完全不同。各类绿色作物都是以光合作用建造自身，生产出人类需要的食物，而食用菌则完全不同，是以基质为营养源，完全依赖自身的酶系统分解吸收基质中的木质纤维素等建造自身，最终形成子实体（菇、耳）。基质相当于绿色作物的土壤，是食用菌营养的全部来源。

各类作物秸秆都是食用菌生产

的营养源，作为原料经科学配方成为食用菌栽培基质。我国以秸秆为主要基质原料的平菇、金针菇、双孢蘑菇、草菇等食用菌年产2 000万吨左右，消耗秸秆2 400万~2 600万吨。

循环农业，蘑菇在秸秆上安家

按照循环农业的理念，食用菌产业与种植业、养殖业等有机结合，对于提高农业废弃物利用的价值和效率、改善农业生态环境、降低农业生产成本等具有非常重要的意义。

国家食用菌产业技术体系建设伊始，就紧紧抓住了以秸秆利用为主的食用菌新型基质产业化技术的研究和试验示范。先后开展了玉米芯、玉米秸、稻草、大豆秸、棉柴、菌渣等栽培木腐型食用菌的研究，形成了系列产业化技术。

目前，玉米芯、玉米秸、稻草、大豆秸、棉柴、菌渣等可替代传统用的棉籽壳、木屑等主料30%~70%，分别在平菇、黑木耳、杏鲍菇和白灵菇生产上应用，平均节本增效7%以上。

二次利用，菌渣变废为宝

菌渣做饲料

以秸秆为主料的菌渣含有菌体蛋白、菌类多糖和大量其他活性物质，作为饲料喂养畜禽更利于消化吸收，能够提高免疫功能，促进其生长发育，使畜禽更健康，大大降低得病率，节约养殖成本，提高经济效益。

在食用菌菌丝体的生长过程中，随着酶解反应的完成，副产品中木质素降解了30%，粗纤维降解了50%，粗蛋白由原来的2%~3%提高到10.03%~17.43%，氨基酸含量为0.5%~0.6%，特别是含有多种禽畜体内不能合成的、一般饲料中又缺乏的必需氨基酸和菌类多糖。因此，栽培食用菌的下脚料又是一种很好的菌糠饲料。

菌渣有机肥

产菇后的菌渣，含有大量的食用菌菌丝，经测定，氮磷钾等含量超过国家有机肥标准。此外，含有的真菌多糖等多种活性成分可以改善植物根际微生物区系，提高植物抗病性。经堆制发酵后作为有机肥使用，可疏松土壤，增加土壤有机质，为植物提供优质氮磷钾等多种肥料，对植物有害微生物产生一定的拮抗作用，减轻病害危害。使用菌渣有机肥生产的蔬菜水果品质显著提高，口感风味更佳。

育苗基质

菌渣经过发酵腐熟、调节理化性质和营养物质含量后，作为无土栽培基质及育苗基质应用于蔬菜、水果育苗和栽培可以促进蔬菜、水果生长发育，提高产量，改善品质。同时可使之变废为宝，促进资源的循环利用，减低无土栽培基质成本，提高产出与投入比。

各类秸秆经过食用菌的分解，在人类社会发展与环境生态的平衡中发挥着不可替代的作用。

大豆品种中黄 13 突破亿亩种植，献礼丰收节

　　稻谷飘香，蟹肥菊黄，秋分时节如约而至。今天是第一个中国农民丰收节，亿万农民喜庆丰收、享受丰收的节日。五谷丰登，国泰民安。中国农业科学院作物科学研究所培育的大豆品种中黄 13 品种突破亿亩种植，献礼丰收节。

种豆南山下，总产千万吨

　　大豆既是粮食，又是油料，还是饲料和工业原料。进口大豆主要用于饲料加工和制油行业，国产大豆则担当食用需求的重任，人们日常所吃到

的豆腐、豆浆、豆皮等豆制品，都是来自国产大豆。2017 年我国大豆消费达 11 059 万吨，超过世界大豆总消费量的 1/3，我国大豆播种面积为 1.17 亿亩，总产量达到 1 420 万吨。

食用大豆及其制品不仅是中国人民的习惯，还是人类植物蛋白的主要来源，也是发展畜牧业、养殖业、食品业、医药业、轻工业、化工等的重要保障，是关系到人民健康、市场稳定和民生的大问题。

中黄 13，亿亩良田岁丰年稳

中黄 13 是由中国农业科学院作物科学研究所王连铮研究员主持育成的广适高产高蛋白大豆品种。该品种以豫豆 8 号为母本，中作 90052-76 为父本，经有性杂交结合系谱法选育而成。

农业农村部副部长余欣荣视察中黄 13 种植情况

中黄 13 于 2001 年通过国家审定，自 2005 年起连续 9 年被列入国家大豆主导品种，2007 年起连续 9 年稳居全国大豆年种植面积之首。

截至 2018 年，中黄 13 累计推广超过 1 亿亩，创造社会经济效益 100 多亿元，是近 20 年来全国仅有的年推广面积超千万亩的大豆品

中黄 13 第一亿亩收获现场

种,也是近30年来唯一累计推广面积超亿亩的大豆品种。2012年获国家科技进步一等奖,是大豆界唯一一个获国家科技进步一等奖的大豆品种。

广适、高产、优质、多抗四重奏

适应性广:先后通过国家以及9个省市审定,适宜种植区域29°~42°N,跨三个生态区,13个纬度,是迄今国内纬度跨度最大、适应范围最广的大豆品种。

高产稳产:在黄淮海地区曾创造亩产312.37千克的单产纪录,在推

中黄13

广面积最大的安徽省区试平均亩产202.7千克,增产16.0%,全部25个试点均增产,产量列参试品种首位。

优质:蛋白质含量高达45.8%,籽粒大,商品品质好,豆腐产率高。

多抗:抗倒伏,耐涝,抗花叶病毒病、紫斑病,中抗胞囊线虫病。

四大贡献,中黄13铸就大豆产业的里程碑

中黄13收获现场

中黄13品种累计种植面积达1亿亩,是我国大豆育种工作的标志性重大成果,是大豆产业发展的里程碑式事件,对调整优化种植结构、构建合理耕作制度发挥了积极作用,对满足国内食用大豆消费需求作出了重要贡献。

育种科学价值大：中黄 13 适应性广，适合我国 14 个省市推广种植。高产稳产性，自 2002 年推广以来，无论何种年景从未出现过绝产绝收的情况。同时该品种蛋白质含量高，且具有多抗性。

保护大豆产业作用大：中黄 13 于 2001 年通过国家审定。在严峻的国际市场挑战面前，中黄 13 主推区域黄淮海南部的大豆面积不仅没有缩小，反而有所扩大。

对豆农增收贡献大：中黄 13 在 9 月下旬成熟，比以前的品种早熟一周以上，外出务工的农民可以利用国庆黄金周假期回家收割大豆，播种小麦。农民工在不影响进城务工的前提下，抽出有限的时间即可完成播种、收获，增加了收入来源。

中黄 13 大豆一亿亩收获现场会

对绿色生产方式创新大：中黄 13 推广过程中，构建了品种推广联合体，形成了独到的品种推广方式，推动了种子企业的成长，保留了麦豆两熟种植制度，促进了土地的用养结合。

从戈壁走来的国家级新品种"陇中黄花补血草"

"她"是一株草，身姿艳丽，花团锦簇，花期能达 160 天，是园林绿化与植物造景的绝佳选择。"她"是一味中药材，是止痛消炎补血良药，顺带还能治疗感冒。"她"是大自然的卫士与凶猛的抗旱斗士，高度耐干旱、耐盐碱、耐贫瘠，有防沙固沙的作用。

"她"名叫"陇中黄花补血草"，是中国农业科学院兰州畜牧与兽药研究所历时 10 年潜心研发的国家级新品种。

花期达到罕见的 160 天——"她"花色艳丽 观赏性强

该品种成丛性好、花序密度大，一般在 3 月返青，5—8 月为花期，9 月种子开始成熟，10—11 月株体逐渐枯黄，绿色期 240 天左右，花期 140~160 天。在深秋枯黄季节，酷似盛开的鲜花。夏秋时节花色艳丽，

陇中黄花补血草

繁茂潇洒。

花干后不脱落、不掉色，保持力极强，是理想的干花、插花材料与配材。该品种易于在城市绿化中营造出色彩艳丽、赏心悦目的群体景观，可用于庭院观赏或点缀于草坪中，也可用于花坛的边缘作为镶边栽植，与岩石、假山、雕塑等结合运用。黄花补血草为多年生宿根花卉，不需要经常更换，且维护要求比较低。

天然中药材——"她"不仅抗炎、抗菌……

黄花补血草［*Limonium aureum*（L.）Hill.］，又称金色补血草、金匙叶草，系白花丹科补血草属植物，多年生草本。花萼可入药，能止痛、消炎、止血，外用治各种炎症，内服治神经痛、月经少、耳鸣、奶汁少、牙痛、齿槽脓肿、感冒、发烧、疮疖、痈肿等。

原兰州畜牧与兽药研究所草业饲料研究室副主任常根柱研究员率先发现其研究价值

目前研究发现，黄花补血草中含有大量的黄酮类物质，这些成分具有抗肝脏毒性、抗炎、抗菌、解痉等作用，是一种极有开发前景的天然药物。

大自然的卫士——"她"耐盐碱、耐贫瘠、耐干旱

由于花期长，该品种还是良好的蜜源植物。耐盐碱、耐贫瘠、耐干旱，在年降水量300毫米以上的地区不需浇水即可正常生长，维护成本低；在气温 −36℃以内可安全越冬；对土壤要求不高，在含盐量千分之四以内可正常生长开花，是一种耐盐性很强的旱生泌盐植物，适应我国北方极干旱地区的荒漠化生态条件。

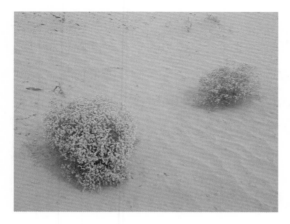

黄花补血草是黄土高原干旱区及荒漠区的重要乡土植物之一，因其主要采用自播繁殖，且自播能力强，连年萌生，持续不衰，可以起到宿根草本地被的作用。同时，能降低近地面风速，增强土壤黏结力，改善局部小环境，固持土壤，是沙漠地区先锋植物之一，对防风固沙具有重要的作用和价值。

当前我国水资源短缺，发掘、培育节水抗旱的植物新品种是育种研究的主要方向。"陇中黄花补血草"已经取得两项国家发明专利，在园林绿化中广泛应用。

生产生态双增效，推广应用前景广阔

黄花补血草是干旱荒漠草原地区不可缺少的饲用植物。其花期长，开花多，泌蜜丰富，可以作为夏秋季蜜源植物。此花还有诱杀苍蝇的作用，它能释放一种诱惑苍蝇的物质，苍蝇特别爱光顾此花，所以称"落蝇子花""蝇子架"，一旦苍蝇上去就被杀死，是天然的灭蝇花，苍蝇的天敌。

新品种的选育成功，可在防风固沙、生态改善中发挥重要作用，亦可人工栽培繁育，实现生产生态双增效，推广应用前景广阔。

穿越 20 个世纪　倾情讲述植物生长调节剂与葡萄的爱恨情仇

故事开始于公元 1 世纪……

植物生长调节剂的应用历史可以追溯到公元 1 世纪，那时人们把橄榄油滴在无花果树上可以促进无花果的发育，不过直到 20 世纪，人们才搞明白高温使橄榄油分解释放出的乙烯影响了无花果的发育、促使早熟。关于植物生长调节剂的故事千千万，今天，我们来说说它与葡萄之间的恩怨情仇。

啥是植物生长调节剂？

植物生长调节剂（Plant Growth Regulators，简称 PGRs）：是指具有与植物内源激素相似的生理活性或能影响内源激素的合成、运输、代谢及其生理活动，通过人工合成、生物发酵、化学提取的能调节植物生长发育的化合物总称。

为高效生产而结缘

葡萄和所有农作物一样，提倡简约、省工、优质、安全、高效生产。然而，葡萄生产中有许多特有的、十分费工的管理技术，如保花保果、无核栽培、提高质量等，除了实行标准化、规范化管理以外，植物生长调节剂的应用效果显著，往往起到四两拨千斤的作用，对于葡萄省力、优质、高效生产，显得尤为重要。

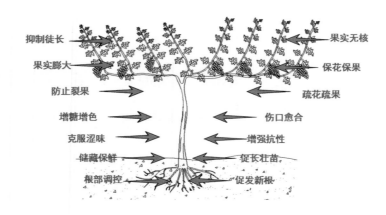

抑制徒长 ——→　　　　　　　　　←—— 果实无核
果实膨大 ——→　　　　　　　　　←—— 保花保果
防止裂果 ——→　　　　　　　　　←—— 疏花疏果
增糖增色 ——→　　　　　　　　　←—— 伤口愈合
克服涩味 ——→　　　　　　　　　←—— 增强抗性
储藏保鲜 ——→　　　　　　　　　←—— 促长壮苗
根部调控 ——→　　　　　　　　　←—— 促发新根

相依相伴　相濡以沫

拉长果穗　减轻疏果用工

葡萄花序长度 7~15 厘米时，使用 4~5 毫克 / 升赤霉酸（GA_3）均匀浸蘸花序或喷施花序，可拉长花序 1/3 左右，减轻疏果用工。

控制旺长　提高坐果

花前 2~3 天至见花时，使用 500~750 毫克 / 升的缩节胺（助壮素、甲哌嗡）喷施新梢叶片，可减缓葡萄枝条旺长，提高巨峰、户太 8 号、鄞红等品种的坐果率，增加产量。

有核品种无核化　成就更好的你

利用赤霉酸（GA_3）或复配制剂诱导有核葡萄成为无核葡萄的技术。有核品种无核化栽培可提高葡萄质量、不用吐籽、食用方便，提高商品性、增加效益。

护你周全　保花保果

有些葡萄品种，因其基因特性，胚珠异常率高，影响其正常的授粉受精；另外，葡萄在授粉受精期间遇到营养不足、营养过旺或不良环境条件影响，常使受精中途失败导致落花落果、坐果不良、果穗松散，产生无核小果，导致大小粒，无法丰产稳产。此时，使用赤霉酸、噻苯隆、吡效隆等植物生长调节剂可达到提高坐果、减少小果、丰产稳产、改善质量的效果。

夏黑自然生长果穗　　　　　夏黑保果处理效果

增大果粒　提高果实质量

有些葡萄品种品质很好，但果粒小、商品外观质量不高，使用赤霉酸、噻苯隆、氯吡脲等植物生长调节剂可增大果粒、提高质量、改善外观，效果显著、安全高效。

左：红地球葡萄自然果穗（果粒小）；右：膨果处理果穗（果粒增大显著）

相爱相怨 恋爱中也有摩擦

葡萄生产中使用植物生长调节剂，需考虑葡萄品种、天气、植株生长环境、葡萄长势以及调节剂使用时期、浓度、部位、方法等因素，使用不当会造成如下副作用。

花序卷曲、穗轴畸形、
花果稀疏

坐果过密、大小粒严重

叶片、果柄、节间、果梗、果蒂异常

果皮粗糙、形成赘生物

色泽异常、成熟延迟、含糖量降低

植物生长调节剂的爱情条约

鉴于调节剂使用不当会对葡萄等作物产生副作用甚至造成严重损失，我国对调节剂的应用出台了严格的安全管理措施和使用规定。

PGRs 只有进行产品登记，取得相应登记证、标准证和生产许可证后方可允许使用，在登记过程中，相关部门对其安全性进行严格的评价和测试（检测评价其毒性毒理、LD_{50}、MRL、ADI、安全间隔期等），只有证明它是安全的，才允许使用。另外，国家制定的《安全使用准则》，可指导植物生长调节剂的安全应用。

其实我很温柔，也很安全

PGRs 作用剂量低，毒性低，降解快

PGRs 通常很低的浓度即对植物的生长发育起到很大作用，使用过量反而会造成抑制或负面影响。PGRs 毒性很低，比杀虫剂、杀菌剂低几个数量级，且半衰期短、降解快。

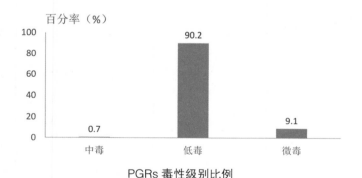

PGRs 毒性级别比例

PGRs 与动物激素截然不同，其对人体不起调节作用

PGRs 有别于动物激素，PGRs 是小分子化合物，与人体没有作用位点，对人体不起调节作用，只对植物产生特定的作用，如不会导致人们绝

育、早熟、肥胖或瘦弱等；而动物激素则不然，因其大多是大分子化合物，如雄性激素、雌性激素、肾上腺皮质激素、垂体激素、前列腺素，长期服用会对人体造成不同程度的伤害。

PGRs 之于作物≈化妆品之于女人

只有好的化妆品、并且使用得当，才能使女同志焕发青春光彩；只有高品质的 PGRs、并且合理使用，才能达到理想效果。PGRs 是未来农业的绿色解决方案！

果树病毒快速检测、脱毒有高招

我国栽植的苹果、葡萄等落叶果树普遍带有病毒，遭病毒侵染会造成果树树势衰退、经济寿命缩短、抗逆性减弱、产量降低、品质下降等危害，面临这样的难题，果农们该怎么办？

葡萄被浸染病毒后，着色不良、成熟期不一致

果树病毒的克星，栽植健康的无病毒苗木

果树病毒主要随苗木、砧木、接穗、插条等营养繁殖材料进行传播扩

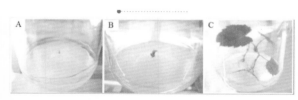

葡萄无病毒原种保存

葡萄热处理后茎尖培养

散，染病植株终生带毒，持久危害，无法通过化学药剂进行防治。目前，控制果树病毒病蔓延、危害的最有效方法是栽植健康的无病毒苗木。

由于我国落叶果树病毒病防控技术研究起步较晚，培育无病毒原种周期过长，不能在较短时间提供无病毒基础繁殖材料用于无病毒苗木繁育，难以满足果树产业对优新品种无病毒苗木的需求。为此，中国农业科学院果树研究所植物保护研究中心针对重要落叶果树病毒，开展以分子生物学为基础的快速检测技术研究，旨在建立灵敏、高效的检测技术体系，缩短检测周期；同时，采用试管苗嫩梢嫁接、抗病毒剂处理等方法缩短脱毒时间，提高脱毒效率。

国内首次系统培育，73 个优新品种无病毒原种

国内首次系统开展葡萄、苹果主要病毒的分子检测技术、脱毒技术研究，建立了良好的无病毒苗木培育技术体系。研究建立抗病毒剂结合热处理脱毒方法，提高了苹果和葡萄病毒脱除效率，培育出 73 个优新品种无病毒原种。

苹果无病毒母本园

在国内首次发现 1 种侵染苹果的病毒和 6 种侵染葡萄的病毒，建立 23 种重要落叶果树病毒（苹果 6 种、葡萄 14 种、樱桃 3 种）RT-PCR 快速检测方法，并在此基础上研发了部分病毒的多重 RT-PCR、巢氏 PCR、荧光定量 PCR、RT-LAMP 等快速检测方法，进一步缩短了检测时间，提高了检测效率和灵

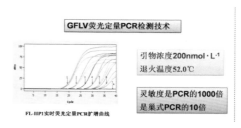

荧光定量 PCR 检测

敏度，已广泛应用于田间样品、脱毒样品、无病毒原种、母本树、苗木等的检测。

重要病毒脱除率达80%以上

苹果盆苗热处理脱毒

葡萄盆苗热处理脱毒

无病毒葡萄原种结果

研究建立了热处理结合茎尖培养、抗病毒剂处理、抗病毒剂结合热处理等脱毒技术，使苹果、葡萄重要病毒脱除率达到80%以上，无病毒原种培育时间最多可缩短6个月，提高了无病毒原种培育速度，直接体现在果树优良品种无病毒苗木繁育，提供生产栽培。

对果树脱毒设备进行了改进，获批专利"果树脱毒恒温热处理箱"，采用改进的脱毒方法，培育出苹果优良品种无病毒原种38个、葡萄优良品种无病毒原种35个，并建立了规范的苹果、葡萄无病毒原种保存圃和母本园。

提高无病毒原种培育速度，社会效益显著

2006年以来，采用本研究建立的检测方法，检测苹果样品3 000余株（次），共检测葡萄样品4 000余株（次），检测樱桃样品200余株（次）。

应用病毒快速检测技术及改进的脱毒技术，可显著缩短病毒鉴定和脱除时间、节省成本，提高无病毒原种培育速度，社会效益显著。

开展病毒病防控技术培训

2005 年以来，在山东、河南、陕西、甘肃、云南、江苏等苹果、葡萄主产区建立苹果无病毒苗木栽培试验示范基地 7 个、葡萄无病毒苗木栽培试验示范基地 3 个。

2012 年以来，向 10 个省市提供 36 个品种苹果无病毒种苗 2 万余株；向 7 个省市提供 41 个品种苹果无病毒接穗 14 万余芽。

2007 年以来，向 20 个省市提供 23 个葡萄品种无病毒种苗 4 万余株；向 18 个省市提供 21 个葡萄品种无病毒种条 59 万余芽。

栽培无病毒苗木，较一般苗木增产 15%~40%，任何果树栽培区均可应用，不受栽培区域和气候条件的限制，对栽培技术也无特殊要求，在不增加生产费用的情况下，将大大提高果树产量和质量。

通过无病毒健康种苗的培育和推广栽培，可以有效防控果树病毒病，提高果实品质和产量，并增强树势，而且，由于无病毒果树肥水需要量减少，抗逆性增强，适于山坡薄地栽培，同时减少环境污染，符合生态农业的要求。

培育无病毒原种是建立我国果树无病毒苗木繁育体系的基础性工作，无病毒苗木繁育体系的建立和无毒化栽培的推广对促进我国果树产业健康发展和农民增收均具有积极的作用。

1641万吨，3000家企业，做好梨果保鲜这篇大文章！

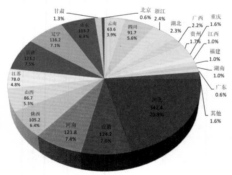

2017年我国主要梨栽培省市区梨产量
（万吨）及全国占比情况

注：皖豫苏晋陕以酥梨为主；右上黄色部分为南方产区所占比例，其余为北方产区所占份额。

白梨、秋子梨、新疆梨、西洋梨等5

梨起源于中国，是我国栽培历史最为悠久的果树之一。我国梨品种多，分布广，除海南岛外，其余各省市区均有栽培，产量仅次于苹果、柑橘，位列全国第三，世界首位。2017年梨总产量1 641.0万吨，面积92.1万公顷（1 381.5万亩），占世界梨产量和面积的2/3。河北为我国产梨第一大省，占总产量的1/5，其次为新疆、辽宁、安徽、河南、陕西、山东等地。

不同品种贮藏性有异

我国梨资源丰富且栽培品种众多。国家梨种质资源圃保存梨资源2 000余份，有一定商业栽培规模的品种多达60个以上，分属于砂梨、

大种类以及种间杂交选育的新品种。

品种是影响梨贮藏性状的内因，不同品种的耐藏性有很大差异。一般来讲，晚熟品种较中熟品种耐贮藏，中熟品种较早熟品种耐贮藏。白梨品

种多数耐贮藏；砂梨品种采后果实易衰老软化，耐贮藏性普遍不如白梨品种；秋子梨和西洋梨品种在常温下后熟软化很快，常温下耐藏力较差，但采用冷藏或气调贮藏，一般可贮藏3~4个月以上。

（从左至右）丰水、红茄、鸭梨、库尔勒香梨和南果梨，分别代表了砂梨、西洋梨、白梨、新疆梨和秋子梨

我国梨果贮藏以冷藏为主，冷藏能力440万吨，其中普通冷藏库约390万吨，气调冷藏库约50万吨，通风库、土窑洞等简易贮藏100万吨左右，总贮藏能力约540万吨，占梨果年产量的1/3。梨果贮藏主要分布于北方产区，河北冀中南是我国最大的梨果贮藏基地，贮藏企业数量超过2 000家，冷藏能力占全国的2/5，其次是山东和新疆维吾尔自治区（全书简称新疆），再次是陕西、山西、安徽、辽宁、甘肃等。

梨果冷藏库及货架码垛情况

从贮藏品种看，河北主要以黄冠、雪花和鸭梨等为主；新疆主要以库尔勒香和酥梨（贡梨）为主；山东贮藏品种较多，包括鸭梨、新高、茌梨、丰水、黄金、秋月等；陕西和山西主要以酥梨、红香酥、玉露香、红茄等为主；安徽以酥梨和翠冠为主；辽宁以南果、秋白、红香酥、苹果

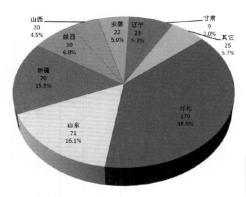

我国梨果冷藏能力（万吨）分布及其占比

梨、锦丰、花盖、尖把、三季等为主；甘肃以黄冠和早酥等为主。随着梨果总量的不断增加以及电商延长销售期的需要，南方产区翠冠等也有了贮藏技术需求。

梨果保鲜不打折，温度、湿度、环境气体控制一个不能少

高品质梨果是贮藏的物质基础，适期采收和适宜的环境条件是梨果贮藏的关键。贮藏梨果采收及销售原则：晚采先销（晚采短贮），早采晚销（早采长贮）。

就采后而言，影响梨果贮藏保鲜效果的主要因素是温度、相对湿度和环境气体成分。

温度是梨果贮藏最重要的环境因素，低温是一切鲜活农产品贮藏的基础条件。略高于冰点是梨果最佳贮藏温度，一般梨果实冰点为 $-1.5\,℃$ 左右（取决于果实可溶性固形物的高低），梨最佳贮藏温度是 $-1\sim0\,℃$（果实温度），多数中晚熟品种冷藏贮期 6~10 个月。

梨品种不同，贮藏温度也有所不同，不适宜的贮藏温度会导致贮藏期缩短或冻害，贮藏环境中温度监测显得尤为重要。环境相对湿度是保证果实新鲜的重要因素，梨果皮薄，容易失水皱皮，贮藏库内空气相对湿度应保持在 90%~95%，贮藏库内加湿或采用塑料薄膜袋贮藏，即可解决梨果的失水问题。在低温基础上，降低贮藏环境氧气含量、提高二氧化碳浓度，即气调冷藏保鲜。气调贮藏可有效延长梨果贮藏保鲜期和货架期。

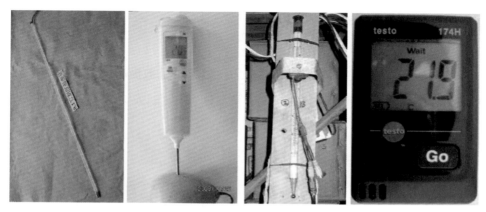

梨果贮藏用各种温度计

梨果塑料薄膜袋包装贮藏

消费者购买的梨果一时吃不完，可放入食品袋在冰箱内保存，即可保持新鲜不失水。

十余年产学研联合攻关，推动梨产业提质增效

近30余年来，梨产量高速增长，品种更新换代加快，产后压力不断增强。采后贮运品质控制是梨产业持续健康发展的必需环节，本团队以我国主栽大宗、优新和特色梨果品种为对象，经过十余年产学研联合攻关，构建了我国主栽梨品种采后品质控制关键技术体系，研发了梨采后品质控

制关键技术配套装备。

核心成果包括：

1. 构建了我国主要栽培梨品种采后生物学基础数据库及采收标准体系

明确了梨果实不同部位矿质营养、糖酸品质以及内源激素分布规律等。

2. 创建了梨采后品质绿色精准控制技术体系

系统研究了酥梨、香梨、南果、圆黄、红茄、翠冠等13个主栽梨品种采后预冷、精准冷藏温度、1-MCP、自发气调（MAP）、气调（CA）以及不同处理方式相结合的贮藏技术，提出了上述品种基于不同贮藏期限的梨精准冷藏温度参数、气调参数、气调评价特征指标及方法，建立了梨采后低氧精准气调贮藏技术；构建了酥梨、玉露香、早酥等16个主栽梨品种1-MCP保鲜处理技术。明确了梨采后黑心、虎皮、黑点发生机制，

并构建了上述病害监测预警与绿色防控技术体系。实现了梨销售时间和空间范围的有效延伸。

梨果气调冷藏保鲜技术 气调冷藏对于延长梨贮藏与货架期，对果实保绿、延缓黑心、抑制虎皮效果明显，气调冷藏果外观新鲜度高、卖相好。随着市场对梨果外观和内在质量要求的不断提高，以及气调技术的完善，梨果气调贮藏在我国将会有较大发展空间。

梨果1-MCP（1-甲基环丙烯）保鲜处理技术 1-MCP处理有利于保持梨果实硬度和鲜度，对于延长贮藏期和果实货架寿命、抑制或延

缓梨虎皮与黑心、保持果皮绿色等方面效果显著。梨果采用 1–MCP 保鲜处理，贮藏寿命与未处理相比可延长 30% 以上，货架期延长 1~2 倍（品种不同有所差异）。采用 1–MCP 处理，果实可适当晚采，以提升品质。

3. 研发了梨采后品质控制技术配套装备

设计了梨电商物流运输过程中磕碰伤防控的包装，提高了电商销售模式下梨果的商品果比率；发明了用于气调贮藏试验的气体精准控制装置，提高了试验研究的准确性和科学性；研制了气调系统中气体成分的监测装置，降低了企业气调冷藏技术风险；针对产区实际，研发了节能环保家庭微型冷库专用机，满足了现代休闲果园及家庭用冷库的需要。

4. 推动产业提质增效，助力梨产区乡村振兴

该项成果制定标准及轻简化技术规程 12 项；获授权专利 4 项；主编

及参编著作 5 部,发表论文 81 篇。技术成果在河北、山西、陕西、辽宁、北京、湖北等 15 个省市梨产区 40 余家贮藏企业示范应用,近 10 年,示范贮藏量累计 50 余万吨,新增产值 11 亿元,培训果农和技术人员累计 1.5 万余人次,带动就业 2 万余人,技术辐射 15 个主产省市。

'中棉所41'请代我向嫦娥问好

2018年12月8日嫦娥四号探测器成功发射，随着嫦娥四号到达月球的还有搭载着马铃薯、拟南芥、油菜、棉花、果蝇、酵母6种生物以及水和土壤等必需品的生物科普试验载荷。6种生物构成一个含有生产者、消费者和分解者的微型生态系统，放置于密封的生物科普试验载荷罐内，载荷罐体装置光温水调控系统。马铃薯、拟南芥、油菜、棉花4种植物的选择是出于未来太空对粮棉油的需求考虑，棉花是最重要的纤维作物，因此得以入选。

带着任务上月球

月面环境是可怕的，白天最高温度近130℃，最低则低于–180℃，同时还伴随着低重力和强辐射等。本次试验就是要研究在月面这些极端条件下动植物的生长发育状态，为人类今后建立月球基地提供研究基础和经验。

棉花有着很好的适应性，不惧怕高温，生命力强大，具有良好的抗逆境能力。本次登月的棉花种子，在经历月球高真空、宽温差、强辐射等严峻环境考验后，在月面长势良好，这是人类在月球上种植出的第一株植物嫩芽，实现了人类有史以来首次月面的生物生长培育试验，为人类今后建立月球基地提供研究

月面发芽的棉花

基础和经验。

'中棉所41'——盐碱旱地的"先锋作物"

此次在月面发芽的棉花种子，就是大名鼎鼎的'中棉所41'的种子。在众多棉花品种中，'中棉所41'表现尤为突出，它可是我国第一个具有自主知识产权的转基因抗虫棉品种，具有划时代的意义。

谈起'中棉所41'的培育过程，就得讲讲27年前发生的影响我国棉花产业的大事。1992年，棉铃虫灾害大面积爆发，棉花是当时近3亿棉农的重要经济来源，中国1/4的外汇收入来自纺织品及服装，棉花出了问题，也会影响1 900万名纺织及相关行业工人的生计。国外抗虫棉借机占领了中国市场，为提高我国棉花竞争力，中棉所决定牵头研发国产转基因抗虫棉。

棉花田

2002年，我国第一个拥有自主知识产权并通过国家审定的转基因抗虫棉新品种——'中棉所41'的诞生和推广，让国产转基因抗虫棉终于有了自己的拳头产品。其抗虫基因由中国农业科学院生物技术研究所构建完成，基因转化和品种培育由中国农业科学院棉花研究所完成。正是以'中棉所41'为主力的国产抗虫棉的发展壮大，让国产棉市场占有率从1999年的5%逆转为2012年的98%，彻底击溃国外品种的垄断。

选的就是你 不用再怀疑

'中棉所41'苗好、苗壮、早

'中棉所41'大田

熟，高产稳产，产量比同类品种增产 11.2%~14.1%，抗逆性强，抗枯萎病，耐黄萎病，耐干旱、盐碱，适应性广，抗棉铃虫性强而持久，减少棉铃虫防治 70%~80%，吐絮畅、易采拾，纤维品质优良。

'中棉所 41'由于抗虫和高产等特性被迅速推广，连续多年一直是黄河流域主推品种，部分地区种植面积在 50% 以上。该品种于 2009 年荣获国家科技进步二等奖。

'中棉所 41'还有极好的遗传性，被全国 20 多家单位选作育种亲本，又衍

转基因棉花植株幼苗

生出'中棉所 63''豫杂 35''银棉 2 号'等一系列适应不同棉区的品种 100 多个，使国产转基因抗虫棉品种的竞争实力大大增强。

太空生物学在招手你准备好了吗

在月球发芽的'中棉所 41'与陆地上的基本无差别，说明棉花种子在非常态逆境条件下仍能正常进行基因表达，完成了本次科普试验使命，为以后人类进入月球生存提供了珍贵的第一手数据。

本次实验中棉花在经历月球高真空、宽温差、强辐射等严峻环境考验后正常生长，充分展示了棉花在未来太空生物学研究中将发挥重要作用。棉花可以通过光合作用生产氧气，纤维可以做衣服，棉籽仁油分与蛋白质含量超过 50%，低酚棉可以拿它当食物；如果未来人们要带着作物上太空，棉花将是优先选项。科幻电影《火星救援》中在火星上种土豆的情节或许将改为种棉花了。

麻类所专家带你揭开工业大麻的神秘面纱

长期以来，在国人眼里，大麻是个神秘且避而远之的存在。随着一股"大麻"热席卷全球，"大麻"重回公众视野。截至 2019 年 1 月，全球 41 个国家宣布医用大麻合法，50 多个国家宣布大麻二酚（Cannabidiol，简称 CBD）合法，2 个国家宣布大麻全面合法化，美国宣布工业大麻（Hemp）全面合法化，其中有 33 个州医用大麻合法。"大麻合法化"带动国际资本市场火爆热卖，相关行业巨头纷纷加入，全球资本市场的"麻"股表现劲爆，并一度蔓延至国内的 A 股市场，导致工业大麻板块持续坚挺。

大麻究竟有什么魔力？工业大麻又是什么？如何看待资本市场的"大麻热"？让我们跟随麻类研究所的专家们一起揭开"工业大麻"的神秘面纱。

大麻的"前世今生"

赵立宁研究员介绍，大麻（*Cannabis sativa* L.）是大麻科（Cannabinaceae）大麻属（*Cannabis*）一年生草本植物，又名汉麻、线麻、火麻、寒麻、魁麻等。中国是大麻起源地之一，大麻作为我国古老的经济作物，具有 5000 多年种植历史。西汉《大戴礼记》记载的五谷，系指麻、黍、稷、麦、菽，麻居首位，其中的麻指的就是"大麻"。之后经西亚、埃及传入欧洲，公元前 2000 年—前 1000 年在欧洲得以充分种植，15—16 世纪在美洲开始种植。

大麻是一种天然化学成分复杂的植物，其植株中分离得到的化学成分有 565 种，分为大麻素和非大麻素两大类，大麻素有 120 种，其中最主要的有两种，一种叫作四氢大麻酚（Tetrahydrocannabinol，简称 THC），它是能让人致幻成瘾的精神活性成分，也是大麻受到禁毒管控的重要原因；另一种是大麻二酚（CBD），是一种与 THC 相克的抗精神活性成分，具有抗痉挛、抗焦虑、抗炎等药理活性。

我国大麻栽培范围广泛。20 世纪 70 年代末期，大麻种植面积在 10 万亩以上的省市依次是黑龙江、吉林、山东、内蒙古自治区（全书简称内蒙古）、河北、山西等 6 个省份。20 世纪 80 年代以前我国大麻种植面积曾达到 250.5 万亩，20 世纪 80 年代末期种植面积急剧下降，其原因是大麻作为纤维原料地位被化纤取代。

大麻叶片

工业大麻：我不是毒品！

说起大麻，大家的第一反应是毒品大麻。王玉富研究员介绍，我们研究和广泛应用的大麻，其实是指工业大麻。区分毒品大麻和工业大麻的标准取决于大麻花叶中的四氢大麻酚

工业大麻种子

（THC）含量，不同国家标准不同，国际通用的是 THC 含量在 0.3% 以下为工业大麻。

工业大麻一般不具备毒品利用价值，但它全身是宝，用途广泛，可应用于纺织、造纸、食品、医学等领域。工业大麻的医药用途是近几年发展

工业大麻

火麻油产品

起来的，也是工业大麻火爆资本市场的热点和焦点。

1. 大麻油

工业大麻干燥成熟的种子称为火麻仁，作为食品和油料的原料，自古以来都有史料记载。我国云南和甘肃等地一直保留食用火麻仁食品的习惯。著名的长寿之乡——广西巴马，就与当地人食用火麻仁有关。大麻种子含油35%左右，其中含有棕榈酸、棕榈油酸、十七烷酸、十七烯酸、硬脂酸、油酸、亚油酸、亚麻酸、花生酸等多种脂肪酸。多不饱和脂肪酸总量占比71.6%~79.1%。不饱和脂肪酸主要为油酸、亚油酸和亚麻酸，分别占比9.6%~14.7%、52.2%~58.2%和15.2%~23.9%。大麻油富含多不饱和脂肪酸，尤其富含亚油酸和亚麻酸，有较高的营养和保健价值。

2. 大麻纤维

大麻纤维中含有大量的极性亲水基，吸水性好。大麻纤维呈现许多裂缝的孔洞，吸湿透气性能强，良好的吸湿使大麻不会产生静电。大麻纤维所含的天然化学物质具有抑制细菌功能。大麻纤维中的孔隙中充满空气，不利于厌氧菌的繁殖，具有防菌功能，其抗菌效果十分显著，有较好的生物可降解性。所以说大麻织物吸湿、透气、杀菌抑菌、穿着舒适，具有良好防霉、防臭、防腐、防紫外线等功能。其独特的绿色服饰性能使大麻纺织服装业迅速发展。大麻纺织品被认为是"21世纪最具有发展前景的绿色产品"。

3. 大麻素

工业大麻作为一种古老的药用植物，可追溯到公元前4000年，我国东汉时期的《神农本草经》则把大麻入药的历史追溯到了公元前2300年。大麻入药主要用于缓解疼痛，还可用于抗焦虑、肠道便秘、女性月经不调、疟疾等疾病的治疗，其有效活性成分以及作用机制在近50年才逐渐被人们揭示。

大麻的主要活性成分是大麻素（Cannabinoids）。四氢大麻酚（THC）和大麻二酚（CBD）是大麻花叶中最主要的化学成分。CBD与THC完全不同，它不仅没有致幻作用，还能治疗THC带来的致幻症状，有"反毒品化合物"的美称。CBD在食品添加、保健品、化妆品、药品方面应用潜力巨大，其药用功能主要体现在抗炎、镇痛和癫痫、退行性病变（帕金森、阿茨海默）、癌症等疾病防治方面。工业大麻植株是CBD的唯一合法来源，资本市场的"工业大麻热"主要基于CBD在医用领域的价值，是继青蒿素后第二个最有价值的医药活性成分。目前国际市场上，纯度95%以上的食品级CBD售价为每克4美元至14美元，纯度99.99%的医用级CBD售价为每克100美元，贵过黄金。除了CBD，工业大麻中类似CBD的有益成分还有不少陆续被发现和证实。

除了上述用途之外，近年来正在尝试或已经把大麻应用到社会生活的各个方面。例如：大麻作为食品、化妆品和保健品；大麻向燃料和能源方向的

机械收获工业大麻

转化；大麻作为高级特殊用途的造纸原料；利用大麻制造生物复合材料；大麻作为木质陶瓷原料；大麻作为高吸附性活性碳原料；大麻特殊活性成分药物开发；大麻作为碳汇植物；大麻作为重金属污染土地及盐碱地治理的经济植物。

我国种植工业大麻占世界50%

粟建光研究员介绍，大麻植物属于联合国《经1972年议定书修正的1961年麻醉品单一公约》（简称《1961公约》）的管制范围，其中详细规

工业大麻严禁私自种植

定了种植管制措施，并且明确了大麻的管制对于专供工业用途（纤维质及种子）或园艺用途的大麻植物的种植不适用。目前，国内还没有完全放开工业大麻的种植，只有黑龙江和云南

两个省通过地方立法开展了工业大麻种植加工的规范管理，其他省份，如吉林省，也在加紧地方立法，促进工业大麻种植加工的规范管理。

我国是全球重要的工业大麻生产国，在工业大麻研发、种植、加工及出口等方面具有优势地位，尤其是在工业大麻纤维用、油用和纺织材料的开发和应用等方面优势明显。我国是世界上种植工业大麻最多的国家，据《中国农业统计年鉴》和联合国粮农组织的统计资料显示，中国工业大麻种植面积约占全世界50%，主要为纤维用或油用。原麻产量占全球的25%，2016年达到7.7万吨，2017年全球606项工业大麻的专利中有309项来自中国。

1958年，中国农业科学院麻类研究所成立以来，对大麻种质资源、

遗传育种、栽培、加工、植保等方面开展了长期系统性研究。建成了全球最大的国家麻类种质资源库，保存了来自世界各地的大麻种质资源 880 多份，在工业大麻的性别调控、脱叶调控、CBD 含量调控、生长周期调控、高 CBD 和高纤维品种培育、高产栽培等方面取得了大量的科研成果。

专家建议：工业大麻产业　需要正确引导　良性发展

近期，国家禁毒委员会办公室下发"关于加强工业大麻管控工作的通知"。通知强调，根据《1961 公约》规定，工业用大麻限于纤维和种子，其他用途的种植排除在外。一面是资本市场的持续火爆，一面是国家监管部门的冷静应对，工业大麻的发展何去何从？

三位专家强调，资本市场的概念炒作只在一时，工业大麻产业作为极具潜力的实体经济，最终要回归理性，创造价值，应正确引导工业大麻产业的良性发展。

一是政策方面，坚决反对毒品（娱乐）大麻合法化，尽快出台全国统一的工业大麻管理法律法规，趋利避害，管促结合，双轮驱动；

二是研究方面，专注于工业大麻价值研究本身，加快品种选育步伐，加强工业大麻加工和功能利用的深度研究，占领技术制高点，力争引领世界产业发展；

三从法律方面，加强法律监管，预防投机取巧。在法律允许范围内，最大化开发工业大麻的价值，造福社会和人民；

四是宣传方面，要加强科普宣传，让公众认知和接受工业大麻，不再"谈麻色变"。

育种新路径　甲基化如何使农作物优质高产

高产或优质，水稻特征谁说的算

水稻是重要的粮食作物，培育高产、稳产、优质等综合性状优良的水稻品种是科学研究和生产中的重大需求。作为两个主要亚种，籼稻和粳稻具有不同的农艺性状，相对而言籼稻产量较高，粳稻食用品质更好。在决定水稻综合性状的因素中，表观遗传修饰在其中起着关键作用，鉴定全基因组表观修饰位点和调控网络是培育优良品种的基础。

> **关键词**
>
> 表观遗传学（epigenetics）是指基因的 DNA 序列没有发生改变的情况下，基因功能发生可遗传的遗传信息变化，并最终导致表型的变化，表观遗传主要包括 DNA 甲基化、RNA 甲基化、组蛋白修饰、染色质重塑、小 RNA 等。

随着生命科学研究的发展，以表观修饰为标志的表观遗传组学改变了人们对遗传规律的单一认识，越来越多的证据表明，表观遗传在调控产量、疾病、生长发育、环境适应等多个方面起着关键作用。

全基因组腺嘌呤甲基化修饰图谱，探索水稻生命奥秘之匙

DNA 腺嘌呤甲基化是近年来逐渐在多细胞生物中揭示的一类新表观

遗传修饰，参与调控生长发育、基因表达、响应环境胁迫信号等多个方面，是生物性状多样性的基础之一。目前在植物尤其是农作物上的研究及了解很少。

水稻

关键词

DNA 腺嘌呤甲基化：发生在 DNA 腺嘌呤 N6 位置上的甲基化修饰（N6-Methyladenine，6mA），是表观遗传研究领域的一个新的热点，在调控基因表达、发育、响应环境信号等多个方面起着关键作用。

团队经过持续深入的研究，建立和完善了系统的新核酸甲基化修饰检测和分析平台，发现 DNA 腺嘌呤是水稻、拟南芥等植物中的新表观遗传修饰，揭示了 DNA 腺嘌呤甲基化全基因组图谱、重要修饰位点和调控基

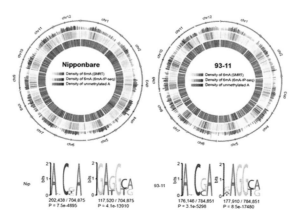

为准确、高效作物性状定点改良提供助力

因等多个创新性成果，拓展了植物表观遗传学研究领域。

团队以水稻基因组学研究中应用广泛的粳稻"日本晴"和籼稻"93-11"为研究材料，绘制了全基因组腺嘌呤甲基化单碱基修饰图谱，揭示了修饰分布模式，发现"日本晴"和"93-11"基因组中的大多数腺嘌呤修饰的基因是蛋白编码基因，鉴定了籼粳稻差异修饰位点，可为水稻定点改良重要农艺性状提供理论和实践支撑。

研究人员进而将腺嘌呤修饰基因与转录组基因表达数据进行关联分析，结果表明腺嘌呤甲基化与水稻中活跃表达的基因相关联，其调控基因分布在重要的生物学途径，参与营养生长、光合作用、逆境适应等生物学功能。

关键词

作物产量和环境适应性：受到遗传变异、表观遗传变异和环境变异的协同调控，表观遗传与遗传因子和环境因子的互作在其中起着关键作用。

温度胁迫是影响水稻产量的主要因素，籼稻和粳稻具有不同的适应胁迫的能力。该研究发现，"日本晴"和"93-11"的腺嘌呤修饰在高温和低温条件下参与胁迫反应响应，含量变化明显，参与关键基因的调控表达，显示腺嘌呤甲基化是一个响应环境胁迫的敏感表观标记，在此基础上建立了 DNA 腺嘌呤甲基化辅助育种方法。

表观数据库 eRice 为水稻基因组研究提供平台

研究团队为提升 DNA 甲基化鉴定的准确度，通过三代单分子实时测序方法提升了"日本晴"和"93-11"基因组的组装质量和注释准确度，和目前常用的"日本晴"和"93-11"基因组相比：

（1）新基因组 Contig N50 分别提升了 2.2 倍（NIP-BRI）和 460 倍（93-11-BRI）；

（2）NIP-BRI 基因组中的 gap 数目从 905 个减少到 18 个，而 93–11–BRI 基因组中的 gap 数目从 54 600 个减少到 65 个；

（3）NIP-BRI 和 93–11–BRI 基因组校正了 215 和 9 843 个基因注释错误。

在全基因组甲基化图谱和提升的基因组的基础上，团队建立了表观数据库平台 eRice（http://www.elabcaas.cn/rice/index.html），数据库把更新的籼粳稻基因组和 6mA、5mC 等表观遗传信息整合在一起，为亚种间基因序列、DNA 甲基化修饰和表达的整合比较分析提供了平台。

3分钟农业科普

畜牧兽医篇

世界屋脊生长的美味——藏猪

藏猪是世界上少有的高原型猪种，是我国宝贵的地方品种资源，也是我国国家级重点保护品种中唯一的高原型猪种。藏猪长期生活于无污染、纯天然的高寒山区，具有适应高海拔恶劣气候环境、抗病、耐粗饲等特点。

野猪出没？可能是藏猪！

走进西藏自治区（全书简称西藏）林芝工布江达县，山上时常会出现一群群猪的影子，它们的体型、头、毛色等与当地野猪很相近，部分成年公猪较长的獠牙酷似野猪。它们是世界上唯一的高原型猪种、我国唯一的放牧型猪种——藏猪。

成年藏猪大都自然生长两年以上，即使成年，藏猪平均体重也不会超过50千克。在工布江达县，随处可见满山遍野跑的藏猪，个头虽小，它们却都已经成年了。

世界屋脊生长的美味

藏猪的放养栖息地要求有较为丰富的地表水，较好的生态环境才能孕育出丰富的饲料资源。藏猪

肌肉纤维特细，含脂肪多，肉质细嫩，皮薄、胴体瘦肉比例高，香味浓，360日龄育肥猪背最长肌含水分71.4%、蛋白质18.9%、脂肪8.3%；肌纤维直径58.6微米；每克干肉发热量6 376卡，板油碘价值55.5，是营养价值极高的绿色食品，受到国内外顾客的青睐。

藏猪好吃肉难寻

随着西藏的开发和旅游业的发展，内地省份众多消费者开始认识藏猪肉。但由于藏猪生长周期长，西藏当地的产量有限，还没有形成大规模的市场供应能力。

1. 猪种的标准化问题

由于藏猪生长周期长，西藏当地的产量有限，藏猪虽具有种质资源，但若保护不力，便没办法做出高端产品。作为我国唯一的放牧型猪种，藏猪的规模化养殖是一大问题。

2. 走出去问题

目前国内市场藏猪产品以冷冻肉为主，严重影响产品品质，单一的产品形式极大限制了藏猪品牌推广及企业的发展。藏猪产业作为西藏自治区重要的农牧业特色产业，要整合力量、重点突破、迈开步子，加快推进藏猪产业升级发展。

冷鲜肉亚冻结贮藏保鲜技术　留住藏猪美味

众多省区商业人士陆续从西藏引种到内地养殖，由于环境、饲料和饲养方式的变化，其独特的肉质特性也随之发生根本性的改变，西藏本土藏猪肉原有的风味也随之消失。西藏本土发展藏猪产业具有不可替代的、得天独厚的条件。

中国农业科学院农产品加工研究所团队对藏猪猪肉品质特性、挥发性风味物质、滋味物质等进行了分析，并研发了冷鲜肉亚冻结贮藏保鲜技术。

原料肉亚冻结贮藏最适温度带是 –12～ –6℃，贮藏期最短可达 84 天，最长可达 168 天。亚冻结贮藏过程中，原料肉肉肌原纤维蛋白氧化程度显著低于 4℃ 和冰温贮藏肉样，有效减缓贮藏过程中蛋白质的氧化变性。

定量卤制，藏猪产品问世！

中国农业科学院农产品加工研究所团队研制了中式肉制品定量卤制技术。定量卤制工艺根据酱卤肉制品的风味、口感、色泽等品质要求，在真空滚揉机内通过物料与复合液态调味料（卤制液）的精确配比，实现物料定量风味调制，通过干燥、蒸煮、烘烤，实现无"老汤"定量卤制。

通过定量卤制专用调味料调制，在确保传统风味的基础上，能调味、调色、抗氧化、防腐于一体，实现酱卤肉制品的标准化、工业化生产。

目前，科学家已自主开发出 7 款藏猪产品，分别为酱卤藏猪肘、酱卤藏猪肉、酱卤藏猪脸、酱卤藏猪肝、酱卤藏猪耳、藏猪肉培根及藏猪肉酥。

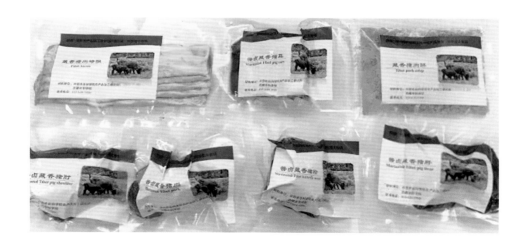

"虫殇"！人畜共患的包虫病不得不防！

棘球绦虫，"包虫病"的元凶

包虫病（Hydatidosis）学名棘球蚴病（Echinococcosis），是由棘球绦虫的幼虫（棘球蚴）寄生于动物（包括人）的肝、肺等组织器官引起的一种重要的人兽共患寄生虫病，是全球性重要公共卫生问题之一。我国是世界包虫病高发的国家之一，主要流行于西部的牧区和半农半牧区，其中以新疆、青海、西藏、甘肃、宁夏回族自治区（全书简称宁夏）、内蒙古、四川等 7 省（区）最严重。世界动物卫生组织（OIE）将其列为必须报告的动物疫病，我国将其列为二类动物疫病。

包虫病的类型

囊型包虫病（Cystic Echinococcosis）由细粒棘球绦虫（*E. granulosus*）幼虫细粒棘球蚴引起，以羊最为易感，其次为牛、骆驼、猪等草食和杂食动物，人可被感染。

细粒棘球绦虫成虫

泡型包虫病（Alveolar Echinococcosis）由多房棘球绦虫（*E. multilocularis*）幼虫多房棘球蚴引起，以国

鼠、高原鼠兔等啮齿动物最为易感，人可被感染，也称之为"虫癌"。

小心！棘球绦虫藏在这里

棘球绦虫成虫寄生于犬、狼、狐狸等食肉动物小肠内，其虫卵随粪便排出体外污染周围环境，最后通过消化道感染中间宿主牛羊等以及人而引起发病，包虫病主要多发于肝脏，其次见于肺脏。

家畜感染包虫病的临床症状：因家畜种类、包虫（棘球蚴）寄生部位、包囊的大小、感染强度以及感染进程而呈现差异，动物感染早期无明显症状。感染后期且严重时，表现被毛逆立，时常脱毛，发育不良，呈现消瘦、咳嗽、咳后长久卧地不起；个别动物可因包囊破裂产生过敏性休克而突然死亡。犬科动物感染后一般无明显临床症状，严重时病犬消化不良、腹泻、消瘦。

讲究卫生，预防包虫病

虫殇！包虫病对人体危害巨大

棘球蚴对人体的危害：一是对器官的压挤，二是分泌毒素。包虫病人早期无任何临床症状，多在体检时发现，主要临床表现为棘球蚴包囊占位所致压迫、刺激或破裂引起的一系列症状。棘球蚴的囊液破裂后对宿主可引起剧烈的过敏反应，使宿主发生呼吸困难、体温升高、腹泻，如在短时间内有大量囊液进入

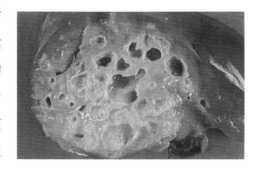

人肝泡球蚴

血流，可使宿主发生过敏性休克而骤死，而且囊中的棘球砂以及破碎的生发囊均可在身体的任何部分长成新的棘球蚴，后果亦极严重。

打响包虫病防治攻坚战

认真贯彻落实《全国包虫病等重点寄生虫病防治规划（2016—2020年）》和《国家中长期动物疫病防治规划（2012—2020年）》，严格按照畜禽屠宰和检疫相关规定，定点屠宰，依法检疫；对感染棘球蚴的动物肝脏、肺脏等器官统一进行无害化处理；禁止用感染棘球蚴的动物肝、肺等组织器官喂犬；给易感动物如羊、牦牛等接种疫苗；消灭牧场上的野犬、狼、狐狸；对家犬定期驱虫，以消灭传染源；保持畜舍、饲草料和饮水卫生，防止被犬粪污染；人与犬等动物接触时应注意个人卫生和防护，严防感染，饭前要洗手，不要与犬玩耍等。

注意个人卫生和防护，严防感染

送瘟神，包虫病有效防治

人：人的包虫病建议去医院治疗，可用外科手术摘除，具体治疗方法要征求医生的意见。

家畜：羊包虫病可用羊包虫病基因工程亚单位疫苗进行免疫预防。

马云、丁磊等跨界进军养猪业，猪产业发展潜力到底有多大？

六畜之首　1.4 万亿的生猪年产值是手机产业的 2 倍

　　猪粮安天下，生猪对于中国的农业和民生都具有重要的影响。猪作为六畜之首，是几千年来人类主要消费的动物蛋白来源。长期以来，在我国肉类消费结构中，猪肉一直占据着主导地位。生猪产业是关系着国计民生的大产业，在农业和农村经济中占有重要地位，对农民增收、农村劳动力就业、粮食转化及推动相关产业发展起到重要作用。

　　中国是世界上最大的猪肉生产国和消费国，每年消费的猪肉达到约 5 500 万吨，占全世界一半以上。在中国人的饮食结构中，猪肉占肉类总量的 63.2%。同时，我国是全世界最大的养猪国家，每年生猪出栏 7 亿头左右，占全世界的 51%。尽管如此，我国依然是猪肉进口大国，2017 年，仅猪肉进口 122 万吨，另外进口猪下水等占世界猪肉出口量的 8.3%，相当于近 1 500 万头猪。我国养猪产值达到 1.4 万亿元。而与我们朝夕相伴的手机在我国年产值约 6 500 亿元，只是生猪养殖产业的近一半。

　　互联网大佬丁磊、马云相继进入养猪业。最近碧桂园也宣告要投资养猪业。丁磊养殖的味央猪号称"每天叫醒味央猪的不是食物，而是音乐。"而马云养猪，是以阿里云

六畜之首——猪

ET 大脑为标准，推动养殖行业的发展。猪产业作为传统行业正在发生翻天覆地的变化。

养猪业　从机械化到智能化

机械化：目前我国大部分中小规模猪场处于这一阶段。

机械的使用可以代替人工，节约人力成本，提高养殖规模化、集约化、标准化生产水平。由于机械化水平在各个环节参差不齐，养殖全程机械化整体水平不高。养殖机械人为凭借养殖经验来执行标准化的操作，不能采集外部数据，更不能针对具体环境变化做出调整。

信息化：目前我国集团化养殖企业大多处于这一阶段。

运用各种硬件和软件持续采集各种生产、经营数据，利用信息管理软件完成基本信息统计和分析。早期数据采集由人工完成，后期借助物联网的技术手段自动采集，但各种信息没有高效的融合；数据信息难以精准控制；决策和处理主要基于人的经验，与实际的需求仍有差距。

现代化养猪

智能化：未来，或将出现少数人甚至无人管理的大型猪场。

随着移动互联网、物联网、大数据、云计算、人工智能等技术不断成熟，新技术与养猪产业广泛结合，逐步实现智能化决策。如基于环境动态的自动适应操作、养殖生产管理智能化操作、养猪周期的长短期智能规划决策、疾病诊断及防控决策、物流分销状态分析以及专家系统管控等。

智能化养殖技术先进　猪产业"脏乱差"早已远去

传统生猪产业自身存在三高的问题，即高成本、高风险、高污染。过去的生猪养殖大多采用老式的、粗放式的养殖方式，技术力量弱，生产水平低，疫病复杂，兽医防控薄弱，同时环境污染突出，粪污治理问题严重。由于畜禽养殖业规划布局不合理、养殖污染处理设施设备滞后、种养脱节、部分地区养殖总量超过环境容量等问题逐渐凸显。现代农业、智能化养殖、高科技为养猪的方式带来翻天覆地的变化，人工智能技术和网络技术应用于养猪业，解决了以前养猪上的难题。

智能养猪

生猪业正在向资源节约、环境友好、优质安全、持续高效发生新的转变。人工智能（AI）养猪，不仅养猪场的管理更加规范，还能防患养殖风险，减少损失，提高效益。AI智慧养殖，不仅有益于企业发展和提升养户价值，更是一件有益于国计民生的大事，这已经深入人心。

夕阳下的快乐小猪

年出栏量超过 6 亿只，北京鸭成为水禽"一哥"

"不到长城非好汉，不吃北京烤鸭真遗憾"，这句话充分彰显了"北京烤鸭"的社会声誉。然而，我国畜禽当家品种过去主要依赖于国外品种，限制了我国畜禽养殖业的健康、稳定发展。因此，培育有自主知识产权、有较强竞争力的北京鸭新品种是我国肉鸭企业发展的重大需求。

寻找鸭子的美食地图

我国是世界最大的肉鸭养殖国家。2017 年我国肉鸭存栏量超过 6.0 亿只，出栏量超过 35 亿只，占世界总出栏量的 80% 以上。我国鸭肉食品种类繁多，区域性消费特点鲜明。目前我国鸭肉的主产区和消费区主要集中在东南沿海和西南地区，超过 20 个省份，超过 10 亿人食用鸭肉。

著名食品有北京烤鸭、南京盐水鸭、广东广西（广西壮族自治区全书简称广西）烧鸭及南方各省的板鸭、卤鸭、酱鸭、樟茶鸭、熏鸭等，不同食品需要特异性的肉鸭品种提供支撑。

不是每只鸭都能做北京烤鸭

据史籍记载，有两种关于北京鸭起源的传说。

一种说法是明朝时期燕王朱棣和惠帝朱允炆争夺皇位，南京皇宫被烧，在迁都北京时，从江浙一带调运粮米，粮米散落运河中，码头官吏用这些散落的粮米饲养随船运来的江苏金陵一带的"白色湖鸭"，这种湖鸭经过精心培育和风土驯化，成为今日之北京鸭。

另一种说法是北京鸭起源于北京潮白河一带的小白鸭。当时潮白河水流充盈，水面宽阔，杂草丛生，鱼虾甚丰，适合小白鸭生长繁育。在当地百姓精心饲养过程中经过多年的优胜劣汰，小白鸭的体型与体重日渐变大，被认为是目前北京鸭的先祖。

北京鸭

目前，北京鸭及在北京鸭基础上选育而成的肉鸭品种，约占世界大型肉鸭生产量的94%，北京鸭被公认为世界最优良的肉鸭标准品种，世界肉鸭鼻祖。我国肉鸭品种中有约85%来自北京鸭，5%来自番鸭，10%来自其他地方麻鸭品种。

"特异性"肉鸭市场需求迫切

传统北京鸭品种沉积脂肪的能力不足，制作烤鸭、烧鸭需要经过填饲肥育阶段，但是填鸭存在鸭的福利问题，导致死亡率高、料重比高、劳动强度大、效率低。如何培育高效、沉积脂肪能力强、不采用填饲方式即能达到北京烤鸭标准要求的北京鸭新品种，对北京烤鸭饮食文化的发扬光大具有特别重要的意义。因此，研究建立高效的、适合我国不同食品加工需要的肉鸭配套系是未来我国鸭肉食品加工、消费的必然需求。

我国本土的北京鸭品种是加工北京烤鸭的优质原料，得到北京烤鸭店和消费者的高度认可。但由于其瘦肉率与饲料转化效率低，特别是皮脂率高，不适宜制作咸水鸭、板鸭、酱鸭等食品。但我国咸水鸭、板鸭、酱鸭类食品的市场巨大，年消费量超过30亿只。英国樱桃谷公司培育的北京鸭瘦肉率高，已经占领了我国80%的咸水鸭、板鸭等瘦肉型鸭市场，垄断了我国肉鸭种业。为满足新时代市场消费需求，科学培育胸肉率更高、皮脂率更低的北京鸭新品种，打破樱桃谷公司的垄断，成为肉鸭养殖行业的重大需求。

"Z 型北京鸭配套系"，让优质鸭飞一会儿

根据我国市场对肉鸭品种的重大需求，中国农业科学院肉鸭育种与营养研究团队成功选育了肉脂型北京鸭和瘦肉型北京鸭新品种。在育种过程中，引入了剩余饲料采食量（RFI）选种技术、超声波活体快速测定北京鸭胸肉厚度技术、多元回归模型估测鸭胸肌率与皮脂率技术，并试验研究了鸭重要性状的功能基因定位，将基因标记辅助选择技术等先后用于培育23 个具有不同生产性能特点的北京鸭专门化品系，为育成极具市场竞争力的"瘦肉型北京鸭"新品种创制了素材。

经过多年潜心钻研，研究团队成功培育出具有自主知识产权的"Z 型北京鸭瘦肉型配套系"。其父本品系特点是生长快、饲料报酬高，母本品系以高繁殖力见长，父本和母本都具有生活能力强、瘦肉率高的特点。

高皮脂率北京鸭

瘦肉型北京鸭

生长快，饲料转化率高，新品种北京鸭走上人们餐桌

　　新育成的"瘦肉型北京鸭配套系"的商品肉鸭生长快、饲料转化率高，从出雏到肉鸭上市仅需 42 天，体重可达 3.2 千克，饲料报酬约为 2.0∶1。与同类鸭种相比，新培育的瘦肉型北京鸭皮薄骨细，瘦肉率高，肌间脂肪均匀分布在肌纤维间，肉质鲜嫩。

　　北京鸭新品种的商品肉鸭在 2017 年的出栏量超过 6 亿只，节约引种费超过 1 亿元。新品种已经推广到山东、江苏、内蒙古、辽宁、黑龙江等省区，市场占有率从 0 迅速提升到 20% 左右，实现了从无到有的突破，对我国肉鸭产业发展影响巨大。

肉鸭集中育雏模式

慧眼识猪！AI+ 养猪，开启智能化养猪之匙

智能养猪

围绕养猪管理，构建广泛的网络化平台。在此平台基础上广泛地协同集成并充分连接软硬件设备设施和一系列最新的技术，从而基于养猪产业生产等多场景开发相应的产品和服务，带动整个行业的转型升级。

视觉识别，声音识别　养猪业如此高大尚

视觉识别技术

利用传感器、摄像头等采集猪的视频、图像，利用计算机视觉识别技术和猪的行为学特征，对猪的身份、生长状态和健康状况做出判断。

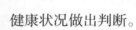

猪脸识别技术通过猪的体型、外貌、纹理、面部特征等细节的识别，提取每一头猪只的特征，精准定位每一头猪。绘制猪体 3D 模型，对猪进行估重，同时根据猪的体尺等指标，绘制猪的生长图谱，进行优良种猪筛选。红外成像可以获取猪的体温，结合猪群的行为，监测猪只健康状况。

声音识别技术

结合声学特征、语言识别技术和猪的行为特征，对猪的生长状态和健康状况做出判断。

声音识别技术对猪只的情绪、饥饿、发情、健康等状况可以做出判断，为生产决策和疾病防控提供指导。当小猪被母猪压住后，语言识别技术通过小猪的尖叫声，去判断小猪的位置，并告知管理员去把小猪救下来。

电子医生上岗　守护生猪健康

电子医生是可以实时监测猪只生理指数的智能传感系统。它可以通过采集猪的体温、活动量等数据，通过 AI 算法分析猪是否处于排卵期，以及是否生病。

目前，电子医生对猪发情和生病的判断精确率已达到 95% 左右。对生猪排卵期的预测可辅助养殖场在最佳时间进行配种，从而提高母猪的年繁殖能力，减少空怀期。

溯源系统，让猪拥有"身份证"

可追溯智能养猪管理系统是一种旨在加强猪肉食品安全信息传递、控制食源性疾病危害、保障消费者利益的动物食品安全信息管理体系。它为消费者提供更为充分的知情权和投诉维权支持，消费者在购买产品和消费之前，就能很容易地获得猪肉食品安全相关信息。

为每头生猪建立"基因身份证"，用基因组的技术就可以做到全程跟踪，无缝追溯，任何地方无法作假。通过基因组的遗传信息记

录生猪饲养、健康状况、生长信息，并对此数据信息进行记录。基因溯源可监控从养殖到屠宰场、分割、配送市场到餐桌的全过程。生猪屠宰加工企业、检疫部门、监管部门以及消费者等可以很方便地通过互联网，对生猪从出生到上餐桌的整个生产过程进行监控、追根溯源。

基因育种技术

生猪性能提高，抗逆性增强，养猪业风险降低

"猪粮安天下"。猪肉产量、品质决定着生猪产业的价值，关系我国猪肉食品安全、社会稳定和可持续发展。猪产肉等性状的改良一直是我国猪育种界最重要的研究课题之一。通过全基因组选择和基因编辑等技术，对猪进行分子设计育种和种质创新，不仅为农业生产提供高产优质抗病的优良品种，而且为人类健康研究提供理想的动物医学模型。

在我国生猪品种结构中占主导地位的是瘦肉型猪，其瘦肉率高、生长

速度快，经济效益高，适合规模化养殖，但抗逆性差。与之相比，我国地方猪种资源丰富，具有抗病性好、耐粗饲、适应性强、肉细嫩多汁、口感好等优点，但存在瘦肉率低、生长缓慢、经济效益低等问题。因此，人们希望通过基因手段开发利用丰富的地方猪种质资源，改良猪肉品质，提升产业价值。

猪基因组设计育种创新团队属于国家唯一专业从事农业基因组研究的机构——中国农业科学院农业基因组研究所。团队采用基因组等

多组学手段，主要研究猪产肉等重要经济性状形成的分子机制，高通量挖掘猪产肉等相关关键基因和非编码 RNA 因子，利用高密度 SNP 芯片和基因组测序技术，结合云计算和人工智能手段，依托单位拥有

的国内农业领域最大的超算平台，对猪进行全基因组设计育种，培育快长、优质、高繁、抗病的优良品种，并采用基因组定点编辑技术创制猪育种新材料。

新型代乳品让幼龄反刍动物赢在起跑线上

"母乳好还是代乳粉好？"

"与传统喂养方式相比，使用代乳粉成活率会提高还是会降低？"

"使用代乳粉能节约成本吗？"

这些问题"农科专家在线"都帮您请教了刁其玉老师。

我国是家畜养殖大国，牛羊饲养量均稳居世界前列，年羊存栏 3.0 亿只，牛 1.3 亿头，是我国农业的重要支柱产业。近年来，在市场拉动和政策引导下，牛羊养殖业综合生产能力持续提升，产业发展势头整体向好。作为成年畜的后备力量，幼龄反刍动物的定向培育决定了成年畜的生长性能和产品质量，因此幼龄牛羊的培育已成为牛羊产业发展的关键因素之一。

犊牛、羔羊的金色童年

和婴儿发育对成年后健康的影响规律一样，犊牛、羔羊是牛羊一生中最重要的生理阶段，直接决定成年畜的健康、产奶、产肉性能及产品安全。但在生产过程中，由于幼龄动物可能没有直接的效益体现，往往被生产者所忽视，致使很多动物输在了起跑线上。

传统饲养，效益和供给难保证

多年来，在犊牛培育方面仍沿用鲜牛奶培育犊牛的方法，每头犊

牛约消耗鲜奶 300~400 千克。后备牛配种年龄多在 17 月龄以上，严重影响了牛群的更新和结构调整。

传统的饲养方式，羔羊随母哺乳 3~4 个月，而成活率不足 80%；我国优良的小尾寒羊和湖羊，产羔性能好，一胎产 3~5 只羔羊是常事，因奶水不足生产中往往只能存活 1 只；牧区羔羊至少需要 12 个月才能达到出栏体重，导致牧区草场超载严重。

我国奶制品大量缺口，每年进口奶粉 40 余万吨、乳清粉 40 余万吨。

精准代乳粉，替代妈妈的爱

研究团队提出了早期断奶犊牛代乳粉配制的营养参数，即粗蛋白质 22%，粗脂肪 13%，消化能 15.50 兆焦 / 千克，创新性地提出了 0~3 周龄和 4~6 周龄两阶段赖氨酸、蛋氨酸、苏氨酸限制性氨基酸模式。

研究团队已研制出了具有独立知识产权的新型代乳品，用植物蛋白

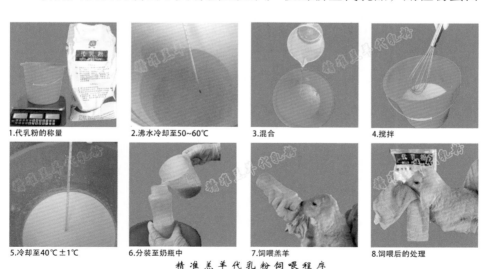

1.代乳粉的称量　　2.沸水冷却至50~60℃　　3.混合　　4.搅拌

5.冷却至40℃±1℃　　6.分装至奶瓶中　　7.饲喂羔羊　　8.饲喂后的处理

精准羔羊代乳粉饲喂程序

代替 50% 的乳源蛋白，用葡萄糖代替 50% 的乳糖，添加酵母 β–葡聚糖、蜂花粉多糖或益生菌等益生物质，有效减少了犊牛、羔羊腹泻，提高增重，促进消化道发育，达到良好的犊牛培育效果，犊牛出生后 5 天断奶至 30 日龄平均日增重 584 克，30~60 日龄达到 1 026 克，高出对照组104 克。

断奶 60 天缩减到 5 天，成活率达 95% 以上

早期断奶技术的应用可以促进幼畜的生长性能和胃肠道发育，改善母畜的繁殖性能。早期培育技术的应用，使奶牛犊牛断母乳由 60 天缩短到 5 天，成活率达到 95% 以上，14 月龄满足初配条件，培育的优秀犊牛成长为健康泌乳牛，前三个泌乳期共提高产奶量 4.5~8.1 吨；肉牛犊牛可 28 日龄断母乳、90 日龄断液态饲料，采食固体饲料，成活率达 95% 以

上，日增重高于随母哺乳犊牛；羔羊出生后 20 天断母乳，日增重 250 克以上，至 90 日龄多增重 3.5 千克（体重 22 千克），母羊繁殖间隔缩短 1.5~2 个月，母羊多产羔 0.5 只 /年。

"少年强则国家强"，今天健康的后备畜就是明天的优秀奶牛、肉牛和肉羊。

乳腺、前列腺增生，
您想过尝试药食同源的鹿角盘粉吗？

我国具有悠久的利用鹿角盘治病的历史。早在 2 000 多年以前的《神农本草经》就记载了鹿角盘可用于活血消肿，治乳痈初起，淤血肿痛等问题。2015 年的《中国药典》中描述了鹿角盘具有行血消肿，乳痈初起，淤血肿痛的功效。

在民间，鹿角盘被广泛应用于治疗乳腺炎、乳腺增生、儿童腮腺炎和疮疖等疾病。

骨化的鹿茸　悄然躲避免疫系统的排斥

鹿的茸角是一种神奇的哺乳动物器官，能够每年周期性的从角柄上脱落与完全再生。每年春天到来之际，鹿茸开始再生；夏季进入快速生长期；秋季配种季节到来之前，鹿茸完全骨化、脱掉茸皮；完全骨化、死亡的鹿茸，即鹿角，一直牢牢地附着在活组织的角柄上，直到第二年春天才从角柄上自然脱落，期间与之连接的活组织从不出现感染和发炎的迹象。

这就意味着一个死组织能够有效躲避机体免疫系统的排斥，在活组织上完好的附着长达半年之久，这种现象发生在哺乳动物身上，如果不是独有也应该是十分罕见的。

锯茸留下的鹿角盘　春天自然脱落

在我国，养鹿的目的在于获取珍贵的鹿茸。为了保存最大的药效，一般在鹿茸生长到 60 天左右时（图 1A：生产上称三杈茸）就要被锯下来、加工干燥，作为中药的原料。在锯茸时，为了不破坏来年鹿茸的生长点，锯口都选在鹿茸和角柄连接处以上 2~3 厘米的地方（图 1B），因此留在角柄上 2~3 厘米高的茸根。茸根到了秋天和鹿茸一样也出现完全骨化、脱皮，这时人们称它们为鹿角盘（图 1C），到了第二年春天，像鹿角一样，鹿角盘也从角柄上自然脱落（图 1D）。

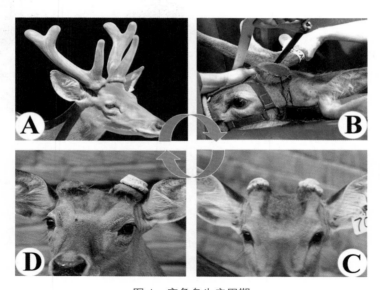

图 1　鹿角盘生产周期

A. 梅花鹿三杈茸；B. 锯茸（注意：锯口位于角柄以上 2~3 厘米处）；
C. 秋天完全骨化和脱皮的 2~3 厘米高的茸根，即鹿角盘；D. 第二年春天即将脱落和已经脱落的角盘

抗炎因子斡旋　死组织与活组织和平相处连接处不发炎

为了揭示死亡角盘在活组织角柄上完好附着不被机体免疫排斥的机

制，我们进行了一系列的研究：包括角盘与角柄连接处的形态学（图2A）、组织学（图2B）和免疫组织化学等，这些研究都证明鹿角盘确实是已经死亡的组织，但在死组织和活组织的连接处没有检测到明显的炎症细胞和炎性因子的存在。

其后我们将脱落的鹿角盘（图2C）粉碎成了粉（图2D），利用现代仪器对鹿角盘粉的成分进行了详细分析。结果表明，角盘中其含有多种抗炎因子，包括白细胞介素、干扰素、肿瘤坏死因子等。由此说明角盘不被机体免疫系统排斥的原因可能与其富含抗炎因子有关。如果是这样，那么鹿角盘有可能被研制成可应用于临床的抗炎药品。

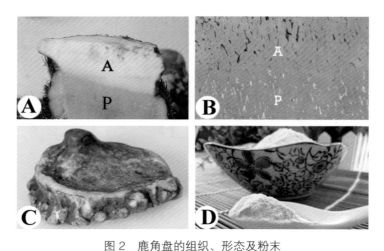

图2　鹿角盘的组织、形态及粉末

A. 角盘与角柄的纵切面（注意：死组织角盘为白色，活组织角柄为浅粉红色）；

B. 角盘与角柄连接处组织学（注意：角盘血管中有黑色填充物，角柄血管为无填充物的白色）；

C. 脱落的角盘；D. 粉碎的角盘粉

有图有真相　鹿角盘抗炎效果显著

为了科学验证鹿角盘在临床上的抗炎疗效，近年来我们建立了一些相关的动物模型。其中一个是小鼠乳腺增生模型。首先给小鼠注射性激素刺

激其乳腺增生。制模后，将小鼠分成三个组：第一组为无处理对照组；第二组注射经典治疗药物三苯氧胺；第三组施以鹿角盘粉提取液。

结果表明，鹿角盘提取液组的效果显著高于传统西药的三苯氧胺治疗组、非常显著地减少了腺泡的生成数量和大小。因此，从科学上令人信服地证明了鹿角盘粉治疗乳腺炎症疾病的有效性。

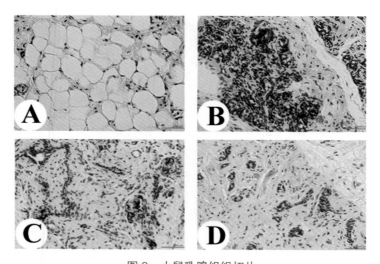

图3　小鼠乳腺组织切片

A.正常非怀孕期；B.性激素诱导后增生的，可以看到腺泡的极度发育；
C.使用传统药物三苯氧胺治疗后的效果；D.使用鹿角盘粉提取液治疗后的效果

此外，我们还给患有前列腺炎的患者定期服用了鹿角盘的提取液，两到三个月时间，他们的症状都得到了明显的改善。前列腺炎十分顽固，如果在有严格的对照条件下证明鹿角盘提取液确实对前列腺炎有疗效，鹿角盘的开发前景将十分诱人。

总之，对鹿角盘粉提取方法的进一步改进，施给模型动物剂量、途径和疗程的进一步优化，我们认为治疗炎症疾病的效果还会进一步改善，最终能够研制出具有高于常用西药疗效的、无副作用的临床药品，为人类健康服务。

特种动物安家东北的幸福生活

特种动物养殖业是我国畜牧业的重要组成部分，是独具特色、充满活力的新兴产业，是农村经济新的增长点。随着经济、社会发展，市场需求的多样化越来越突出，特种动物产品在满足人民生活、健康、生产需求等方面扮演着重要角色。

神秘特种动物，总经济价值 5 600 亿元

目前，特种动物产业发展已经初具规模。据统计，2015 年我国貂、狐、貉、茸鹿等饲养总量 1.4 亿只，兔 5 亿只，珍禽 2.6 亿羽，蜜蜂 900万群，蚕种 1 600 万张，分别占世界特种动物饲养总量的 64%、45%、72%、13% 和 82%。特种动物产业提供 1 280 万个就业岗位，在我国经济发展中发挥了重要作用。但我国特种动物养殖业起步较晚，科技基础相对薄弱，急剧增长的饲养数量与产业科技水平低之间的矛盾日益凸显。饲养标准缺乏、营养物质利用率低下、新饲料资源开发不足等问题，已严重制约特种动物产业的健康发展。

左上：蓝狐　　右上：梅花鹿
左下：水貂　　右下：雉　鸡

制定营养素推荐量，填补我国特种养殖业技术空白

特种动物营养与饲养团队成员扎根于养殖第一线，持续追踪记录特种动物各个生理时期的习性特点，完善不同阶段的管理技术要点，开展了一系列营养需要量及饲料品质评价与健康养殖等方面的研究。团队制定的水貂、梅花鹿不同生理时期的营养素推荐量，填补了我国特种养殖业的技术空白，提高了特种动物精细化饲养管理水平，推动了我国特种动物养殖业健康发展。

仔鹿常规营养需要

月龄	平均体重（kg）公	母	干物质采食量（kg）	总能（MJ）	粗蛋白质（g）	可消化蛋白（g）	钙（g）	磷（g）	食盐（g）
1	6~8	4~6	哺乳	5.0	45.0	31.5	4.0	2.7	1.5
2	8~10	6~8	0.4~0.5	6.6	60.0	42.0	5.0	3.3	2.0
3	10~15	8~12	0.5~0.6	8.3	75.0	52.5	6.0	4.0	2.5
4	15~20	12~15	0.6~0.8	9.9	90.0	63.0	8.0	5.3	3.0
5	20~25	15~20	0.8~1.0	13.2	120.0	84.0	10.0	6.7	4.0
6	25~35	20~25	1.0~1.2	16.5	150.0	105.0	12.0	8.0	5.0
7	35~40	25~30	1.2~1.4	19.8	180.0	126.0	13.0	8.7	6.0

育成鹿常规营养需要

月龄	平均体重（kg）公	母	干物质采食量（kg）	总能（MJ）	粗蛋白质（g）	可消化蛋白（g）	钙（g）	磷（g）	食盐（g）
8~10	40~45	30~35	1.4~1.6	23.1	182.0	100.0	14.0	9.3	7.0
11~15	45~50	35~40	1.6~2.0	26.4	224.0	123.2	16.0	10.7	8.0
16~18	50~55	40~45	1.8~2.2	29.7	234.0	128.7	18.0	12.0	9.0
19~24	65~70	45~50	2.0~2.6	33.0	280.0	154.0	20.0	13.3	10.0
25~28	70~80	50~55	2.2~3.0	36.3	286.0	157.3	22.0	14.6	11.0

成年公鹿常规营养需要

月龄	平均体重（kg）		干物质采食量（kg）	总能（MJ）	粗蛋白质（g）	可消化蛋白（g）	钙（g）	磷（g）	食盐（g）
	公	母							
8~10	40~45	30~35	1.4~1.6	23.1	182.0	100.0	14.0	9.3	7.0
11~15	45~50	35~40	1.6~2.0	26.4	224.0	123.2	16.0	10.7	8.0
16~18	50~55	40~45	1.8~2.2	29.7	234.0	128.7	18.0	12.0	9.0
19~24	65~70	45~50	2.0~2.6	33.0	280.0	154.0	20.0	13.3	10.0
25~28	70~80	50~55	2.2~3.0	36.3	286.0	157.3	22.0	14.6	11.0

育成鹿微量元素及维生素需要

月龄	平均体重（kg）		干物质采食量（kg）	铜（mg）	锰（mg）	锌（mg）	铁（mg）	钴（mg）	硒（mg）	维生素A（IU）	维生素D（IU）	维生素E（IU）
	公	母										
8~10	40~45	30~35	1.4~1.8	11.7	54.0	90.0	60.0	0.6	0.15	1600	260	16.0
11~15	45~50	35~40	1.6~2.0	15.6	72.0	120.0	80.0	0.8	0.20	1800	280	20.0
16~18	50~55	40~45	1.8~2.2	17.2	79.2	132.0	92.0	0.9	0.23	2000	300	23.0
19~24	65~70	45~50	2.0~2.6	19.5	90.0	150.0	100.0	1.0	0.25	2400	330	25.0
25~28	75~80	50~55	2.2~3.0	21.8	100.8	168.0	112.0	1.12	0.28	2800	500	30.0

以传统营养学为基石，紧跟科研发展前沿

传统营养理论知识可以指导生产实践，带来一定的经济效益，但是增加产品附加值，带动产业转型升级，解决产业根本性技术壁垒，需要更高的科研投入和科技水平。团队成员追踪科技发展前沿，将组织细胞学、基因组学、分子生物学等先进技术引入特种动物营养与饲

安装有永久性瘤胃瘘管的梅花鹿

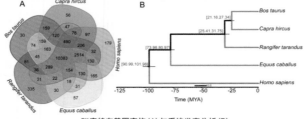

驯鹿特有基因家族(A)与系统发育分析(B)

养研究领域。

在鹿类动物瘤胃微生物特异性及功能研究方面，处于国际领先水平，在全球首次报道了驯鹿全基因组结构，解析了驯鹿适应北极地区寒冷环境，雌性长角及性格温顺等分子遗传机制，对野生动物驯化提供重要的科学数据。

揭示了梅花鹿、矮鹿瘤胃内优势微生物结构及组成，阐明了与奶牛、绵羊瘤胃微生物区系的独特差异，对于丰富草食类特种动物领域基础研究，挖掘新的微生物资源奠定了重要基础。

分离筛选获得多株特种动物源益生菌，在提高动物免疫机能、促进营养物质代谢吸收、降低胆固醇水平和维持动物肠道菌群平衡等方面具有优良效果，该成果已获得多项国家发明专利，使特种动物微生态制剂研制迈上了新台阶。

左上：特种动物源益生菌菌种；
左下：微生态制剂；右：仔鹿补充饲料

科技与产业无缝链接

团队充分发挥科技对产业的支撑作用，积极促进科研成果转化，为产业发展提供技术服务和科技支撑。近五年来，先后研发特种动物全价配合饲料、微生态制剂、粗饲料发酵剂、发酵饲料等各类产品 20 余种，集成并推广特种动物节能减排健康养殖技术、粗饲料资源开发利用、茸鹿全混合饲料加工配制等新技术 10 余项，提高了产业经济效益及社会效益。

回报社会，养殖户安心落意

团队秉承立足科研，回报社会，为实现特种动物产业的兴旺发展贡献一份力量的宗旨，多年来为全国多个特种动物饲养企业及养殖户提供社会化公益服务，累计检测各类饲料样本达 2 万多份；根据营养需求和季节变化适时调整饲料营养配比，为养殖户节约饲料成本上亿元。团队每年定期组织开展"博士宣讲团""送科技入户"等科技兴农活动，深入基层为养殖户排忧解难，并将动物养殖各个时期各个环节的注意事项整理成知识手册，免费发放给养殖户，有力地促进了毛皮动物产业的健康高效发展。

说说畜禽"咳嗽"那些事儿!

畜禽咳嗽不是小事儿,不容忽视

现在谁还敢有事儿没事儿大病小病都用抗生素,一是伤不起,二是有时还靠不住。人是一回事儿,动物是一回事儿。上了餐桌成了食物的动物,是跟两者都有关系的另外一回事儿。椒麻鸡、烤鸭、牛排、手抓羊肉等美食,要是有一堆药物残留在里面,身体有什么反应先不提,求心理阴影面积有多大?咱还能放

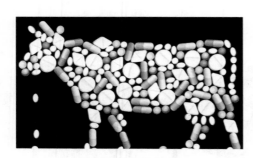

（图片来自网络）

心的用餐吗?

猪牛羊鸡鸭等的呼吸道疾病是常见病,还会有生命危险。动物得这个病,也会咳嗽、喉咙痛,传染性疾病传播广,还会有相当数量的死亡,主要损失当然是经济损失。

鸡呼吸道疾病

（图片来自网络）

　　畜禽呼吸道感染性疾病是养殖业长期面临的最大生产难题之一，部分畜禽呼吸道感染疾病为人畜共患病，是公共卫生安全和畜牧养殖业的严重威胁。打仗，就得了解敌人，了解战场。

　　目前的战场有这么些问题：病因复杂，常有细菌、病毒、支原体等病原混合感染，疫苗预防措施不足、有效的化学防治药物和中兽药品种缺乏。更为严峻的是，若临床治疗不合理应用抗生素，还可导致微生物耐药性加重和药物残留等问题，严重影响食品安全，直接关系人民群众的餐桌与健康。

　　中兽医药学有悠久的历史，经过几千年历史的检验与选择，自带提高机体抗病能力和非特异性免疫机能的洪荒之力。中兽药防治感染性疾病是从源头上确保食品安全的重要选择。

（图片来自网络）

　　作为农业农村部创新团队和中国农业科学院科技创新团队，兽药创新与安全评价团队是这场战役的生力军，誓将中兽医药学的优势转化为胜势。

　　新型安全畜禽呼吸道感染性疾病防治药物的研究与应用，是团队作战的最新成果，研制的产品符合国家生产无公害、无污染、无残留绿色动物源性食品的要求，符合重大动物疾病防治专用药剂的发展要求。

疗效显著优于同类制剂

　　利用老祖宗留下的宝贵财富，结合现代理念，团队练就了高深内功和三大致敌绝招。

　　"板黄口服液"是高效、安全、稳定、无残留的中兽药液体制剂。药理毒理学研究表明，产品临床使用安全，能抑制病毒侵害组织，对组织有

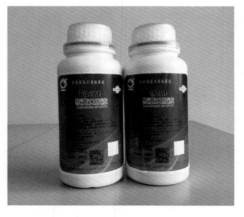

保护作用，对免疫力有一定的增强作用；药效学研究表明，对鸡喉气管炎及大肠杆菌混合感染蛋鸡治疗效果显著，治愈率为78.83%，有效率为93.43%，产蛋率由30%恢复到80%，对牛支原体感染性治愈率为91.86%，有效率为95.35%，疗效显著优于同类制剂。

建立西藏杜鹃抗炎抗菌有效成分挥发油及其免疫调节有效成分多糖的提取技术，获得的西藏雪层杜鹃挥发油得率达到2.45%，相比报道的0.68%，收率显著提高；采用改进后的GC–MS色谱方法分析获得71种化合物。采用超声波辅助提取技术提取杜鹃中的多糖，提取时间缩短，多糖得率显著提高。

首次建立高效综合利用骆驼蓬的技术和骆驼蓬生物碱的微波辅助提取技术，可同时提取骆驼蓬中的多种有效成分，适宜工业化生产。

推广成果显效益

该成果的一大优势，能实现技术、产品、产业化一条龙，应用前景广阔，并广泛适用于同类中兽药的开发。

目前，已获得1项国家新兽药证书，取得2个国家新兽药生产批准文号，建立了1项新兽药质量控制标准、5个应用示范基地和2条规模化生产线，获国家授权发明专利6项。有关产品在甘肃等28个省市得到广泛推广，应用规模为肉牛

和奶牛约 35.715 万头、牦牛 8.65 万头、蛋鸡 473 万羽、肉鸡 1 100 万羽，经济社会效益显著。

在 2019 年 2 月 13 日甘肃省委、省政府召开的甘肃省科学技术（专利）奖励大会上，"新型安全畜禽呼吸道感染性疾病防治药物的研究与应用"成果荣获甘肃省科技进步一等奖并受到表彰。

"超级细菌"警报拉响，抗菌肽破解耐药性难题

二十世纪二三十年代以来，抗生素的发现和应用拯救了无数人的生命。如果说之前人类因其受益，那么，如今全世界则不得不致力解决抗生素滥用所导致的后果——耐药细菌的出现及传播。抗生素耐药性、药物残留及近年频现的"超级细菌"为抗生素类药物使用策略敲响警钟，随着集约化养殖业发展，大量使用抗生素添加剂的潜在危害日益显著。

抗生素滥用弊端凸显，限制规定利刃出鞘

抗生素滥用及耐药性发展已严重影响我国畜牧业发展，我国在食用动物生产方面抗生素使用量预计占全球使用量 30%。在动物中长期使用低于治疗剂量的抗生素可加速耐药菌的产生及使各类病原菌耐药性加剧，导致动物机体免疫力下降和畜产品抗生素残留，对土壤环境、表层水体等生态环境中的微生物区系带来不良影响。

从 20 世纪 80 年代始，各国开始对畜牧业尤其是预防性及促生长性抗生素添加剂的使用做出严格限制，并在限制种类及限制力度上逐步强化。

介绍抗菌肽创新工作进展

2014 年 4 月，FDA 公布行业指南取消对共计 19 种动物药品申请的批准；2015 年 9 月欧盟公布《关于谨慎使用抗菌类兽药的指南》；2016 年我国卫计委联合 14 个部委发文提出了《遏制细菌耐药国家行动计划 2016—2020》，是遏制细菌耐药

性的国家宣言和行动计划，我国在动物中限制、减少或停止抗生素使用的政府行动已明显加速；农业部 2017 年发布《全国遏制动物源细菌耐药行动计划（2017—2020 年）》；农业农村部 2019 年公布《药物饲料添加剂退出计划（征求意见稿）》；2018 年中国农业科学院启动重大产出科研选题"饲用抗生素替代关键产品创制与产业化"。

抗菌肽——抗生素替代品的"希望之星"

从技术上来说，寻找替代品是实现减少抗生素使用目标的一种思路。目前，抗生素替代品研制正成为生物医药领域的优先课题，其中，抗菌肽因其对细菌具有广谱高效杀菌活性，且又不容易产生耐药性而成为抗生素替代品的"希望之星"。

抗菌肽是一类具有生物活性的小分子多肽，是生物先天免疫系统的重要组成部分，其来源极其广泛，具有广谱的抗菌作用，细菌不易对其产生耐药性。团队对抗革兰氏阳性菌抗菌肽、抗革兰氏阴性菌抗菌肽、广谱抗菌的 Lfcin 及其衍生肽的分子结构、基因表达、杀菌特性及杀菌机理等展开了系列研究。

国家发改委新型饲用抗生素替代产品
产业化专项工作现场

抗菌肽 MP1106，抗金黄色葡萄球菌活性提高 40 倍

Tips：21 世纪初，菌丝霉素的发现可谓让人眼前一亮。2005 年，科学家从一种生长于北欧松林地表的腐生子囊菌中首次分离出了一种防御素——菌丝霉素，其通过阻碍细菌细胞壁合成从而阻止病菌繁殖，对革兰氏阳性菌（如葡萄球菌、链球菌等）具有较强防御作用。

研究团队对菌丝霉素及其衍生物展开了10多年的持续探索。发现菌丝霉素的衍生物NZ2114是更为优良的衍生肽，其对金黄色葡萄球菌的抗菌活性比母体肽提高30倍以上。在此基础上，团队利用基因技术对NZ2114进一步改造，得到突变体MP1102。MP1102对抗甲氧西林耐药型金黄色葡萄球菌的抗菌活性是NZ2114的15倍。研究发现，它对畜牧业常见病菌产气荚膜梭菌亦有抗菌活性，甚至和杆菌肽锌、金霉素等传统抗生素相比，其对产气荚膜梭菌的抗菌活性都更为优异。

此后，研究团队进一步突破研发出抗菌肽MP1106，使其抗金黄色葡

第九届国际乳铁蛋白大会现场

萄球菌的活性比母体肽提高近40倍，还设计出靶向抗菌肽，在杀灭病菌的同时保护其他益生菌。由此，团队所研发的系列成果大幅提升了这一类型抗菌肽的杀菌效能，并在某些病菌面前展现了优于抗生素的比较优势。

抗菌肽产品，让动物远离饲用抗生素

抗菌肽对畜禽具有促生长和治疗疾病的功能，是无毒、无害、无残

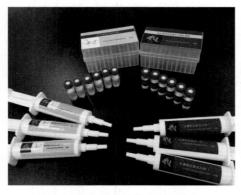

防治奶牛乳腺炎的抗菌肽试制品

留、低耐药的绿色产品。作为一个新兴的生物技术产业，长期以来，由于抗菌肽来源广、种类多，加之分子质量小、自然界含量低，存在分离纯化难、化学合成成本高等难题，亟待建立转基因高效低成本生产途径。研究团队在抗菌肽产品设计、低成本生产等一系列瓶颈技术

上取得了突破。

研究团队相继建立菌丝霉素、NZ2114、MP1102、MP1106、DLP4 的高效生产体系，实现该系列产品的高效分泌表达，产量分别为 748 毫克 / 升、2 390 毫克 / 升、695 毫克 / 升、2 134 毫克 / 升和 1 600 毫克 / 升，为同类型抗菌肽表达产量最高值。在国内率先建立了抗菌肽试生产车间工艺及关键参数，基本完成典型产品质量规范制定，并已启动第三方评价。预期随着畜禽用抗菌肽的产业化及其在牛、猪、鸡、鱼等养殖动物疾病防控中的推广应用，对减少畜禽抗生素的使用及遏制病原菌耐药性的产生非常有意义。

励志红麻跨界实现
饲蛋白和抗生素"双替代"火了

饲用红麻新品种"中饲红 1 号"

　　麻类产品曾是国家战略物资，随着 20 世纪 90 年代化纤的大量使用，麻类的传统用途受到了严重影响，麻类多用途的研发拓展，"麻改饲"可有效解决高蛋白饲料作物的匮缺问题，推动了草食畜牧业发展。麻改饲全产业链生产模式，饲用苎麻 / 红麻高效利用技术体系，有望实现草食动物饲料蛋白和抗生素"双替代"。

全国工业饲料总产量 2.2 亿吨，绿色饲料潜力大

　　2017 年全国生猪出栏 6.9 亿头，存栏 4.3 亿头，猪肉产量 5 340 万吨，增长 0.8%；牛肉产量 726 万吨，增长 1.3%；羊肉产量 468 万吨，增长 1.8%；禽肉产量 1 897 万吨，增长 0.5%。根据《全国饲料工业"十三五"发展规划》的发展目标，到"十三五"末，全国工业饲料总产量预计达到 2.2 亿吨。

速生，可再生，还不争好地，红麻表现很优秀

　　红麻又叫洋麻，别名槿麻、钟麻，短日照一年生草本作物。红麻原产于非洲，在世界上红麻分布范围广，热带、亚热带、温带和寒带均有种

植。从我国的华南、长江流域、淮河流域、黄淮流域到东北的辽宁、吉林、黑龙江，西北的新疆和宁夏，内蒙古等均可以种植。红麻茎秆是由韧皮部和木质部两部分组成，传统用途主要是利用其韧皮纤维用于麻线、麻绳、麻袋、麻布等包装用纺织。

红麻是一种速生性可再生资源，生育期短（120~160天，饲用60~90天，可收1~3次），生物学产量高，其生长量大是木材所不及的，如比生长量较大的杨木高3~5倍，比芦苇、竹子高1~3倍。因品种和栽培条件不同，生长120天左右，红麻风干茎全秆产量一般10~15吨/公顷，生长160天其风干茎产量16~20吨/公顷，良种（超级杂交红麻）配良法，在适宜条件下栽培最高达25吨/公顷以上（鲜重可达100吨/公顷）。且红麻耐盐碱、干旱、洪涝能力强、适应性广，管理简单，可不与粮、棉、油、菜争好地，红麻活植株有净化污水、除去土壤中有害成分的作用，发展红麻将带动我国逆境农业的发展。

田间饲用红麻轻简化示范

饲用红麻　健康美味

由于红麻特别是在其叶、嫩枝中蛋白含量高，研究团队及同行对红麻作为饲料的适口性对包括牛、山羊等在内各种反刍动物进行了研究。喂养试验表明牛饲料中红麻的比例为20%~30%时，最佳生长速度为日增重0.66~0.71千克，喂养

青贮红麻猪猪抢着吃

山羊时饲料中红麻比例可替代 50% 豆粉饲料（SBM）。

为评价红麻对抑制动物寄生病的效果，对感病山羊进行了短期研究。在 33 天以上的试验期中，与对照相比，发现红麻可以降低 69% 的排泄量。研究表明在动物中，红麻具有控制寄生病的潜力，是一种非常具有前景的动物饲料蛋白源，并具有商品化生产的潜力。通过对鲜刈红麻直接青贮 5 天后，青贮料外观呈黄绿色，稍黏，具有紫苏的芳香气味，pH 值为 4.2~4.8，鉴定结果为较优的青贮料，以上青贮料饲喂肉牛，其适口性优于鲜刈红麻，饲喂时加入饲喂总量 30%，对拉稀肉牛有明显的止泻作用。

2018 年在株洲县通过规模化种植对机收鲜全株红麻直接粉碎青贮，红麻青贮料具有坛子菜的芳香气味，pH 值为 3.7 左右，喂养试验表明猪饲料中红麻的比例为 20%~30% 时，对仔猪和母猪具有良好的适口性和减抗效果。

研究团队对 7 个红麻品种饲用干物质测产为 16 071.35~19 528.52 千克/公顷，粗蛋白含量 10.15%~18.43%，粗纤维含量为 18.42%~42.42%。K68 红麻品种的干物质产量和粗蛋白产量均最高，分别为 19 528.52 和 2 398.30 千克/公顷；K66 红麻品种叶干物质产量占比和粗蛋白含量显著高于其他品种（$P<0.05$）。

品质成分分析

品质指标	含量	品质指标	含量
pH值	3.74	酸性洗涤纤维	13.28%
乳酸	1.55%	中性洗涤纤维	22.51%
乙酸	0.35%	粗脂肪	0.48%
丙酸	0.003%	生物碱总量	0.1%
丁酸	0.001%	总黄酮	0.25%
粗蛋白	6.2%	总多酚	9.2%
膳食纤维	11.52%	多糖总量	3.8%

红麻青贮饲料品质成分分析

K66 和 K68 均为潜在的饲用红麻优质高产品种。

良种配良法，农机农艺融合更生产高效

饲用红麻具有生长快、生物产量高和品质优的特点，是优良的饲草品

种。然而，饲用红麻的种植存在瓶颈问题：一是适应南方湿润气候作业的收获机械问题突出；二是适应机械化作业且生产效率高的种植模式缺乏，农机与农艺融合度不高，进而影响了饲用麻产业化推进。

针对上述瓶颈问题，在中国农业科学院创新工程和国家麻类产业技术体系的支持下，与农业机械装备公司等共同开展了饲用麻机械化收获技术研究，研制出具有自主知识产权的履带自走式联合收割机，配套动力 65~100 千瓦，工作效率达到 0.2~0.4 公顷 / 小时；筛选出适合湿润气候种植，生物产量和蛋白含量高，且抗机械碾压的饲用麻品种；探索出适应机械化作业的宽窄行种植模式。

饲用红麻田间机械收获

该技术主要创新为双搅龙割台联动，集割倒、输送、切碎和集料箱及自动卸料为一体的组合装置，形成了物料的最佳走向，大幅提高了工作效率；采用橡胶履带式行走装置减少了机械的接地压力，解决了传统轮胎式行走青饲料收割机对饲用麻根系损伤的问题；首创旋刀鼓风组合式切碎和防缠绕装置，解决了饲用麻在切碎过程中长纤维物易缠绕运动部件的难题；筛选出了适应机械化作业的宽窄行种植模式，实现了饲用麻联合收获与农艺融合技术的结合。

3分钟农业科普

农业机械篇

油菜机械化最后一个技术"堡垒"
——毯状苗配套移栽

8年潜心研究，解决黏重土壤油菜移栽难题

油菜是我国主要油料作物，常年种植约1亿亩，85%集中在长江流域稻油轮作区，30%~40%的油菜因为稻油轮作，生育期不足，或因种植期多雨或干旱等影响不能直接播种，必须育苗移栽，当栽不栽严重影响油菜产量。

（图片来自网络）

黏重土壤、秸秆还田的稻后田间条件给机械移栽带来严重困难，现有的国内外移栽机均不适应。我团队与扬州大学冷锁虎教授团队合作，针对这一生产亟待解决的重大问题，潜心攻关，历时8年，终获突破，首创了油菜毯状苗机械化高效移栽技术装备。

三大技术创新，创造旱地移栽300次/分的世界最快栽植频率

1. 世界首创油菜毯状苗育苗技术

改变苗床低密度育苗和人工裸根苗移栽的传统育苗移栽方式，首创了防徒长、促齐苗、助成毯、提素质的油菜毯状苗高密度规格化的育苗技术，在世界上首次培育出密度高、素质好、盘根成毯适合机械切块插栽的油菜毯状苗，创制了油菜毯状苗育苗种子处理剂，制定了油菜毯状苗育苗

技术规程。

2. 首创油菜毯状苗高速移栽机

针对国内外现有旱地移栽机作业效率低，对黏重土壤适应性差的问题，改变现有挖穴和开沟移栽方式，首次提出油菜毯状苗切块取苗、对缝插栽的移栽方式，创制了高速全自动油菜毯状苗移栽机，破解了稻茬田黏重土壤条件下油菜高效移栽难题，在世界上首次实现了多种土壤条件下的油菜高密度高效率移栽，创造了旱地移栽 300 次 / 分的世界最快的栽植频率，是世界最先进旱地移栽机的 1.5 倍。

3. 创新毯状苗机械移栽油菜高产高效管理技术

针对油菜毯状苗高密度、小个体、切块带土移栽的特点，研究提出了机械化耕整地技术方案，制定了技术规程；创建了促早活快发的管理方法，创制了活棵促进剂，建立了前足、中控、后重的施肥模式，制定了栽后管理技术规程。

适应性强，移栽效率高，产量高综合效益好

1. 对田间适应性强

由于创新的移栽方式和移栽机，克服以往移栽对土壤流动性的依赖，适应于黏重土壤以及各种旱地土壤，适应性大大增强，为利用冬闲田种植油菜提供了有效的技术途径。

2. 移栽效率高

创制 2 种全自动移栽机在黏重土壤条件下作业效率达到 4~6 亩 / 小时，是人工移栽的 80~100 倍，是目前世界最先进旱地移栽机的 1.5 倍。作业效率高，很容易实现高密度移栽，栽植密度分别为 8 230~12 350 穴 / 亩和 12 350~18 520 穴 / 亩，高密度栽植为机械化收获创造了条件。

3. 产量高综合效益好

在长江流域油菜毯状苗移栽比同期迟播油菜平均增产 30% 以上，平

均节本增效 160~220 元 / 亩，节本和增产效果显著。

油菜田里生机勃勃

　　该技术 2018 年列入农业农村部十大引领性技术，目前已在全国油菜主产区建立 30 余个试验示范点，技术规范化，育苗本地化。

　　2018 年秋季以来，在全国油菜主产区广泛开展示范推广活动，得到了各级技术推广部门的广泛关注和有力支持，契合了广大农民的迫切需求，受到了油菜主产区家庭农场、种田大户、农机合作社等广大新型农业生产经营主体的普遍欢迎。

不同田间条件移栽示范

为冬闲田利用提供有效的技术和装备支撑

　　全国至少有 5 000 万 ~10 000 万亩的冬闲田。冬闲田一般是因为前茬水稻收获迟，无论直播油菜还是小麦都存在生育期不足问题，其土壤特点也是含水率高、土壤黏重，利用本项技术移栽油菜，可以增加油菜种植面积 50%~100%，总产增加 40%~80%，减轻油料进口压力，提高自主性，

具有重要作用。

　　同时油菜是很好的肥田作物，种植油菜比冬闲更能增加地力，美化环境，减少沙尘，生态效益可观。此外，该技术还可以用于一些蔬菜的移栽，如青菜、芹菜、韭菜、芥菜等，应用前景广阔。

安徽马鞍山市含山县、当涂县 2018 年建立 6 个点进行试验示范

植保无人飞机突破"卡脖子"技术，在 20 多个国家和地区落地

　　我国农作物病虫害年平均发生达 60 亿亩次以上，突发性大面积的病虫害频繁，年损失粮食超过 2 000 万吨，严重危害粮食安全。而我国农药使用量大，远超过世界平均水平，加剧了水土污染。此外，随着人口转移和老龄化加剧，农村劳动力日益短缺，劳动力成本不断攀升，在植保环节显得尤为突出，95% 的农民认为下田打药是最繁重的田间劳动，而且农药飘移会危害到人身安全，都不愿意从事人工植保作业，更加剧了劳动力的短缺，抬高了人工成本。

新农具：无可替代的植保新利器

　　无人机是一种有动力、可控制、能携带多种任务设备和执行多种任务，并能重复使用的无人驾驶航空器，它曾经作为一种作战武器在战场中显示出强大的战斗能力。在民用领域主要应用在航空摄影、地面灾害评估、航空测绘、交通监视、

植保无人飞机已在田间普及应用

消防、人工增雨等方面。从 2008 年起，无人机在农业应用中逐渐开始出现，主要集中在农田信息遥感、灾害预警、施肥喷药等领域。

　　农用无人机是自动化控制技术、复合材料技术、精密制造技术、农业技术等先进技术的结晶。

极飞科技植保无人飞机喷洒场景

无人机植保作业相对于传统的人工喷药和机械装备喷药作业有很多优点：用药量少，可空中悬停，无需专用起降机场，旋翼产生的向下气流有助于增加雾流对作物的穿透性，防治效果好，机具不下田压苗，远程操控、人机分离，喷洒作业人员避免了暴露于农药下的风险，提高了喷洒作业安全性等。无人机施药采用低量或超低量喷洒方式，可减少农药使用量20%以上，节约90%的用水量，这很大程度上降低了资源成本。

新技术：飞得好、喷得好、管得好

习近平总书记说过："中国人的饭碗任何时候都要牢牢端在自己的手上。"无数个历史典故告诉我们：自胜者强，自强者胜。我国目前植保行业的水平仅相当于发达国家过去50年代的水平，植保已是农业生产全程机械化中最薄弱的环节，这个现状亟待改变。如果继续使用国外技术和机具，"卡脖子"永远存在，国人的饭碗永远端不稳。

2008年起，农业农村部南京农业机械化研究所牵头承担国家863项

千架飞机出安阳，千名飞手做飞防

目，开展无人机施药技术与装备研究，联合相关单位研发了我国首台单旋翼植保无人飞机，由于其作业效率高、适用性广、载药量大等突出优势引起社会广泛关注，逐步形成了植保无人飞机的萌芽产业。

在当时无人机施药还是一个新鲜事物，在实际应用中面临以下问题：作业效果不稳定；机具稳定性和可靠性低，操作复杂；应用技术不足，缺少推广手段，难以普及；单机成本过高，农民不易接受。因此 2010—2013 年间，植保无人飞机多数以演示为主，无法真正运用于农业生产。而整个行业处于起步阶段，植保无人飞机还不算是一个可靠的施药工具。

但在农村劳动力短缺、发展现代农业的需求、植保统防统治的要求等刚需倒逼市场的形势下，植保无人飞机进入了高速发展阶段，团队经过 2014 年的田间验证试验、2015—2017 年的施药实践，突破了三个核心技术：

① 植保无人飞机智能化施药与控制技术；

② 主要农作物精量化飞防应用技术；

③ 远程调度管理和信息统计技术。

核心装备技术提升了植保无人飞机在复杂农田环境的适应性和可靠性，保障施药效果，为大面积推广应用提供装备保障。

核心应用技术为使植保无人飞机真正成为一个高效、可靠、便于操作的农业机械，飞入千家万户，起到了不可或缺的作用。

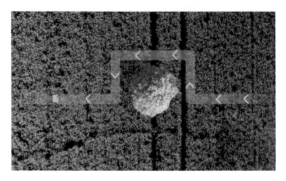

避障功能

核心管控技术实现了植保无人飞机作业信息可追溯、过程可管控、数据可统计，为公共安全、人员安全、机具安全、施药安全和环境安全提供了保障。

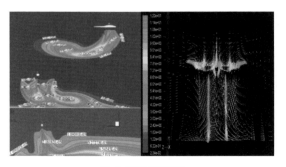

无人机风场研究

新行业：百家争鸣助力农业腾飞

无人机植保涉及的装备与技术不但是植保无人飞机本身，也涉及施药系统的关键部件、装备、施药基础理论、施药技术、施药的标准规范及专用药剂助剂等。国内植保无人飞机行业毕竟发展时间短，虽然植保无人飞机产品发展很快，但相关的施药技术和标准尚未跟上，对此团队紧跟发展势头，制定了我国首部植保无人飞机农业行业标准。

团队本着开放共享的态度，国内大部分植保无人飞机产品均借鉴了团队开发的技术，使得各厂家有了显著的进步或突破，各厂家的产品都有了 2~3 代的改进，可靠性大大增加，典型作物已经进入到田间作业阶段。

Z3N 单旋翼无人机

团队联合国内外数十家企业、院所开展航空植保技术研究，并在国内 31 个省、区、市进行了航空施药试验示范上百次，用事实和数据向社会各界证明了植保无人飞机在植保领域的先进性和可靠性。无人机植保施药高效、安全、节本增效、节省人工的优势已得到越来越多的农户的认可，其对地形广泛的适应性更是一种不可替代的优势。

为了让行业健康有序发展，团队多次向农业农村部、空管委、民航局等部门递交倡议或建议书，呼吁健全完善作业飞行安全运行管理机制，促进植保无人飞机规范应用，以解决植保无人飞机在复杂环境下病虫害防控作业难题。

我国首部植保无人飞机
农业行业标准

农业航空植保得到了国家及主管部门的高度重视和大力推动。植保无人飞机从最初的多数以演示为主，到现在的产业规模上爆发性增长，中间经历了多个不眠之夜，团队通过前期的研究基础，根据特有国情，统筹植保无人飞机主要生产企业，建立以市场机制为导向、科技研发为支撑、推广培训为纽带，集聚"政产学研金推用"等主体力量，实现分工协作、优势互补的植保无人飞机施药社会化推广新模式。

2017 年 9 月，团队参与起草的"关于开展农机购置补贴引导植保无人飞机规范应用试点工作的通知"，由农业农村部、财政部办公厅、中国民用航空局综合司联合发布。整个行业呈现出春天般的活力。据不完全统计，目前全国有 300~400 家植保无人飞机生产企业，以飞防为切入点的服务组织更是数不胜数。

更多的无人机企业在全国范围内与各地院校展开校企合作，根据院校自身实际情况和发展规划，协助建设智能机器人学院、开设无人机专业及课程，共建航空植保联合实验室，从而进一步推动产学研结

T16——果树打药

合发展，培养更多无人机行业所需要的优秀人才。中国航空植保产业的快速发展，让我们看到了希望，有了新的发展方向。

新职业、新事业、美丽乡村新生活

党的十九大特别指出：农业农村农民问题是关系国计民生的根本性问题，必须始终把解决好"三农"问题作为全党工作重中之重。

广阔天地，大有作为，植保无人飞机在我国几何级增长数据的背后，是更多的农户选择了无人机植保，更多的农民开始尝试科学种植，更多的农田因为技术而发生了改变。更多的年轻人回到农村，加入飞防队，做飞

M23——菊花植保作业

手，做后勤保障，做代理商，开辟了农村中的新职业，收获了希望田野上的新事业，更活出了扎根乡土的新生活。

我们把植保无人飞机从实验室扛到乡村、扛到农田、扛到千万农户的身边，看着它们一点点染上尘土、沾上乡愁、成为这个时代最接"地气"的科技产品。一次次的顺利丰收，也更进一步推动着中国农业向智能化蜕变，标志着中国技术革命由城市转向农村。

在"一带一路"的带领下，中国农业新技术已经在全球20多个国家和地区落地生根，加入 AI 控制的智能作业模式将使农民在家坐着把药打了成为一种可能。

世界在进步，科学无止尽。农用无人机的发展与应用是中国农业现代化前进路上的一个缩影，祖国的农业现代化建设任重道远。团队在立足我国国情，推动我国农业产业优化升级的同时，加快创新步伐，努力抢占世界农业科技竞争制高点，向全球输出中国农业科技，推动全人类安全、健康、可持续发展。用最先进的农业科技为世界农民再创丰收！

资源环境篇

南京农机化所为秸秆禁烧出实招

我国每年农作物秸秆量约 10 亿吨，占全球总量近 20%，如何实现秸秆经济有效资源化利用而不焚烧污染环境，是个备受关注但又尚未得到有效破解的大事、要事和难事。

面向重大需求，迎难而上

多年来，为破解这一难题，尽管高校科研院所和企业从技术与装备层面做了大量研发，各级政府亦不断斥巨资从政策层面进行引导扶持与严加管控，但秸秆焚烧问题依然禁而不止，在一些地方还呈现愈演愈烈态势，每到收获季节，全国各地各级政府都在如履薄冰、严阵以待打一场"秸秆禁烧战争"。有些地方从去年一把火罚 30 万、首把火罚 50 万的禁令，到今年春耕春播时期变相放宽禁烧，体现了政府的万般无奈。

（图片来自网络）

农作物秸秆实现资源化利用在当下中国到底难在哪？其资源化利用的出路到底在哪？秸秆焚烧在当下中国为何会比任何国家和以往任何时期都要如此突出？

仔细分析其原因主要有，首先是我国秸秆量大，耕地仅占全球 7%，而秸秆产量则为全球秸秆近 20%（多熟制，且品种多为高秆品种）；

二是由于我国多为小田块分散种植，种植标准化程度低，前茬作物收获模式复杂多样，秸秆收、运、储难度大、成本高；

三是尤其2007年"西气东输"全线贯通和近十年农机化快速发展后，农作物秸秆燃料化和饲料化的传统需求（烧饭和喂牛）锐减；

四是像发达国家那样的规模化、种养业一体化（尤其是养牛业）尚未形成，探索出真正经济有效适推的秸秆移出资源化利用产业化模式不多，新的需求尚未构建成功。

前茬秸秆整秆放倒（水稻、玉米）　　前茬秸秆整秆直立（玉米、棉花）

前茬秸秆粉碎抛洒覆盖（玉米、小麦）　　前茬秸秆粉碎成条铺放（小麦、水稻）

复杂多样的"全秸硬茬地"作业工况

因此，秸秆不收集移出、就地还田成为当下中国广大农民普遍的自觉选择，前茬作物收获后，不做任何秸秆收集移出和耕整地处理的"全秸硬茬地"在当下中国已成为耕种新常态。

面对复杂多样的"全秸硬茬地"，无论是抢农时、节约成本、提高复种指数，还是耕地提质保育、秸秆禁烧、保护生态，均迫切需要有一种装备能一次下田即可完成后茬作物高质顺畅播种。

破解重大难题，发明3种全秸硬茬地机械化播种技术

1. 探明症结所在，力求对症施策

在农作物秸秆"五料化利用"中，秸秆还田肥料化利用在美欧及日韩其占比均在2/3以上，秸秆还田肥料化利用也是我国最行之有效的秸秆综合利用方式和未来秸秆资源化利用的主体方向。目前我国已相继研发出了

多种秸秆还田技术装备，并以技术装备为载体，探索出了多种秸秆还田作业模式，但依然普遍存在着投入成本高、生产效率低、作业质量差等问题。

国内外现有播种设备在全秸硬茬地播种时均存在着：

① 因秸秆阻滞缠绕作业部件，造成挂秸壅堵，作业顺畅性无法保障；

② 因秸秆阻隔使种子无法有效着床和覆土，造成架种和晾种，影响水肥传导，出现缺苗和弱苗；

③ 因秸秆过量覆盖而阻碍作物出苗和正常生长。

实现全秸硬茬地高质顺畅机械化播种，关键是如何有效消除秸秆的阻滞、阻隔、阻碍三大障碍；要破解中国特色的全秸硬茬地难题，没有现成技术可以借鉴，只能立足自主创新；而且在技术创新和设备创制中，还必须要突破传统思维，着力重大思路突破。

2. 突破传统，着力重大思路突破，发明核心技术

为破解传统免耕播种设备在全秸硬茬地作业时，存在的入土部件挂秸壅堵和架种、晾种难题，创新团队突破传统仅在局部和点上消除秸秆障碍的技术思路，实施整体消除秸秆障碍思路，通过多轮方案论证，发明了全秸硬茬地"碎秸整体均覆"、全秸硬茬地"碎秸覆还调控"、全秸硬茬地"碎秸行间集覆"3种高质顺畅机播技术，创造了全秸硬茬地播种新途径。

同时发明了碎秸气力离心组配均匀抛撒与分流调控

碎秸整体均覆小麦播种机

碎秸整体均覆玉米免耕播种机

碎秸覆还调控小麦播种机

碎秸整体均覆花生垄作播种机

碎秸行间集覆玉米免耕播种机

碎秸行间集覆小麦播种机

技术，破解了因过量秸秆不均匀覆盖造成的缺苗弱苗问题，确保苗齐苗壮；发明了秸秆拾输过载自动监控和压滑组配防堵滞技术，解决了输秸卡滞与碎秸组件侧边挂秸阻滞难题。

并集成上述发明，融合农艺技术，采用柔性组配技术，以经济、有效为双控目标，创制出全秸硬茬地小麦、玉米、花生高质顺畅播种多功能一体化技术装备。

发明3种全秸硬茬地机播技术，为秸秆禁烧出实招

该技术成果实现了一台设备一次下田在全秸硬茬地完成小麦、玉米、花生高质顺畅播种作业。

机具作业有效度99.5%以上，架种率和晾种率控制为0，较采用不同机具分别完成秸秆粉碎、犁翻、旋耕、播种的传统作业方式减少下田3~4次，有利于抢农时、节本增效，降低作业成本50%以上。

1. 全秸硬茬地"碎秸整体均覆"机播技术

一次完成"秸秆粉碎、拾起输送、破茬浅旋、施肥播种、均匀抛秸"作业。即将秸秆粉碎拾起、向上向后跨越抛撒，在秸秆拾起又未落下形成的无秸秆障碍区域内进行破茬浅旋、播种施肥，再将全量碎秸沿种带方向均匀抛撒于播后地表。突破传统免耕播种技术思路，整体消除秸秆障碍，彻底破解了挂秸壅堵、架种、晾种技术难题。

麦茬碎秸整体均覆花生播种

麦茬碎秸整体均覆玉米免耕播种

2. 全秸硬茬地"碎秸覆还调控"机播技术

一次完成"秸秆粉碎、碎秸分流、破茬浅旋、施肥播种、均匀抛秸"作业。即秸秆粉碎后，部分碎秸经破茬浅旋入土还田，部分碎秸向上向后跨越施肥播种组件沿种带方向均匀抛撒于播后地表。既整体消除秸秆障碍，彻底破解了挂秸壅堵、架种、晾种技术难题，又解决稻麦轮作区因水稻秸秆量过量覆盖引起的缺苗弱苗问题。

水稻茬碎秸覆还调控小麦播种

3. 全秸硬茬地"碎秸行间集覆"机播技术

一次完成"秸秆粉碎、种带清秸、行间覆秸、施肥播种"作业。即在整体粉碎作业幅宽内秸秆的同时，将碎秸按种植农艺需求有序规整铺放于行间，在"洁净"的无秸秆障碍的（宽幅）种带上完成施肥播种。既整体消除秸秆障碍，彻底破解了挂秸壅堵、架种、晾种技术难题；又解决稻麦轮作区因水稻秸秆量过量覆盖与寒冷地区苗带覆秸地温回升慢而引起的缺苗弱苗问题。

水稻茬碎秸行间集覆小麦播种

成果经包括 5 名院士的专家组评价认为：成果整体技术处于国际领先水平。

玉米茬碎秸行间集覆小麦播种

前景广阔，创造全秸硬茬地播种新途径

成果核心技术已在河南农有王农业装备科技股份有限公司、常州汉森机械制造股份有限公司等多家企业实现有效转化，连续多年被农业农村部列为主推技术，相关技术产品已在冀、鲁、豫、晋、陕、新、苏、皖、鄂、津、辽、黑等地获得推广应用，并在俄罗斯远东地区获得示范应用。成果创造了全秸硬茬地播种新途径，有力推动我国机械化播种技术进步和发展，为秸秆禁烧、保护生态环境和促进农业绿色生产行动提供了有力技术与装备支撑，亦为农机工业转型升级提供了新的重要增长点，经济、社会与生态效益显著，应用前景广阔。

"碧空慧眼"，感受大地之美！
查清全球资源家底！

遥感技术是获取一致、连续、可对比的全球耕地信息的强有力手段，遥感卫星如同"碧空慧眼"，实时监测着全球耕地利用格局及其沧桑变化。

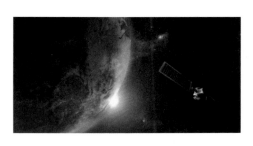

耕地是粮食安全的载体，是人类社会生存和发展的战略资源。在当前世界人口持续增加、人均耕地占有量减少、粮食安全面临巨大挑战的背景下，精细刻画全球耕地分布空间格局，准确掌握全球耕地时空变化规律，对科学研究、国家粮食安全战略决策具有重要意义。

全球耕地数据产品"从跟踪到引领"

全球范围内由于耕作方式和种植结构的差异，耕地形状和地块大小不一、纹理复杂、光谱特征多样，

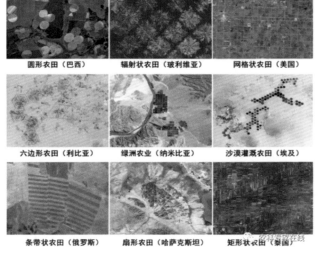

圆形农田（巴西）　　辐射状农田（玻利维亚）　　网格状农田（美国）

六边形农田（利比亚）　　绿洲农业（纳米比亚）　　沙漠灌溉农田（埃及）

条带状农田（俄罗斯）　　扇形农田（哈萨克斯坦）　　矩形状农田（泰国）

全球不同地区的耕地形态

全球尺度耕地遥感制图面临相当大的挑战。

　　针对该难点问题，中国科学家以 30 米分辨率的 Landsat 卫星数据为主，结合 MODIS 影像、环境卫星影像和高分影像等多源数据，综合使用耕地的光谱、纹理和物候特征，建立了像元、对象和知识（Pixel-Object-Knowledge，POK）三个层次的耕地提取技术方法，即基于像元尺度多特征优化的耕地分类提取、基于对象的耕地自动判别，以及基于信息服务和先验知识的交互式对象处理。针对变化检测中随机干扰因素造成的伪变化，利用光谱形状差异和光谱量值差异两方面度量变化强度，提出了基于光谱斜率差异的耕地变化检测方法。利用该方法研制出了世界首套 30 米分辨率、2000 年和 2010 年两期的全球耕地数据产品，实现了"从跟踪到引领"的跨越式发展。

全球耕地资源家底

　　全球陆地表面总面积 1/7 的耕地，养育着 70 亿人口。2010 年全球耕地总面积为 1 938.92 万平方千米，约占陆表面积的 14.3%。北半球耕地面积远多于南半球，集中分布于 10°～40° N，东半球耕地面积多于西半球。亚洲和美洲耕地总面积分列第一和第二，大洋洲最少。

　　耕地面积占比前十名的国家依次为：中国、美国、印度、俄罗斯、巴西、阿根廷、澳大利亚、加拿大、哈萨克斯坦、乌克兰。2010 年全球人均耕地占有量为 0.28 公顷，耕地面积最少的大洋洲的人均耕地占有量最大，达到 1.71 公顷 / 人；亚洲人均耕地面积最小，仅为 0.17 公顷/人。

　　人均耕地占有量前十名国家依次为俄罗斯、白俄罗斯、乌拉圭、

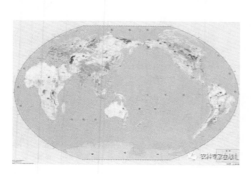

2010 年全球耕地空间分布

巴拉圭、立陶宛、拉托维亚、加拿大、阿根廷、澳大利亚和哈萨克斯坦。虽然我国耕地总面积较大，但人均耕地占有量较低。

全球耕地时空变化

2000 — 2010 年，全球耕地总面积增加了 4.17×10^7 公顷，增幅 2.19%。耕地变化具有显著的区域差异性，南半球较北半球耕地变化显著。

非洲是耕地面积增长最快的大洲，增长幅度达 7.42%；美洲是耕地面积增加最大的大洲，增长面积达 2.13×10^7 公顷；亚洲和欧洲耕地面积总量保持相对稳定。

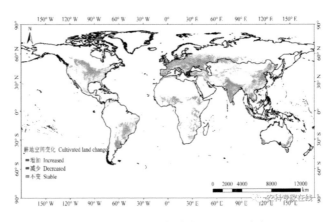

2000—2010 年全球耕地变化空间分布

在国家尺度上，10 年间巴西耕地面积增加最多，约占全球耕地增加面积的 27.3%；尼日利亚和坦桑尼亚是非洲耕地面积增加最大和增长幅度最快的国家。

在耕地面积最多的前十名国家中，中国是唯一一个耕地面积减少的国家，下降的幅度约 1.0%。

巴西和阿根廷是耕地面积增加量和增加幅度最大的国家，也是国家内部耕地空间差异性最大的国家。美国和加拿大的耕地变化较小。全球国土面积最大的俄罗斯，虽然耕地总面积变化量较小，但其内部耕地变化在不同区域的差异较大。哈萨克斯坦和乌克兰耕地面积变化量和变化幅度均较小，且两者变化差异不大。但从国家内部耕地的空间变化幅度看，乌克兰则呈现较高的耕地空间变化波动性。

热点国家或地区耕地时空变化

2000—2010 年我国耕地面积减少的同时破碎化问题亦趋严重。全国 2420 个县中,703 个县的耕地呈现面积减少与破碎度增加的态势,所占比重明显高于其他耕地变化类型,其空间分布主要集中在华北大部、长三角、内蒙古中部、海南省等,大量耕地转成建设用地(华北、长三角)、草地(内蒙古)、林地(海南省)。313 个县的耕地面积减少同时破碎度降低;295 个县耕地面积增加同时破碎度降低;215 个县耕地面积增加同时破碎度增加,279 个县耕地面积与破碎度均保持不变。从全国宏观角度看,中国耕地利用"破碎化"的现状与"规模化"的期望相违背,这可为未来"耕地占补平衡"政策的优化完善提供科学参考依据。

东欧剧变后,受农业经营体制变更影响,乌克兰发生了严重的耕地弃耕撂荒。2000—2010 年间,乌克兰扭转了耕地不断撂荒的态势,耕地面积增加 50.15×10^4 公顷,新增耕地主要来源于草地和森林的转入。

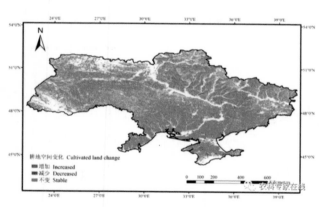

2000—2010 年乌克兰耕地变化空间分布

受全球农产品需求的驱动,10 年间南美亚马逊地区耕地扩展显著,耕地面积增加 8.41%,新增耕地主要来自森林砍伐和草地占用,人类活动对自然地表的干扰明显加大,随之带来的生态环境效应受到广泛关注。

"一带一路"沿线耕地主要分布在东亚的中国、南亚的印度和中东欧地区。10 年间耕地总体稳定,中东欧和东南亚地区耕地增加明显,东亚地区耕地减少。丝绸之路经济带的所有国家中，阿曼、阿联酋、土库曼斯坦等国耕地增加明显，约旦、以色列、黎巴嫩等国耕地减少明显。21世纪海上丝绸之路的所有国家中，不丹、文莱、老挝等国耕地增加明显，孟加拉国的耕地减少明显。

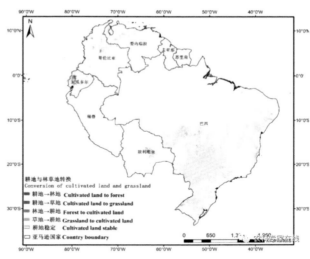

2000—2010年亚马逊地区耕地变化空间分布

"天眼观测"，让农业生产更智能

遥感因其高时效、大范围和低成本的特点成为信息获取的关键手段。航天遥感、航空遥感、地面物联网等天空地一体化的农业观测系统，能够支持国家不同部门对农业生产信息的准确把握，对于宏观层面的资源调查、生产调度、灾害监测、市场预警、政策评估等方面意义重大，可以服务国家农业重大决策。同时，遥感技术与农业产业相融合、与区域生产需求相结合，建立数字化、网络化和智能化的农业生产决策系统，对指导农业生产、加快数字农业发展进程、服务数字中国建设等方面起到积极作用。

该研究成果不仅提高了中国全球高分辨率地表覆盖制图的技术水平和分析处理能力，也可为全球水土资源利用、粮食安全研究提供重要基础数据，为服务中国"一带一路"倡议和"农业走出去"战略，充分利用国内国际"两种资源、两个市场"提供技术和信息支撑。

看农作物的"诺亚方舟"如何改变世界

农作物种质资源（又称品种资源、遗传资源、基因资源）是指来自农作物的具有实际或潜在价值的任何含有遗传功能单位的遗传材料，是地球上所有的农作物遗传多样性资源，是全部农作物基因在特定的地理生态空间和时间上形成的遗传载体材料的总称，是农作物育种、基础研究、生物技术研究和农业生产所需要的遗传物质，包括野生资源、地方品种、选育品种、品系、遗传材料等，其形式有DNA、细胞、组织、根、茎、苗、叶、芽、花、种子和果实等。

农作物种质资源包括粮食作物、纤维作物、油料作物、蔬菜、果树、花卉、糖烟茶桑、牧草绿肥、热带作物和其他作物种质资源十大类。

农作物种质资源至关重要

农作物种质资源是国家最重要的战略性资源

玉米种质资源

农作物种质资源是人类起源、生存、繁衍、健康、幸福的物质基础，是培育作物新品种、发展生物技术、促进农业发展的基本条件，是人类食物和其他生活必需品的根本来源。农作物种质资源不仅为人类的衣、食等方面提供原料，为人类的健康提供营养品和药物，而且为人类幸福生存提供了良好的环境，同时它为选育新品种，开展生物技术研究提供取之不尽、用之不竭的基因来源。因此，农作物种质资源是一个国家财富中最有价值、最具战略意义的资源。

农作物种质资源是维系国家食物安全的重要保证

"民以食为天"，中国人多地少，耕地资源紧缺，要满足 21 世纪中国人民日益增长的食物和农产品需求、确保食物安全和人民生活全面走向小康，保护和持续利用农作物种质资源意义重大。随着城市化、工业化、城镇化等的迅速发展，中国耕地面积不断减少，要增加粮食产量主要靠提高单产，而优良品种是提高单产的首要因素。优良品种的选育实质上是种质资源的再加工，缺少种质资源，作物育种也就成为"无米之炊"。因此，对农作物种质资源的保护和利用是解决中国十几亿人口吃饭问题的重要保证。

食用豆种质资源

农作物种质资源是中国农业可持续发展的基本保证

"一粒种子可以改变世界"，水稻、小麦矮秆基因等的发现和利用带来了农业"绿色革命"，使我国农业生产产生了飞跃发展。新中国成立以来，我国粮食产量的提高主要是靠品种更新来实现的，这些新品种利用了 10 000 个以上的优异种质资源。随着现代生物技术的发展，农业发展对农作物种质资源的依赖程度将越来越高。农作物种质资源的丧失，对于人口众多、人均资源少的中国

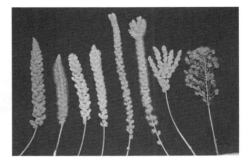

谷子种质资源——穗型

来说，是农业可持续发展的最大障碍。因此，农作物种质资源的保护和利用关系到国家农业和社会的长远发展，关系到子孙后代的生存。

528 种农作物，3 269 个栽培及野生近缘植物物种诉说我国种质资源多样性

农作物种质资源多样性是在漫长的历史时期形成的。一方面，通过突变、重组和基因流动实现基因增加；另一方面，通过遗传漂变、人工选择和自然选择，相应地减少基因，表现为栽培作物收获器官及相关部分变大，广适应性、落粒性降低或丧失，生长习性改变，发芽迅速且均匀，休眠期缩短或消失，同步开花与成熟，种子或果实有特殊色泽、种皮变薄，毛刺芒、苦味、有毒物质等防卫结构消失，食用作物品味得到改良等。

西瓜种质资源——果实大小

西瓜种质资源——果实肉色　　　　　甜瓜种质资源——果实形状

我国农业历史悠久，农作物种质资源种类繁多、类型多样、数量巨大，是世界农作物种质资源大国，拥有丰富的物种多样性和遗传多样性。

目前中国有 528 种农作物，包含 3 269 个栽培及野生近缘植物物种。中国是禾谷类作物裸粒基因、糯性基因、矮秆基因和育性基因等特异基因的起源中心或重要起源地。

茄子种质资源——形状

在 110 种主要农作物中，包含 987 个变种、978 个变型、1 223 个农艺性状特异类型。

例如水稻有亚洲栽培稻和非洲栽培稻以及普通野生稻、药用野生稻、和疣粒野生稻等 21 个野生种，亚种类型有籼稻和粳稻，水旱性有水稻和陆（旱）稻，黏糯性有黏稻和糯稻，光温性有早稻、中稻和晚稻，熟期性有早熟、中熟和晚熟，穗立形状有直立、半直立、弯曲和下垂，谷粒形状有短圆形、阔卵形、椭圆形、中长形和细长形，种皮色有白色、红色、褐色、紫色和黑色等。

桃有光核桃、甘肃桃、陕甘山桃、山桃、新疆桃等 24 个种，果实类型有普通桃、油桃、蟠桃和油蟠桃，果形有扁平、扁圆、圆、椭圆、卵圆和尖圆，果皮底色有乳白、绿白、绿、乳黄、黄和橙黄，果肉颜色有白、绿、黄和红，花型有铃型、蔷薇型和菊花型，花瓣类型有单瓣和重瓣，花瓣颜色有白、粉红、红和杂色，叶色有绿、绿黄和红等。

桃种质资源——花型

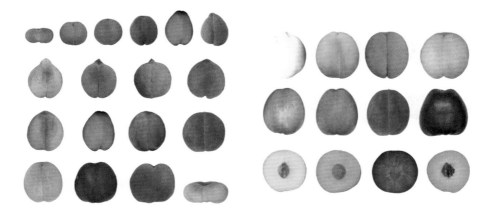

桃种质资源——果实形状　　　　　　桃种质资源——果实颜色

国家农作物种质资源平台　农作物的"诺亚方舟"

在科技部、财政部、农业农村部的支持下，组建了国家农作物种质资源平台。国家农作物种质资源平台由国家长期种质库、国家复份种质库、国家中期种质库、国家种质圃、省级种质库等 70 多个保存设施和国家种质信息中心组成，是农作物的"诺亚方舟"，其宗旨是：集中体现国家安全和利益，面向国家重大需求，保护和利用种质资源，面向全国开放共享服务。

国家种质库

国家农作物种质资源平台已建立了完善的制度机制体系、组织管理体系、技术标准体系、安全保存体系、资源汇交体系、质量控制体系、人才队伍和评价体系，目前拥有 350 种作物 50 万份种质资源，占国内资源总量的 90% 以上，占全世界资源保存总量的 14%，资源保存数量位居世界第二。

国家农作物种质资源平台具有公益性、基础性、原始性、长期性、战

枣种质资源——形状

略性、系统性和网络性等特点，通过有效保护和高效利用，为保障国家食物安全、生态安全、人类健康、农民增收和农业可持续发展提供基础支撑，助力精准脱贫、乡村振兴、美丽中国和健康中国建设。

9.17 亿亩良田　985.34 亿元效益　国家农作物种质资源平台成果显著

国家农作物种质资源平台已完成了 50 万份种质资源的标准化整理、规范化评价、数字化表达、网络化共享和专业化服务，从中筛选出一批优异种质。创建了日常性服务、展示性服务、针对性服务、需求性服务、引导性服务、跟踪性服务等 6 种服务模式，为作物育种、科学研究、科学普及和农业生产等提供信息和实物共享服务，提供实物共享 11 万份次 / 年以上，信息服务 34 万人次 / 年以上。

据不完全统计，近五年来，有 450 份种质在育种和生产中得到有效利用，直接应用于生产 265 个，育成新品种 231 个，累计推广面积 9.17 亿亩，间接效益 985.34 亿元，为保障国家粮食安全做出了重要贡献，经济效益、社会效益、生态效益显著。

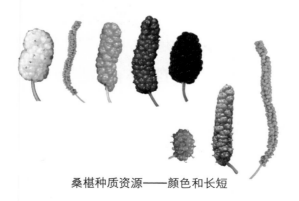

桑椹种质资源——颜色和长短

沼气发酵技术助力农村"厕所革命"

小厕所，大民生

"厕所革命"的重点在农村，难点也在农村。习近平总书记提出的"厕所革命"是一个创新的命题，是新时期的一项重大民生工程，按照习总书记的指示精神，国家有关部门相继出台了《乡村振兴规划》《农村人居环境整治三年行动方案》等文件，开展对农村人居环境的整治工作，而农村"厕所革命"是实施乡村振兴战略的第一仗。

到 2020 年，东部地区、中西部城市近郊区等有基础、有条件的地区，基本完成农村户用厕所改造，卫生厕所普及率达到 85% 以上，厕所粪污基本得到无害化处理或资源化利用，管护长效机制初步建立；中西部有较好基础、基本具备条件的地区，力争卫生厕所普及率达到 85%；地处偏远、经济欠发达等地区，卫生厕所普及率明显提高。

粪污无害化处理是关键

乡村振兴，厕改先行。

农村"厕所革命"的主要内容：

一是推动厕所入户入院，消除露天厕所，鼓励广大农户开展卫生厕所的改造。

二是通过沼气发酵技术等方式对农村粪污进行处理，杜绝污水排放导致的环境污染。概括起来就是开展卫生厕所的改造和实现粪污的无害化处理及资源化利用。

卫生厕所6种主要类型

国家标准《农村户厕卫生规范》（GB 19379）对农村户厕的规划、设计、建设、管理和卫生要求、卫生监测及卫生评价方法等进行了规定，并根据我国不同地区的特点对农村户厕进行了分类，具备有效降低粪便中生物性致病因子的卫生厕所主要包括：三格式化粪池厕所、三联通式沼气池厕所、双瓮漏斗式厕所、粪尿分集式厕所、双坑交替式厕所和具有完整上下水道系统及污水处理设施的水冲式厕所。

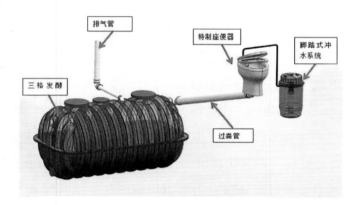

三格式化粪池厕所

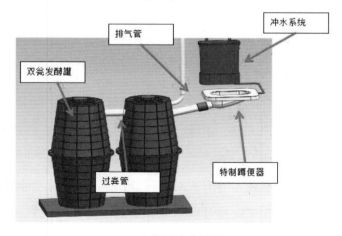

双瓮漏斗式厕所

随着时代的发展和科技的进步，近年来各种新型卫生厕所也不断研发出来，用户可根据实际情况选择改建模式。

什么是沼气发酵技术？

沼气发酵又称为厌氧消化或厌氧发酵，是有机物（如人畜家禽粪便、农作物秸秆、杂草、餐厨垃圾等）在一定的水分、温度和严格厌氧条件下，通过各类微生物的分解代谢，最终形成甲烷和二氧化碳等可燃性混合气体（沼气）的过程，一般可分为液化、产酸和产甲烷等三个阶段。

沼气发酵以能源生产为目标，"三沼"产品（沼气、沼液、沼渣）可作为能源、肥料等综合利用，达到改善环境卫生的目的。

沼气技术的独特作用

农厕粪污的无害化处理及资源化利用是改善农村生产、生活和生态的重要内容，沼气发酵技术是处理农厕粪污的有效手段，在推动农村"厕所革命"方面可发挥独特的作用。

利用沼气发酵技术处理农厕粪污是将厕所粪污通过收集、沉淀（去除杂质）、厌氧发酵（干、湿发酵）、好氧发酵和生态处理等环节后，实现对农厕粪污的全部净化处理。沼气可供农户作为生活用能，发酵后的残余物可作为有机肥还田利用；粪污也可直接堆肥还田；在环保要求较高的地方还应对污水进行深度处理，达到相关的排放标准。

粪污处理3种主要模式

目前农厕粪污的处理主要有三种模式。

1. 原位分散处理模式

针对农村居民居住分散，部分地区缺水或不具备排水管道等情况，将单户或几户的粪污原位处理，通常采用一体化小型污水处理设备或自然处

一体化农村生活污水分散处理装置　　　小型农村生活污水分散处理工程

理等技术路线，这种工艺模式具有占地少、无动力或微动力、能耗低、管理方便等特点。

2. 村落集中处理模式

将一个或几个自然村落内所有住户产生的污水收集起来，集中到村污水处理站就近统一处理，通常采用生物与生态相结合的工艺形式。这种模式的特点是：污水处理彻底，卫生效果好，规模较小，管理相对方便。

3. 纳入管网处理模式

适合城镇近郊区的村庄，通过城市管网将污水收集输送到城镇污水处理厂统一处理。这种模式的特点是：粪便直接排入下水管道，水冲可清掉几乎所有粪污，卫生无异味；但存在耗水量大，污水管道建设成本高，管理复杂和运行费用高等不足。

强化科技支撑，建设美丽乡村

我国地域广阔，自然环境条件不一，生产生活方式不尽相同，粪污特性差异大，国标《农村户厕卫生规范》中的6种厕所类型还不能完全适用我国所有的农村地区，一些适宜高寒地区和缺水地区的厕所

产品、节水或无水厕所技术及粪污处理技术的系统性有待提高，需通过实施技术创新和集成，突破厕所技术卫生、环境和成本的瓶颈，进一步完善我国厕所粪污无害化处理及资源化利用的技术体系，有力推动农村"厕所革命"，真正提升农村的人居环境，为乡村生态振兴贡献力量。

小厕所大革命　打造美丽乡村

图片来自网络

2015 年 7 月，习近平总书记了解到一些村民还在使用传统的旱厕时，专门提出要来个"厕所革命"，让农村群众用上卫生的厕所。在我国乡村建设进程中，改变原始状态速度最慢，改变程度最微的就是"农村厕所"了，而这个问题已经引起了党中央、国务院领导的高度重视，受到了全社会的广泛关注。

在十九大报告提出"实施乡村振兴战略"之后，习近平总书记关于农村"厕所革命"的倡议和指示，无疑对于进一步改善农村人居环境，预防农村一些传染病的发生和流行，进而提高农村居民健康素养，促进全社会和谐发展，打造美丽乡村具有重要作用，更凸显其重大的历史意义和现实意义。

厕所革命——开展乡村治理的有效途径

从乡村振兴战略大局看，厕所革命能够美化农村自然环境，培育、传递讲卫生的文明新风，是开展乡村治理的有效途径，并从"软环境"上推动新型城镇化进程中"人的城镇化"。按照乡村振兴规划和农村人居环境整治三年行动方案，到 2020 年，有条件的地区，要基本完成农村户用厕所无害化改造；有较好基础的地区，力争卫生厕所普及率达到 85%；地处偏远、经济欠发达等地区，卫生厕所普及率明显提高。

因地制宜（宜水则水、宜旱则旱）、因村施策（因户施策、因人施策）、逐步推进（技术瓶颈、管理机制）、重点突出（干旱地区、寒冷地区），改革更兼扶贫，让广大

农民共享富裕。我们在做好农村厕所革命的同时，还要做好农村的垃圾处理工程、环境美化工程、新农村建设工程、农民培育工程、农业产业提升工程、水肥一体化灌溉工程及农业现代化工程。

用实际行动推进农村"厕所革命"

各地各部门在"厕所革命"中，注重在完善厕所管理方式、创新厕所服务等方面进行探索，不少做法已经产生良好社会效应。如住房和城乡建设部推出的"城市公厕云平台"让找厕所更便捷；北京按照"一厕一设计"高标准提升背街小巷公厕品质；福州鼓楼区全面推行"公厕长"制，实现公厕管理"事情有人管，责任有人担"；山东荣成农村改厕与污水管网配套建设相结合，从源头上解决农厕污水排放问题等。

农业农村部从2005年起开展乡村清洁工程示范，建成了1 700个清洁工程示范村，重点在农村生活污水、垃圾处置、改厨、改厕、改圈等方面开展了技术探索、工程探索和模式探索，取得了十分喜人的成绩。

2018年10月9日，由农业农村部环境保护科研监测所牵头成立的国家乡村环境治理科技创新联盟，组织24家科研院所、高校和企业，在山东淄博参加了"全国首届农村卫生厕所新技术新产品展示交流活动"，共展出公共厕所及设备7件（套），厕所污水集中处理技术及设

用心服务

备 8 件（套），单户、联户厕所及污水技术设备 10 件（套），卫生厕所配套新产品 1 个。

为改善农村人居环境、科学编制建设规划、合理选择改厕标准和模式、试点示范等国家需求提供技术支撑，用实际行动推进农村"厕所革命"。

同时，在农业农村部科技教育司、社会事业促进司的支持下，启动了全国农村卫生厕所技术集成与示范。在内蒙古、辽宁、吉林、黑龙江、湖北、湖南、四川、贵州、甘肃和宁夏等 10 个省区建立农村卫生厕所技术示范村，根据不同区域资源环境禀赋、农民生活习惯和经济条件，以农村生活污水、厕所粪污收集、处置和循环利用为重点，研究建立农村卫生厕所技术评价方法体系，开展改厕技术集成和模式组装，形成适合我国西北干旱、北方寒冷和南方水网地区的可推广、可复制的改厕技术模式 5~10 套。

打造人与自然和谐共生新格局

我国农村卫生改厕方面存在农村卫生厕所普及率不均衡，无害化卫生厕所普及率低，卫生厕所新技术、新模式未能有效集成，卫生厕所标准化程度不高等突出问题，这极大限制了我国农村卫生厕所相关技术和模式的推广与普及，已经成为加快推进乡村振兴战略实施的重要制约因素。

因此，面对国家实施乡村振兴战略的重大需求，在全面总结我国农村"改厕"经验和问题的基础上，摸清改厕的总体需求，开展农村卫厕分类研究，完善农村改厕标准体系，重点解决农村厕所及配套系统集合的技术瓶颈和管理维护机制，对于推进厕所粪污无害化处理，加快推

（图片来自网络）

动农村卫生厕所改建，落实我国相关政府及规划，实现乡村人居环境改善的整体目标，推进乡村振兴战略的顺利实施，对实现乡村健康发展具有极其重要的作用和意义。

农业水利命脉　尽显乡村芳华

夯实基础保障　设施提档升级

产业兴旺是乡村振兴的中心任务，原产业的改造升级、新产业重新谋划以及一二三产的融合都需要水资源来支撑。

高附加值作物不但对水保证率的要求有所提高，对水质的要求也相应提高，但灌排设施仍然存在薄弱因素，很多地方仍然存在"最后一公里"问题；提高人居环境需要青山绿水，更需要干净卫生的饮用水，农村生活仍存在水量不足、保证率低、取水不方便等问题，仍有近1/4的农村人口自来水没有入户，不少供水设施因陋就简，很难保障长期安全运行。乡村旅游、农产品加工、畜牧业发展都需要安全可靠的水资源，很多地方由于缺乏长期可靠的水资源，浪费很多商机和发展机会。

为了彻底解决"因水不稳、因水不兴、因水致贫"问题，必须大兴农村水利建设，加快农田水利设施的提档升级。

节水增效模式　农民增收致富

农民收入提高是生活富裕的重要体现，节本增效正是增加农民收入的主要手段。但目前，我国农业主要矛盾已由总量不足转变为结构性矛盾，并且拼资源、拼投入的传统老路已经难以为继。

水是农业生产的重要要素，农村水利必须紧紧围绕农业供给侧结构性改革实施科技创新，根据区域水土资源禀赋及人民对美好生活向往的需求进行农业种植结构和相关产业的调整，探索节水高效用水模式，为节水农业的现代化提供技术支撑。即通过加大科技投入，实施与建立具有中国特色的节水灌溉技术体系，综合考虑区域水土资源条件、输配水、节水管理，全环节、全链条进行科学技术的顶层设计，实现节水设备、产品的产业化，建立健全现代化的节水技术服务体系，完善与建立农业节水的各种激励与奖励机制，促进农民、管水单位、政府等多方的积极性，用好每一滴水，提高用水效率和效益，实现节本增效的目标。

守护绿色底蕴　灌区持续发展

生态宜居的核心是绿色发展，生态灌区建设是落实绿色发展理念，推动形成绿色发展方式的有效举措。但是现有大多数灌区都是在计划年代兴建的，属于供给主导型，基本理念是计划用水、计划配水，灌溉系统实行骨干渠道连续供水、支渠轮流供水，适合农业生产大一统的模式。

随着农业生产经营模式市场化及生态文明理念的深入，传统的供给主导型以工程效益最大化为目标的灌区建设与管理模式已经不适应时代变化

与需求，从实践结果看也出现了诸如不能按时按需供水、土壤质量退化、农田面源污染、生态系统破坏等问题。

在新时代，遵循"青山绿水就是金山银山"的精神，将市场经济及生态文明理念融入到灌区建设、改造和管理的整个环节，需要将灌区改造为供给与需求结合、以需求为主兼顾生态的系统工程，并据此对水源、输配水、田间工程、排水等主要建筑物进行建设或改造，实现灌区的可持续发展。

建设美丽乡村　水利布局谋篇

景观优美是高品质生活的重要体现，也是美好生活的重要载体。供水保障低、管线缺乏美感、灌排渠系阻塞、河道堤防受损、水体黑臭在不少农村仍然存在，也是目前城乡差别的一个重要体现。通过乡村供排水工程

合理布设，支持产业结构调整，提高乡村供水保障程度；通过兴建生活污水处理工程以及路、林、渠系及供水管网的优化和美化，实现生活污水有序排放、处理和循环利用；通过水系重建、排水渠系的恢复实现流水潺潺、鱼儿逗趣，让老百姓留住乡愁，引得来游客；通过发展观光农业、乡村特色旅游增加农民收入，实现乡村美好生活的目标。

污水直排、面源污染居高不下是美丽乡村建设必须解决的两个重要问题，农业水利需要攻克分散性生活污水的处理、农业面源污染的防治、劣质水的安全高效利用的理论和实用技术难题，实现产业化相关布局。

（本文图片均来自网络）

生物入侵，一场没有硝烟的战争

生物入侵

生物入侵是指生物由原生存地经自然的或人为的途径侵入到另一个新的环境，对入侵地的生物多样性、农林牧渔业生产以及人类健康造成经济损失或生态灾难的过程。

马缨丹

生物入侵，那些生物界的"偷渡客"

进入 21 世纪后，随着经济全球化、国际旅游业与现代交通的飞速发展，入侵生物在各国之间不断传入扩散，新疫情不断突发，已入侵物种频繁暴发成灾，潜在入侵物种截获频次急剧增加，给世界各国造成了严重的经济损失和生态灾难，也对人民身体健康和社会稳定带来巨大影响。

美国的 958 种濒危物种中，约有 400 种是由于外来有害生物入侵所致，其他国家或地区，外来生物入侵导致了超过 80% 的物种面临濒危。

形势严峻，入侵物种已遍布中国

我国是世界上遭受生物入侵最严重的国家之一，入侵物种遍布中国，涉及几乎所有生态系统。外来有害生物非常难缠，是"多频次、多点位"地入侵，必须稳定、长期、持久地做阻击生物入侵的工作。

紫茎泽兰

三裂叶豚草

凤眼莲

目前我国外来入侵物种已达630余种，在国际自然保护联盟公布的全球100种最具威胁的外来物种中，我国就有50种，每年造成超过2 000亿元的直接经济损失。如林业有害生物危害逐年加重，发生面积已由2000年的1.2亿亩上升到2013年的1.8亿亩，直接经济损失也由每年800亿元上升到1 100亿元。

追根溯源，生物入侵物种如何走进国门

以国际贸易、国际大型社会展示展览、国际旅游为主的人类活动，是

加拿大一枝黄花

生物入侵的主要途径。随着全球经济一体化进程的加快，国际进出口贸易和旅游活动将会急剧增加，外来有害物种在不同国家间的传入与转移不可避免。一些人类不经意的行为也会携带外来有害生物，"藏"在产品与包装材料里、"粘"在人们鞋底下、"匿"于衣服中等，从而进入国门。

一是通过人为活动，比如国际贸易、国际旅游、国际展览等大型活动，这是主要入侵途径；

二是我国有很长的边境线，外来有害物种"溜溜达达"地通过边境线到"邻居"这里来串门、走"亲戚"，然后赖着不走了；

三是物种随台风、雨水等自然情况进入。在南海的岛屿上，没有太多的人类活动，但外来有害物种也特别多。

土荆芥

小蓬草

任重道远，入侵生物治理系统工作一直在路上

面对这样的严峻情况，入侵生物早期预警、检测监测、紧急处理和防治技术的创新与研发迫在眉睫。

一是建立大数据，开展外来有害生物的风险评估与预警工作，为部门与地方提供监管依据；

二是在全国范围内，根据不同经济与生产活动区域等，如自然廊道前沿、自贸区周边、物流集散地、港口口岸、边民自由交易地等建立前哨监测网络，开展追踪索源检测与监测；

三是强化根除、灭绝与拦截工作，防止扩散与传播；

四是开展大区域的减灾控制，实施全面治理，尽可能地减少经济与生态损失。

大狼杷草

助力"一带一路"，加强国际合作

如何做好生物入侵的跨国研究与科学防范，是维护我国形象、保障"一带一路"沿线国家生物生态安全亟待解决的问题。加强与"一带一路"沿线国家政策互通和协同研究，开展植保外交，农业对外合作服务国家整体外交战略的作用日益凸显。

"一带一路"国际植物保护联盟提出了"关口外移，源头监控，技术共享、联防联控"的合作原则，并筹划建立了"一带一路"跨区农业有害生物预警大数据平台。针对六大经济走廊的地域特点，与肯尼亚、巴基斯坦、哈萨克斯坦、老挝、缅甸、瑞士、澳大利亚、新西兰等国家签署合作备忘录，拟建立10余个海外联合实验室，助力"一带一路"建设。

分钟农业科普

食品营养篇

水果 VS 果汁：虽是同根生，性能大不同！

新鲜水果中蛋白质、脂肪含量很少，富含人体所必需的维生素、矿物质和膳食纤维，食用足量的水果有益人们的身体健康。有些消费者觉得，吃水果需要清洗、削皮、吐核，而瓶装果汁则没有这些麻烦，

而且方便携带，可不可以用果汁来替代水果呢？那么，今天就来聊一聊方便好喝的果汁是否可以替代新鲜水果的营养。

水果榨汁，丢掉的只是皮和渣吗？

完整水果中主要含有糖、有机酸、维生素、矿质元素、膳食纤维、类胡萝卜素、花青素、类黄酮等营养功能成分。其中糖、有机酸、钾、维生素C、花青素等易溶于水，钙、不溶性膳食纤维、类胡萝卜素等却不溶于

华 硕

华 美

（图片来源：中国农业科学院郑州果树研究所育成苹果品种）

173

水。水果打浆取液后，钙、不溶性膳食纤维、类胡萝卜素等成分就会丢失；而溶于水的营养成分中，水果细胞壁被破坏，多酚类物质被氧化变色，维生素 C 被破坏近 80%。

我们来看看这些丢失或被破坏的成分究竟在我们的健康中扮演什么样的角色

钙：构成人体的骨骼和牙齿；维持所有细胞的正常生理状态，如心脏的正常搏动；控制神经感应性及肌肉收缩，如减轻腿抽筋；帮助血液凝固。

膳食纤维：清洁消化壁和增强消化功能；稀释和加速食物中的致癌物质和有毒物质的移除，保护消化道，预防结肠癌；减缓消化速度和最快速排泄胆固醇，可让血液中的血糖和胆固醇控制在最理想的水平。

类胡萝卜素：维持皮肤黏膜层的完整性，防止皮肤干燥、粗糙；构成视觉细胞内的感光物质，保护视力；促进生长发育，预防先天不足；促进骨骼及牙齿健康生长；维护生殖功能；维持和促进免疫功能。

维生素 C：促进牙齿和骨骼的生长；增强抵抗力；改善铁、钙和叶酸的利用；改善胆固醇的代谢，预防心血管病；美白祛斑。

中梨 2 号　　　　　　　　　　　　中桃 5 号

（图片来源：中国农业科学院郑州果树研究所育成品种）

多酚物质：抗氧化，清除自由基，延缓衰老，降低心脑血管疾病风险。

看了以上这些水果中的宝贝随着榨汁被丢失，是不是让人觉得很可惜呢！

不是所有的果汁饮料都是纯果汁

市售果汁饮料，主要有以下几类。

果味型饮料：饮料中的果味基本由人工添加剂合成，果汁含量低于2.5%。

果汁饮料：纯果汁含量不低于10%。

果粒果汁饮料：果汁含量不低于10%，果粒含量不低于5%。

水果汁：水果破解后，把果核、粗纤维等过滤掉，再经过高温消毒制成，是原果汁浓度的40%左右，添加了一定量的糖分和香精，口感好。

原果汁：100%纯果汁，用新鲜的水果压榨分离而成，带有水果的天然香气，最大限度地保留了水果中的营养。

原果汁是市售果汁中最健康最营养的一种，但是它的零售量仅占果汁及果汁饮料总零售量的3.18%。市面上大部分果汁饮料都添加了蔗糖或者果葡糖浆，果葡糖浆并不是从水果中提取的，它是一种由玉米淀粉制作的高果糖浆，价格低廉，被广泛运用。

所以消费者在选择购买的时候，一定要留意包装上标识的果汁含量，如果出于对健康的考虑，就应该选择100%纯果汁。

那么原果汁就可以开怀畅饮了吗？对此也要说No！以最受欢迎的橙汁为例，鲜橙的含水量约为80%

左右，榨一杯 500 毫升的橙汁，需要 150 克大小的橙子 4 个以上。这样一杯橙汁，热量大约为 1 000 千焦，约 60% 热量的糖会在肝脏代谢。大部分的果糖在肝脏里转成油脂，造成肝脏细胞和肌肉细胞油脂的囤积，引起胰岛素阻抗和非酒精性脂肪肝。当你喝下过多橙汁，也就意味着在日常热量摄入以外又再摄入了过多果糖，虽然果糖不会直接刺激胰岛素，但是有可能会导致脂肪肝，引起胰岛素阻抗，造成肥胖。

因此，用果汁饮料替代新鲜水果食用，不仅不能提供新鲜水果中同等的营养物质，在摄入过量的情况下还会增加肝脏负担、造成过度肥胖。

水果中也含糖，与果汁饮料有何不同？

水果中确实含有不同程度的糖分。以一个 200 克的苹果为例，含糖量约为 20 克，其热量约为 400 千焦，大致与 200 克苹果汁相当。虽然两者热量相当，但是由于在吃的过程中，反复咀嚼可以延缓胃肠排空速度，增强饱腹感，同时由于苹果中含有不易消化吸收的纤维素，可延长消化时

贵 园　　　　　　　　　　　　　红 贝

（图片来源：中国农业科学院郑州果树研究所育成品种）

间，也可使人不觉得饿，所以吃这样一个苹果，大部分人就会觉得饱了。而喝果汁的时候，果汁很快穿过胃肠排出体外，不易增加饱腹感，比如一次吃掉 4 个橙子不太现实，但一次喝下 4 个橙子榨出来的汁可一点也不难。所以吃完整的水果，饱腹感强，易于控制食欲，减少热量摄入。

因此，虽然水果中含有和果汁饮料中相同类型的糖分，但是由于"吃"水果比"喝"果汁，更能从身体本能反应上让人有所节制，所以吃水果比起喝果汁，肥胖风险会减少 4 倍以上。

新鲜水果在我们膳食营养摄入中的地位是果汁不可取代的。如果想要调剂生活选择果汁的话，从健康的角度考虑应尽量选择原果汁。同时要看到，无论是水果还是原果汁，都需要有度，过量摄入都会有风险。根据《中国居民膳食指南（2016 版）》中推荐，成人每天应摄入 200~350 克水果（以可食部分计）。

也就是说，每天吃等量于 2~3 个苹果或橙子、3~4 个桃子或猕猴桃，或者 1 斤（1 斤 =500 克，下同）葡萄的水果对身体正常的成年人是很有必要的。

赛　维　　　　　　　　　　　　　　中农黑籽甜石榴
（图片来源：中国农业科学院郑州果树研究所育成品种）

谈脂不变色，功能脂质满足您的健康需求

功能脂质

功能脂质是指与人体营养健康密切相关，且具有保健养生特别是对慢性疾病具有积极的营养干预、调理作用的功能酯类、特异脂肪酸、脂类伴随物及其衍生物的统称，如多不饱和脂肪酸、甾醇、多酚、维生素 E 等。

油脂，维持生命的必须元素

脂类是人体必需的营养素之一，它与蛋白质、碳水化合物是产能的三大营养素。

提供能量、必须脂肪酸、构成机体组织；

具有调节内分泌的作用；

帮助机体更有效地利用碳水化物和节约蛋白质；

促进维生素 A、D、E、K 的吸收；

预防慢性疾病；

改善食物的质感和风味。

谈脂不色变，用油可以挺健康

油菜是优质油脂和植物蛋白来源，富含维生素 E、甾醇等功能活性成分，菜籽油年产 450 万吨左右，是我国第一大国产食用油，更是我国最重

要和最具发展潜力的油料作物。

预防心血管疾病

1.调节血脂

菜籽油显著降低总胆固醇和LDL胆固醇水平，增加HDL胆固醇水平，降低动脉粥样硬化发病风险的效果强于橄榄油。

2.降低冠心病风险

美国FDA认为，用菜籽油替换等能量饱和脂肪酸可降低冠心病的发病风险。

3.减少中风危害

菜籽油可大幅降低中风死亡率，显著增加脑梗阻后再灌注率，减少脑梗死。

降低脂肪蓄积

脂肪可储存在内脏和皮下，但内脏脂肪的危害远远大于皮下脂肪，与一系列慢性疾病密切相关。

菜籽油降低脂肪含量，尤其是内脏脂肪含量，使皮下和内脏脂肪的分布更加合理；菜籽油还有降低脂肪蓄积的作用，进而降低体重、保护肌肉，效果优于橄榄油。

预防老年认知障碍

菜籽油改善神经元电生理反应，有助于预防老年痴呆和年龄相关性记忆衰退。

预防癌症

菜籽油可降低化学物诱导的癌症种类、癌症发生率和肿瘤大小。

降低血糖、增加胰岛素敏感性

菜籽油促进血液葡萄糖代谢、降低血糖。菜籽油可以降低血液胰岛素水平，增加胰岛素敏感性，改善胰岛素抵抗，效果优于橄榄油。

降低慢性炎症

菜籽油抑制促炎症因子，增加抑炎因子产生，具有显著抑制慢性炎症的作用。

预防和改善非酒精性脂肪肝

功能型菜籽油增强肝脏抗氧化酶活性，增加内源性抗氧化物质 GSH 水平，降低肝脏甘油三酯和胆固醇含量。

菜籽油，优质油脂岂能让加工技术拖后腿

现有色拉油工艺技术高温长时和过度加工，导致功能脂质氧化、损失严重，易产生 TFA、苯并芘等风险因子。

小型加工作坊技术落后，环境条件差，产品质量稳定性差且易产生苯比芘等风险因子，设备自控程度低。

功能型菜籽油 7D 加工技术打卡签到

针对油料功能脂质的稳定性差，高效制备技术缺乏，脂质结构单一等

问题，中国农业科学院油料作物研究所研制出了高品质浓香菜籽油 7D 产地绿色高效加工技术和装备。

1. 深度精选技术

基于原料形状、大小、密度等物化性质差异，集合了筛选、风选、磁选、去石和除尘等功能，高效分离非菜籽杂质，精选后油菜籽的杂质含量 < 0.1%。

2. 微波调质技术

基于微波物理场下菜籽细胞破壁提质原理，实现了细胞微膨化、钝化内源酶和高效生成 canolol，有利于功能脂质溶出与物理压榨，并耦合热风传热传质降低能耗 20% 以上。

多功能组合式精选装置　　　　　微波调质装置

3. 低温低残油压榨技术

集剪切锥圈、油渣自动清理和回榨机构于一体的低温低残油榨油机，实现了油菜籽自动化低温高效压榨，压榨温度 <90℃，饼残油 <8.0%。

4. 低温绿色精炼技术

基于选择性物理吸附磷脂、游离脂肪酸等杂质，集气动自动投料和强化搅拌于一体，实现一步法低温物理适度精炼，精炼温度 <45℃。

低温低残油压榨机　　　　　　　　　低温物理精炼装置

5. 生香与风味控制技术

基于微波生香，促进美拉德反应，产生焙烤香味等愉快风味，避免辛辣菜青味，使风味纯正浓郁，并全程低温物理实现提质留香。

6. 标准与质量控制技术

基于功能型菜籽油的质量标准和生产技术规范，联用数字远传、无线传输和互联网云技术，实现APP远程产品质量和标准化管理。

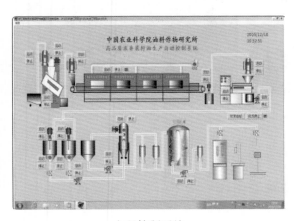

全程控制系统

7. 远程控制与管理技术

基于分布式系统控制原理，集传感器、PLC工作站、中央服务器控制系统三层网络架构和物联网感知系统，实现生产的实时全面感知和监控。

功能型菜籽油的自我修养，安全、营养、美味面面俱到

营养丰富，总酚、维生素 E、甾醇等脂类伴随物保留率达 85% 以上。

指标	压榨菜籽油（未精炼）	功能型菜籽油	保留率（%）
总酚(mg /kg)	696	619	89
Canolol (mg /kg)	1246	1123	90
总维生素 E (mg /kg)	529	518	97
总甾醇 (mg /kg)	7820	7089	90
β-胡萝卜素(mg /kg)	6.6	5.8	88
叶黄素 （mg /kg)	12.9	11.3	87

甾醇酯强化菜籽油

指 标	功能型菜籽油	菜籽色拉油	倍 数
总酚(mg /kg)	619	20.0	30.9
Canolol (mg /kg)	1123	未检出	/
总维生素 E (mg /kg)	518	195	2.6
总甾醇 (mg /kg)	7089	2980	2.4
β-胡萝卜素(mg /kg)	5.8	1.3	4.5
叶黄素 （mg /kg)	11.3	2.1	5.4

总酚、维生素 E、甾醇、叶黄素等活性成分含量显著高于菜籽色拉油。

人体净化器，最宜秋的水果就在你身边

一颗荔枝三把火，日食斤梨不为多

梨果：具有生津、润燥、清热、化痰等功效，适用于热病伤津烦渴、解酒、热咳、痰热惊狂、噎膈、口渴失音、眼赤肿痛、消化不良。

梨果皮：具有清心、润肺、降火、生津、滋肾、补阴功效。

梨籽：梨籽含有木质素，是一种不可溶纤维，能在肠道中溶解，形成像胶质的薄膜，在肠道中与胆固醇结合而排除。

人体净化器：多吃梨，抗燥排毒

（1）梨性味甘寒，清心润肺。对肺结核、气管炎和上呼吸道感染的患者所出现的咽干、痒痛、音哑、痰稠等症皆有效。在秋季气候干燥时，每天吃一两个梨可缓解秋燥，有益健康。

（2）梨有较多糖类物质和多种维生素，果胶含量也很高，能促进食欲，对肝脏具有保护作用。

（3）梨富含纤维素，能帮助人们预防便秘

红皮梨新品种——红宝石

及消化性疾病，可以净化肾脏，清洁肠道。

（4）食梨能防止动脉粥样硬化，抑制致癌物质亚硝胺的形成，还能保护心脏，增强心肌活力。

（5）煮熟的梨有助于肾脏排泄尿酸，可以预防痛风、风湿病和关节炎。

红香酥

秋季主打水果上线：梨——流行三千年的百果之宗

我国是世界梨属植物重要起源地之一，是世界梨果第一种植大国和产梨大国。目前我国梨栽培总面积约为 111.27 万公顷，总产量约为 1 870.49 万吨，分别占世界梨总面积的 68.71%、总产量的 68.42%，是我国仅次于苹果、柑橘的第三大水果。梨是世界性栽培的重要果树，在我国已有 3 000 多年的栽培历史。世界上栽培梨大致分成两类：

中国、日本、韩国等亚洲国家都以东方梨为主，果实以圆形为主，少数为卵圆形；其肉质松脆多汁、口感甜脆，树上成熟后即可采食。目前的栽培种类主要包括白梨、砂梨、秋子梨、新疆梨和西洋梨。

欧美等西方国家以西洋梨为主，果实以葫芦形为主，采收后通常需要

亚洲梨（红酥脆）

西洋梨（好本号）

经过一段时间的"后熟"（类似猕猴桃）才能食用，口感软绵、酸甜，具有浓郁芳香味。

中梨 4 号

玉香蜜

中梨 1 号

早酥蜜

40 年品种改良，三代红皮梨呈现

中国农业科学院郑州果树研究所的"梨种质改良"团队，自 20 世纪

70 年代末开始，瞄准国际果品市场对红皮梨的青睐，开展红皮梨新品种的创新。经过 3 代科学家的不懈努力，在培育出 2 代红皮梨"红香酥"的基础上，采用远缘杂交多基因聚合技术，培育出了既继承了 2 代红皮梨优点又克服其缺点的 3 代红皮梨新品种红酥蜜、丹霞红、红酥宝、早红玉、红玛瑙、早红蜜等。

红酥蜜

果实近圆形。

平均单果重 300 克；果面 60% 着红色；肉质细脆，汁液多，石细胞少，果心小，味甘甜可口。可溶性固形物含量 13.8%，品质上等。

郑州地区 8 月中下旬成熟，适应性强，耐贮藏。

红酥宝

果实长圆形或圆柱形。

平均单果重 300 克左右；果面 60% 着红色；肉质细脆，汁液多，石细胞少，果心小，甘甜味浓。可溶性固形物含量 13.2%，品质上等。

树势中庸，易成花，早果丰产。

郑州地区 8 月下旬成熟，耐贮藏。

早红玉

果实圆形，果形端正。

平均单果重 256 克；果肉乳白色，肉细酥脆，汁液多，石细胞少，风味甘甜。可溶性固形物含量 12.8%，品质上等。

郑州地区 8 月上旬成熟，果实耐贮藏。

丹霞红

平均单果重 280 克；果肉白色，肉质细嫩、松脆、汁液多、石细胞极少，风味脆甜爽口；可溶性固形物含量 13.6%；品质极上。

耐涝、耐瘠薄，耐贮藏，贮后果实风味更佳。

郑州地区 8 月中下旬成熟，丰产稳产。

红玛瑙

果实纺锤形，果面 2/3 鲜红色。

平均单果重 266 克；果肉白色，肉细酥脆，汁液多，石细胞少，风味甘甜；可溶性固形物含量 12.8%，品质上等。

郑州地区 7 月中下旬成熟，果实耐贮藏。

您最靠谱的"吃油指南"来了！

何为食用油？

指在膳食或制作食品过程中使用的植物油脂、动物油脂和微生物油脂的总称。在常温下液态的被称为油，固体的被称为脂。

食用油包括甘油三酯，占95%左右、脂类伴随物（如磷脂、甾醇、生育酚等）占1%~5%；其中脂肪酸又是甘油三酯的主要组成部分，脂类伴随物和脂肪酸的组成、结构对食用油的营养健康作用密切相关。

食用油6大功能，你不可不知

（1）油脂是人体三大营养素之一，提供人体日常约30%的能量来源。

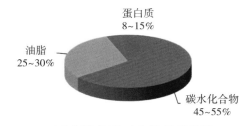

蛋白质
8~15%

油脂
25~30%

碳水化合物
45~55%

三大营养素对人体的供能比

1g 甘油三脂 = 38kJ

1g 蛋白质 = 37kJ

1g 葡萄糖 = 17kJ

（2）脂类占细胞膜的50%左右，是构成细胞膜的重要物质基础，维

持细胞选择性地交换物质、吸收营养物质、排出代谢废物、分泌与运输蛋白质等正常功能。

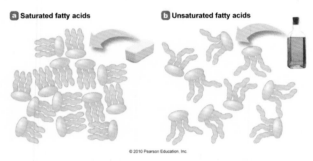

饱和脂肪酸　　　　不饱和脂肪酸

（3）提供人体无法合成的 α－亚麻酸、亚油酸等必需脂肪酸，α－亚麻酸及其衍生物 DHA、EPA 占脑神经及视网膜磷脂的 50%，能预防多种慢性疾病。

（4）促进脂溶性维生素、多酚、甾醇等有益人体健康脂类伴随物的吸收利用。

（5）通过两亲性乳化作用促进水溶性营养素蛋白质与多糖的吸收利用。

（6）赋予食物特有风味，改善口感，增进食欲和饱腹感。

七大标准告诉你什么是中国好油

目前我国的油脂供给已经从"吃得饱"向"吃得好，吃出营养健康"和多功能个性化发展，因此，好的食用油应具备安全营养色香味形和康养功效等以下 7 大品质要求。

1. 安全性好，苯并芘、反式脂肪酸等有害风险因子含量低

油脂在生产、加工、贮运及使用过程中会产生一些对人体健康有害的物质，需要进行严格控制。

2. 脂肪酸组成平衡好，脂肪酸 n-6、n-3 科学合理，摄入比例为

（4~6）：1。

3．多不饱和脂肪酸尤其是 α–亚麻酸含量丰富，饱和脂肪酸含量低

4．营养活性成分高

油脂中含有种类丰富、对人体有特殊生理作用的营养活性成分（脂类伴随物），对发挥油脂健康功效具有关键作用。

5．色泽稳定性好

脂溶性多酚 1
多酚类包括黄酮，酚酸和单宁等，它具有多方面的生理功能。例如抗炎、抗过敏、防止血栓形成、预防心脑血管病、抗肿瘤等。

脂溶性维生素 4
油脂是脂溶性维生素A和维生素E的重要来源。维生素A能够保护视力、增强免疫功能。维生素E具有抗氧化、抗衰老的功能。

植物甾醇 2
植物甾醇对人体具有重要的生理活性作用，能够抑制人体对胆固醇的吸收，对冠心病、动脉粥样硬化有显著的预防效果。

磷脂 5
磷脂是磷脂酸甘油酯的简称，具有促进细胞新陈代谢、抗脂肪肝、抗肝硬化、降低积血脂、预防动脉粥样硬化和血栓形成等功能

色素 3
主要包括叶绿素和类胡萝卜素。叶绿素具有抗氧化、促进组织再生和预防癌变的作用；类胡萝卜素具有抗氧化和预防心血管疾病等功能。

烃类和三萜醇 6
烃类物质角鲨烯可提高免疫力，抵抗紫外线伤害。三萜醇物质谷维素可调节植物神经功能、调节血脂、抗炎、降低血液黏度等多种功能。

6．风味质形俱佳

油脂的发明和使用是中国烹饪史上的重大突破，它带动了烹调加工技术的革新和发展。煎、炒、溜、爆等烹调方法的出现，都与油脂的利用分不开，而且利用油脂烹调的菜肴质感、香味上与用水烹调的菜肴相比都有明显的特色，不仅使菜肴品种更为丰富，而且使菜肴风味更加突出。

7．健康功效多

富含有益脂肪酸和营养成分的油脂具有多种健康功效。

保护心血管：菜籽油、亚麻籽油等含有大量的不饱和脂肪酸以及菜籽油、玉米油含有丰富的植物甾醇，可降低血清胆固醇和甘油三脂，能有效地防治心脑血管疾病。

提高免疫力：菜籽油、亚麻籽油、紫苏油等含有大量的 α－亚麻酸，可明显增加机体免疫力。

延缓衰老：菜籽油中的菜籽多酚 Canolol、花生油中的白藜芦醇具有很强的抗氧化作用，能延缓衰老。

保护视力：菜籽油、亚麻籽油等含有的 α－亚麻酸、海产品油脂和微生物油脂含有的 DHA、EPA 具有保护视力的功能。

降低炎症：富含 α－亚麻酸的油脂、菜籽油中的菜籽多酚 Canolol、橄榄油中的角鲨烯具有抗炎的功能。

功能型菜籽油，健康烹饪惊艳四座

中国农业科学院油料作物研究所和加拿大菜籽油委员会的实验报告显示油菜籽油适合于凉拌、蒸炒和适度煎炸等烹饪方式。

1.凉拌

色泽清亮，浇淋在菜上，香气四溢。

7D 功能型菜籽油：凉拌时蔬
实验地点：武汉商学院烹饪与食品学院

2. 焙烤

焙烤温度不宜过高，避免影响菜籽油中不饱和脂肪酸含量和结构。

7D 功能型菜籽油：烘焙手工千层饼
实验地点：武汉商学院烹饪与食品学院

3. 蒸炒

用旺火烹饪，长时加热至烟点以上时，会降低 α – 亚麻酸和亚油酸的含量。

7D 功能型菜籽油：清蒸武昌鱼
实验地点：武汉商学院烹饪与食品学院

如何科学使用食用油？

吃中国好油

中国居民膳食指南建议食用油每天摄入量为 25~30 克，应多摄入富

含不饱和脂肪酸的功能型菜籽油、亚麻籽油等优质油脂，并减少棕榈油和陆地动物油脂的摄入。

烹饪温度不宜过高

高温长时烹饪会破坏油脂中的营养成分，并产生油烟导致"醉油综合征"，出现口干色燥、咽喉发炎、无食欲和发胖等症状。

反复煎炸油脂等劣质油脂要慎用

反复煎炸的油脂，由于发生氧化反应，反式脂肪酸、苯并芘、丙烯酰胺等有害物质严重超标，这种油冷却之后非常黏稠，要避免食用。

过期变质食用油不宜食用

过期变质的食用油对胃肠道有直接刺激作用，可能会出现恶心、呕吐、腹痛、腹泻等症状，还可能会使细胞内能量代谢发生障碍，影响人体健康，要避免食用。

为什么菜籽油是"国油之王"？
功能型菜籽油守护您的健康

走进超市，货架上琳琅满目、价格不同的食用油令你眼花缭乱，大豆油、花生油、玉米油、葵花籽油、菜籽油等等，让你难以选择。作为老百姓一日三餐的必需品，食用油不仅主导着菜肴的色香味，更与人体健康息息相关。

满足健康需求的"菜籽油"

油菜，属十字花科、芸薹属植物，油菜在我国已有 6 000 年的种植历史，是我国产量最大和最具发展潜力的油料作物，占国产油料作物产油量的 50% 以上，被称为"国油之王"。

功能型菜籽油是采用新颖制油原理，通过先进技术，制取的安全、营养、色香味形、健养俱佳的中国好油。

油菜花

1. 加工原理新颖

基于细胞的微波热促反应与膨化破壁。

2. 技术先进

入选 2017 年中国农业农村十大新技术。

轻简：工序短、占地少、设备投入少、投资省。

绿色：低温物理压榨、低温绿色物理精炼，无化学添加，无"三废"排放，环境友好。

低耗 高效：产品得率高、质量稳定，自动化、模块化生产。

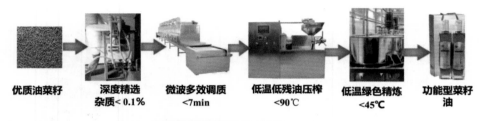

优质油菜籽　　深度精选杂质< 0.1%　　微波多效调质<7min　　低温低残油压榨<90℃　　低温绿色精炼<45℃　　功能型菜籽油

功能型菜籽油制备技术路线

3．产品安全、营养、色香味形俱佳

◆ 质量指标优于国家压榨三级油标准

指标	功能型菜籽油	压缩三级油标准
酸价（mgKOH/g）	0.4	10
过氧化值（mmol/kg）	1.6	6.0
水分及挥发物（%）	0.08	0.1
280℃加热试验	无析出物	无析出物
色泽（25.4mm）	Y35R3.8	Y35R4.0
含皂量（%）	0.02	0.03
不溶性杂质（%）	0.02	0.05
溶剂残留量（mg/kg）	未检出	未检出

◆ 风味浓郁纯正，具有独特坚果香风味

关键风味成分	气味描述	功能型菜籽油（mg/kg）	阈值（mg/kg）	气味活度值（OAV）
二甲基二硫醚	果仁及可可似香味	2.1	0.02	100.0
甲基吡嗪	焙烤香味	7.3	0.2	36.4
2,5－二甲基吡嗪	焙烤香味	77.2	2.0	38.6

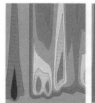

功能型菜籽油与低温压榨菜籽油风味图

绿色高效加工技术铸就"中国好油"

针对油料功能脂质的稳定性差，高效制备技术缺乏，脂质结构单一等问题，中国农业科学院油料作物研究所研制出了高品质浓香菜籽油 7D 产地绿色高效加工技术装备。

1. 深度精选技术

以优质菜籽为原料，基于物料形状、大小、密度等物化性质的差异，集筛选、风选、磁选、去石和除尘等功能，高效分离杂质，精选后油菜籽的杂质含量 < 0.1%。

2. 微波调质技术

微波物理场下菜籽快速均匀加热，使细胞微膨化破壁，促进油脂、脂类伴随物的释放溶出；钝化内源酶，避免功能脂质氧化损失和风险因子产生；高效生成高活性的菜籽多酚 Canolol；促进美拉德反应，产生浓郁的焙烤坚果风味。

3. 低温低残油压榨技术

集剪切锥圈、油渣自动清理和回榨机构一体的低温低残油榨油机，实现了油菜籽的自动化低温高效物理压榨，压榨温度<90℃，菜籽饼残油<8.0%，压榨油的品质优良而且得率高。

4. 低温绿色精炼技术

采用绿色物理吸附剂选择性吸附磷脂、游离脂肪酸等杂质，精炼温度<45℃，高效保留脂类伴随物等活性组分，低温物理精炼装置集气动自动投料和强化搅拌效一体，实现一步法低温绿色适度精炼。

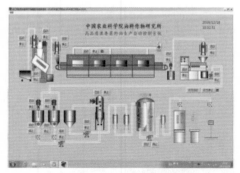

5. 生香与风味控制技术

基于微波细胞微膨化作用，促进美拉德反应，产生焙烤香、坚果香等愉快风味，同时钝化芥子酶，避免了菜青味的产生，使风味纯正浓郁，并结合全程低温物理压榨和精炼，实现了提质留香。

6. 标准与质量控制技术

基于功能型菜籽油的质量标准和生产技术规范，联用数字远传、无线传输和互联网云技术，实现APP远程产品质量和标准化管理。

7.远程控制与管理技术

基于分布式系统控制原理，集传感器、PLC工作站、中央服务器控制系统三层网络架构和物联网感知系统，实现生产的实时全面感知和监控。

握紧"奶瓶子"，做优做强民族乳业

强壮国民体魄需要"奶瓶子"

牛奶是大自然赐予人类最接近完美的食物，素有"白色血液"的美誉，是除母乳之外，婴幼儿的第一口粮。

牛奶

人均乳制品消费量是衡量一个国家人民生活水平的主要指标之一。许多国家把发展奶业作为提高国民身体素质的重要途径，并且取得了历史性成就。如日本"一杯牛奶强壮一个民族"、美国"三杯牛奶行动"、印度"白色革命"等。我国人均乳制品消费量比较低，强壮国民体魄需要"奶瓶子"。

"奶瓶子"装国产奶还是进口奶，品质有差异

在农业农村部奶产品质量安全风险评估重大专项和中国农业科学院农业科技创新工程支持下，农业农村部奶产品质量安全风险评估实验室（北京）连续三年在全国23个大中城市，对超市中的国产液态奶和进口液态奶进行了抽样评估和比较研究。

研究发现，进口奶在原产国可能是优质奶，但是漂洋过海，出口到他国消费者手中，就很难再是优质奶。

1. 进口液态奶保质期偏长

随着保质期延长,牛奶品质会显著下降。比较研究结果显示,进口巴氏奶的平均保质期为 16 天,而国产巴氏奶的平均保质期仅为 6 天;进口 UHT 灭菌奶的平均保质期长达 318 天,而国产 UHT 灭菌奶的平均保质期为 182 天。可见,进口奶的保质期显著长于国产奶,就像罐头水果的保质期显著长于新鲜水果一样。

2. 进口液态奶中活性蛋白质因子含量显著偏低

牛奶中的活性营养因子对健康具有重要作用,活性高,效果更好。进口 UHT 灭菌奶中 β-乳球蛋白平均含量为 216.8 毫克/升,显著低于国产 UHT 灭菌奶中 370.7 毫克/升的平均含量。进口巴氏杀菌奶中乳铁蛋白的平均含量 1.3 毫克/100 克,显著低于国产巴氏杀菌奶中 10.4 毫克/100 克的平均含量。

3. 进口液态奶糠氨酸含量偏高

糠氨酸含量过高,表明牛奶的受热程度高、保存时间长或者运输距离远。评估结果表明,进口 UHT 灭菌奶中糠氨酸的平均含量为 234.3 毫克/100 克蛋白质,显著高于国产 UHT 灭菌奶中 193.2 毫克/100 克蛋白质的平均含量。用《巴氏杀菌乳和 UHT 灭菌乳中复原乳的鉴定》(NY/T 939—2016)评估还发现,进口液态奶产品中有使用复原乳的现象,甚至冒用巴氏杀菌奶的包装在中国市场销售。

众所周知,母乳在尽短距离、尽快时间喂到婴幼儿口中,效果最好。这是因为与其他食品相比,奶类产品是更加鲜活的食品,含有种类繁多的活性营养因子,是养育生命的重要物质。但是这些活性营养因子极易受到过热加工、远距离运输和长期保存的影响而失去活性。

"奶瓶子"不但要装安全奶,更要装满优质奶

2017 年,我国进口乳制品 247.1 万吨,折合生鲜奶 1 484.7 万吨,占

国内产量的 40.6%。进口冲击已经成为导致我国奶业反复出现限收拒收、倒奶杀牛的直接原因，对国产奶业健康发展构成了严重威胁，而且进口奶良莠不齐，品质难以保障。过度依赖进口，国人的"奶瓶子"能不能装上优质奶也面临严峻考验。

一方面是进口冲击，另一方面是人民美好生活的需要，国产奶业怎么办？

这就倒逼国产奶业，需要更加解放思想，在牢牢确保安全底线的同时乘势而上，围绕营养品质、市场公平和消费教育等制约国产奶竞争力的瓶颈因素，加快开展规范标准和认证认可工作，尤其要鼓励国内企业对本土奶的质量特征进行客观真实的标识，引导整个奶业向优质绿色发展转型升级。

奶牛和牛奶在美国都是舶来品。

1924 年之前，美国奶业历经质量安全事件频发的痛苦，尤其是 1858 年的"泔水奶"事件，导致 8 000 余名婴幼儿死亡，造成社会恐慌，谈奶色变。

但是今天，牛奶已经成为美国人离不开的营养健康食品，深受消费者信赖。美国人口 3.24 亿，牛奶产量 9 773 万吨，年人均奶量达到 301 千克，美国政府认为"没有任何单一食物能够超过牛奶，成为保持优良健康的营养素来源，尤其是对儿童和老人"。

由乱到治，美国奶业靠什么？

简而言之，靠优质乳制度。

转折点是 1924 年，这一年，美国公共卫生署颁布了关于优质乳的条例，之后虽数易其名，但一直坚持实施至今。其核心内容有 3 点：

（1）实施生鲜奶用途分级标准。1924年美国生鲜牛奶分为A、B、C、D共4级，不同分级用于加工不同产品。

（2）实施生鲜奶分级检测、牧场审核和牛奶加工工艺认证一体化监督管理。

（3）实施优质乳标识制度。市场上每一盒牛奶都明确标识使用生鲜奶的质量等级。

1924年第一版优质乳条例规定D级生鲜奶的菌落总数 ≤ 500万个/毫升，到1965年，优质乳条例中取消了除A级之外的其他分级，表明美国生鲜奶基本达到A级标准（生鲜奶的菌落总数 ≤ 10万个/毫升）。

2015年美国公共卫生署（USPHS）与食品药品监督管理局（FDA）又联合颁布了第40次修订的《优质乳条例》（Grade "A" Pasteurized Milk Ordinance，也称A级乳条例）。正是不断坚持的优质乳条例，推动美国奶业从安全底线到优质消费成功转型，成为美国奶业竞争力和美誉度的基石。

"奶瓶子"需要优质乳工程

面对进口奶的严重冲击，国内大多是围绕养殖成本高、饲料资源少、环境压力大、进口关税低等困难的讨论。环顾周围日本、韩国，都曾经历过相似的困难，但是依然全力保障国民喝上优质奶。所以，我国奶业面临的最大挑战是发展方向问题，而不是其他问题。

为此，中国农业科学院北京畜牧兽医研究所奶业创新团队总结20余年的科研积累，2013年向国家提出"建议我国实施优质乳工程"的报告，又经过5年多研究示范，取得3个成效。

1. 明确奶业发展的理念和定位

任何一个产业持续健康发展，都需要科学理念引领方向。

优质乳工程明确提出，我国奶业发展的基本理念是"优质奶，产自本土奶"。这一科学理念揭示，奶业不是有或者无的问题，而是必须向优质绿色的方向发展，才能成为健康中国、满足人民美好生活不可或缺的产业。

国产奶与进口奶的定位完全不同。

国产奶的定位是优质奶，即安全营养、活性健康的奶产品。优质奶与目前市场上所谓的"高端奶"有本质区别，不是专供高档消费的特殊奶产品。相反，由于优质奶就在身边，更加鲜活、更加经济方便，所以就更能够惠及每个家庭。

进口奶的定位是商业利润，又漂洋过海，很难担当优质奶的大任。但是，我国地域宽广，人口众多，奶业发展很不平衡，也需要进口奶提供数量上的补充。

2. 坚守奶牛养殖业是奶业的命根子

奶牛养殖是整个奶业健康发展的源头。近 10 年来，我国优质奶源比例大幅度增加。但是，由于养殖业与加工业长期割裂，生鲜奶用途分级标准缺失、优质乳标识空白，导致优质奶源难以优价，更难传递到消费者，给进口奶冲击留下裂缝，奶牛养殖业亏损面达到 50% 以上。

优质乳工程提出了用优质奶产品标识提振消费信心，倒逼乳品加工企

业主动寻求优质奶源的模式，破解了养殖业与加工业利益长期割裂的难题。国内部分示范企业在全国生鲜奶收购价普遍降低的情况下，为每千克优质生鲜奶加价 0.15 元，每头成母牛每年平均增收 686 元，从

而正向引导奶业利益分配，切实保护奶农利益。

3.用优质绿色打造国产奶核心竞争力

五年多来，优质乳工程研发了生鲜奶用途分级、低碳加工工艺和优质奶产品评价 3 项核心技术。至 2018 年 8 月，已经在 22 个省 42 家企业示范应用，充分挖掘了本土奶源的鲜活优势，巴氏杀菌奶中乳铁蛋白和 β-乳球蛋白含量是进口巴氏杀菌奶的 8 倍以上；加工 1 吨液态奶减少水耗、电耗和气耗 135.6 元。国内一批优质乳示范企业面对进口冲击，不等不靠，开发出深受消费者喜爱的优质奶产品，形成了强大市场竞争力，为推动奶业供给侧结构性改革闯出一条优质绿色之路。

牢牢掌握"奶瓶子"，对于一个国家和民族来说，不仅仅要算经济账，更要算健康账，呵护国民健康是奶业存在的基本价值。把本土奶打造成优质奶，国产奶就能够立于不败之地，任凭风吹浪打，都能持续健康发展。"优质奶，产自于本土奶"的科学理念，应广为传播，使之根植于消费者心中。

花可赏茎可食，抗氧化，缓衰老，细数徐紫薯 8 号的那些过人本领！

紫薯的作用不止能保护肝脏、抗氧化……

说到紫甘薯，大家首先想到甘薯。番薯、地瓜、红苕、红薯等是甘薯在我国不同地区的名字。

甘薯营养非常全面，除含有丰富的淀粉以外，还含有大量的多糖、矿物质、维生素、膳食纤维、多酚和粗蛋白等营养成分，被世界卫生组织排在最佳蔬菜榜的榜首。在矿物质中有人体必需的铁、锌、钙、镁等。

在薯粉中，可溶性膳食纤维最高可达 7% 以上，膳食纤维能够促进肠胃蠕动，高效清除人体肠道中的垃圾。

明代医学家李时珍说："海中之人多寿，而食甘薯故也"。与大米和面粉等主食相比，甘薯还具有低脂低热的优点。

紫甘薯是五彩甘薯的一种（薯肉颜色有白色、黄色、橘红色、紫色等），因薯块中富含花青素而呈现紫色，故名紫心甘薯。

紫心甘薯因其富含花青素而具有非常好的抗氧化功效，可清除人体内的自由基，许多研究表明其具有独特的防癌抗癌、减缓大脑老化、护肝、降糖等保健作用，因而备受消费者和加工企业青睐。

80 个紫甘薯品种　丰富百姓餐桌

我国紫心甘薯品种选育起步较晚，20 世纪 90 年代后期才开始重视紫甘薯品种的选育。

利用外引的紫薯品种和我国保存的种质资源为亲本，育成了第一批紫心甘薯品种广紫薯 1 号、济薯 18、徐紫薯 1 号等，2004 年分别通过国家或江苏省审（鉴）定，当时的紫心甘薯品种花青素含量低，鲜薯产量只有普通品种的 70% 左右。

截至 2017 年，据不完全统计，我国共育成通过国家或省级鉴定、农业农村部登记的紫甘薯品种近 80 个，不仅丰富了百姓的餐桌，更为甘薯的精深加工提供了丰富的原料。

根据不同用途，可将紫甘薯分为鲜食型和加工型两大类。

鲜食型品种主要有宁紫薯 1 号、徐紫薯 5 号、秦紫薯 2 号、宁紫薯 4 号、桂紫薇 1 号、桂经薯 9 号、福紫薯 404、浙紫薯 2 号、渝紫 7 号、冀紫薯 2 号等。

高花青素加工型品种有济紫薯 1 号、徐紫薯 3 号、徐紫薯 8 号、绵紫薯 9 号、广紫薯 8 号、烟紫薯 2 号等。

甘薯家族新成员——徐紫薯 8 号

徐紫薯 8 号是中国农业科学院甘薯研究所以高花青素高淀粉抗病紫薯品种徐紫薯 3 号为母本，优质高产紫薯品种万紫 56 号为父本，经诱导开花、有性杂交、单系选择、多点鉴定选育而成。

2018年通过农业农村部非主要农作物品种登记，编号为"GPD甘薯（2018）320033"，并申请了植物新品种权保护。针对徐紫薯8号的种薯保存、种苗繁育等工作已申请发明专利多项。

徐紫薯8号地上部

徐紫薯8号中短蔓，分枝数14个左右；叶片深缺刻，成熟叶绿色，叶脉绿色，顶叶为黄绿色带紫边；薯块皮色和肉色均呈深紫色，薯形长筒形至长纺锤形，结薯较集中，大中薯率高；较耐贮。

1. 高产稳产

多年多点次夏薯鉴定，徐紫薯8号平均鲜薯产量超过31吨／公顷，平均薯干产量超过9吨／公顷，平均淀粉产量接近6吨／公顷，均比对照宁紫薯1号极显著增产；平均烘干率超过29%，比对照高4个百分点以上。

2017年至2018年在江苏、河南、山东、福建、新疆[1]中部、内蒙古[2]南部、河北等地示范种植，夏薯鲜薯产量在34.5吨／公顷左右，春薯在52.5吨／公顷左右。

2. 耐旱耐盐性好

在江苏沿海滩涂和新疆干旱地区种植表现较强的耐盐性和耐旱性。

在盐城含盐量0.2%的土地上种植，产量约2 000千克／亩[3]。新疆试点产量为2 292.09千克／亩，抗旱指数为0.505，鉴定为高抗旱品种。

---

[1] 新疆维吾尔自治区简称，全书同。

[2] 内蒙古自治区简称，全书同。

[3] 1亩≈667m^2，15亩=1公顷，全书同。

3. 优质早熟，花青素含量高

徐紫薯 8 号优质早熟，可以作为鲜食甘薯开发利用。该品种贮藏后可溶性糖含量可达 6% 以上，蒸煮后口感香、糯、粉、甜。

花青素含量高达 80 毫克 /100 克鲜薯以上，主要成分为天竺葵素和矮牵牛花素，占总量的一半左右。

徐紫薯 8 号

根据其早熟的特点，可以控制大田生长期在 80~100 天，做到一年两季栽插，更能增加薯农的种植效益。

2018 年在河北等薯区一年两季种植，大田生长期 90 天左右，鲜薯产量 30 吨 / 公顷左右，鲜食销售每公顷效益超过 15 万元，为农业结构调整和农民增收提供了一条新的途径。

2017 年，徐紫薯 8 号获得江苏好杂粮金奖、第七届"天豫杯"高产高效竞赛二等奖。

4. 开发利用价值高

徐紫薯 8 号除做鲜食用以外，还适宜加工用、菜用、观赏用等，是一个通用型优异品种。

利用徐紫薯 8 号加工的紫薯全粉、速溶雪花全粉、薯泥、速冻薯丁等，已被多家加工企业认可，紫薯全粉速溶性好，口感甜糯，深受消费者

紫薯雪花熟粉

紫薯叶干粉

喜爱；酿造的紫薯干红酒及紫薯红醋经品鉴后获得一致好评。

徐紫薯8号茎尖鲜嫩可口，适宜做菜，加工的薯叶茶有特殊的香味和保健作用；徐紫薯8号叶片深缺刻，绝大部分地区可以正常开花，也是绿化用材，有独特的观赏价值。

紫薯饮料

紫薯泥做的月饼

徐紫薯8号茎尖蔬菜

徐紫薯8号薯叶茶

目前已初步形成以徐紫薯8号为核心的紫甘薯加工产业链。紫薯全粉的加工避免了鲜薯保鲜、储藏、运输过程面临的种种难题，使企业的生产加工摆脱了传统的原材料供应方式的束缚。

以紫薯全粉为原料，可进一步加工成各种休闲食品、保健品和化妆品等，延长其产业链，提高紫甘薯的经济附加值。

如何做到让老百姓都喝得起名优绿茶

　　绿茶，是中国的第一大茶类，是一种不发酵茶，一般按质量水平可分为名优绿茶和大宗绿茶。名优绿茶是名绿茶与优质绿茶的统称，即知名度高、品质优。一般而言，名优绿茶要求外形美观雅致、色泽绿润鲜活；香气高爽持久，滋味鲜爽醇厚。

传统名优绿茶何以贵

　　名优绿茶的品质通常取决于鲜叶原料、加工工艺两方面，鲜叶原料是品质形成的基础，加工工艺是品质形成的关键。严格的鲜叶采摘标准和精湛的加工工艺是制作名优绿茶的必要条件。

　　严格的鲜叶采摘标准：名优绿茶要求鲜叶原料品种优良、生态环境优越、无污染；鲜叶采摘要求鲜嫩有活力，大小匀齐、完整，气味清鲜、无污染，不夹杂鱼叶、老叶、老梗等，名优绿茶的鲜叶采摘目前只能依靠手工采摘，机采原料还达不到要求。

　　精湛的加工工艺：传统的名优绿茶基本上采用手工加工，要求制茶工技能熟练，对摊青、杀青、造型、干燥等工序有严格要求和精细控制。

由于传统的名优绿茶原料要求高、嫩度好，采取手工加工，精工细作，因此，名优绿茶产量低，价格明显高于大宗绿茶。随着居民生活水平的提高，越来越多的茶叶消费者希望能品尝到、买得起名优绿茶。

如何让名优绿茶降价不降质

1.丰富名优绿茶的适制品种

不同茶树品种内含化学成分差异大，适制性不同，如龙井43品种鲜叶中多酚类含量适中，氨基酸含量较高，制成的龙井茶香高味醇，风味独特。可根据不同名优绿茶的风格特点，选育适制的优良品种以丰富原料，提高产量。

2.减少人工成本的投入

名优绿茶价高的很大原因在于此，其精细的采摘标准需要大量劳动力，成本也随之提高。在原料丰富的基础上以机采代替人采可以显著降低成本投入。现今，适制名优绿茶的鲜叶机采技术是茶产业急需解决的科技难题之一，不少科研机构开展研究，并取得了一定成效。

3.推进名优茶加工机械化，提高机制名优茶品质

传统名优绿茶依靠人工加工，劳动强度大，生产效率低，必须研制名优绿茶加工机械，创新名优绿茶加工工艺，推动名优绿茶加工的机械化，大幅度扩大其生产规模，在保证品质的情况下可有效减少劳动力成本，提高生产效率还可稳定品质。目前，已研制出扁形、针芽形、卷曲形、条形等类型名优绿茶加

工的关键设备和连续化生产线，名优绿茶加工已基本实现机械化。

四大产业化应用的名优绿茶生产线

扁形茶生产线

1. 工艺流程

鲜叶摊放→青锅→回软→分筛→成形→脱毫→辉锅→精制分级→色选→包装。

2. 加工特点

（1）全程机械化生产，不依赖手工。

（2）生产效率高，可达人工的70倍以上。

（3）品质稳定，不会出现生涩、高火等现象。

3. 生产效果

（1）程序化、标准化生产，可使茶叶品质保持一致，有利于品质管理。

扁形茶生产线

（2）解决了机制龙井茶外形过宽过扁、冲泡难下沉、生涩、高火现象严重等问题，所制产品外形紧直、扁平、光滑，茶叶冲泡后即可下沉，色香味等感官品质稳定。

针芽形茶生产线

1. 工艺流程

鲜叶摊放→滚筒杀青→微波补杀→摆动式理条机理条→自动脱叶→回

潮→摆动式理条机理条→回潮→普通理条机理条→烘干机或滚筒式辉锅机提香。

2.加工特点

（1）全程自动化、机械化生产。

（2）高效率、适合大规模生产。

（3）采用机械自动化脱除多余的叶片，大幅降低工人的劳动强度，提升产品质量。

3.生产效果

（1）多余叶片脱除干净、产品匀净度高。

（2）干茶色泽绿、明亮，滋味鲜醇不生涩，香气清香或栗香持久。

条形绿茶生产线

1.工艺流程

鲜叶分类分级→摊青→滚筒杀青→微波补杀→冷却风选→回潮→揉捻→动态滚烘炒→回潮→烘干→冷却摊凉。

2.加工特点

（1）全程机械化、自动化。

（2）鲜叶分级提高生产效益。

（3）效率高、清洁卫生、劳动强度低。

3.生产效果

（1）干茶色泽绿润、条索纤细紧实，香高味爽，汤色嫩绿明亮。

（2）无碎片，焦叶少，整体品质均匀稳定。

卷曲形绿茶生产线

1.工艺流程

鲜叶摊放→滚筒杀青→揉捻→二青→烘干做形→滚筒足干→流化床干燥提香。

2.加工特点

（1）全程自动化、机械化生产。

（2）操作简单，作业稳定性好，可大幅降低用工成本。

（3）可实现温度参数的精准调控。

3.生产效果

（1）茶叶紧结度、完整度提高，色绿润。

（2）滋味醇厚鲜爽，栗香明显，汤色黄绿亮，叶底绿亮。

多元化名优绿茶产品

扁形茶

扁形茶： 加工过程中在制品茶叶受到垂直力的压迫，芽叶折叠成扁片形。这类茶是边加热边做形，有的是在杀青过程中做形，如浙江的西湖龙井，安徽的老竹大方，湖北的鄂南剑春；有的是在干燥过程中做形，如安徽的太平猴魁。这类名优绿茶的典型代表有西湖龙井、六安瓜片、老竹大方、竹叶青等。

条形茶

条形茶： 加工过程中在制品茶叶受到推揉、滚揉、搓揉等手势使条索卷紧成条。其中揉捻是条形茶初步成条的关键工序，干燥过程能进一步使条索紧结，其外形条索紧直微曲，白毫显露，匀齐。这类名优绿茶的典型代表有河南的信阳毛尖、安徽的松萝茶、江西的庐山云雾、重庆的香山贡茶等。

卷曲形茶：加工过程中在制品茶叶受到回旋力的揉捻，芽叶成条后卷成曲形。这类茶的外形有的卷曲而显毫，有的卷曲成螺、银绿隐翠、白毫显露。其典型代表有江苏的洞庭碧螺春、贵州的都匀毛尖、余杭的径山茶、湖南的高桥银峰等。

卷曲形茶

针芽形茶：加工过程中在制品茶叶主茎受到垂直力的搓揉，无回旋力而使外形细紧挺直，不弯曲。该类茶加工与条形茶极为相似，但条索更加紧直如松针。松针形茶多为炒青绿茶，茶条紧直隐毫，典型代表有南京雨花茶、湖南安华松针、湖北恩施玉露、浙江开化龙顶等。

针芽形茶

圆形茶：加工过程中在制品茶叶受到四周力的压迫，芽叶逐渐卷成圆形。这类茶的成形时间比较长且与干燥结合在一起边加热边做形。外形呈圆紧颗粒状，身骨重实，宛如圆珠，香高味浓，经久耐泡。这类名优绿茶的典型代表有浙江的羊岩勾青、安徽涌溪火青、贵州的绿宝石等。

朵形茶：嫩度为一芽一叶至一芽二、三叶的鲜叶，加工过程无揉捻工序或揉捻时间很短且不加压，芽叶受到的作用力小，足干后芽叶分开形似花朵。由于细胞破损率低，冲泡后水浸出物含量低，其汤色清澈，滋味甘醇。根据做形工序操作技术不同，形状又可细分为雀舌形、兰花形和凤尾形。这类名优绿茶的典型代表有安徽的舒城兰花和黄山毛峰、浙江的长兴紫笋茶和安吉白茶等。

3分钟农业科普

食品安全篇

农产品质量安全科学解读系列之
蔬菜、大米篇

近年来，农产品质量安全问题一直是媒体报道的热点，也是社会公众关注的焦点。

Q1：有虫眼的蔬菜更安全吗？

谣言事件

"有虫眼的菜肯定没施农药"是人们对果蔬农药残留的一种错误认识。网络中很早便出现了相关的传言：买菜时挑虫眼多的蔬菜，虫眼多表明没喷洒过农药，吃起来安全。近年来，伴随着微博、微信等新媒体渠道的成熟，相关谣言在网络中再度泛滥。

清洗蔬菜

问题实质

"有虫眼的蔬菜更安全"这一传言没有科学依据，是由于部分网民对蔬菜病虫害发生及防治技术不清楚，虫眼不应当作为购买蔬菜时的挑选标准。

科学真相

在农业生产中，病虫害防治讲究"防患于未然"，作物一旦遭受病虫害，防治就难了。以蔬菜为例，一旦蔬菜被吃出洞，菜农为了"抢救"蔬菜，可能会使用更高浓度或大剂量的农药，以期快速除虫。所以说，虫眼不应作为挑选安全蔬菜的评价标准，有虫眼的菜很可能是没有做好早期虫害防治。

新鲜蔬菜

Q2：空心菜农药残留蔬菜中最严重吗？

谣言事件

近期，一条题为《"毒中之王"蔬菜竟是它！目前正大量上市，去毒方法要记牢！》的推文，被一些微信公众号转载。在这条推文中，空心菜被列为农药残留蔬菜第一名，成了"毒王"。文章说，空心菜是吸收农药和重金属最厉害的蔬菜，重金属超标的空心菜可能给人体带来致命伤害。

新鲜空心菜

问题实质

"空心菜是毒王"的说法属于谣言。

科学真相

重金属含量高低、是否超标，要看产地环境和生产过程，只要环境中重金属不超标，生产过程中使

空心菜放心吃

用的投入品重金属不超标，产品的安全就有保障，不必过分担心。

我国对所有上市的空心菜都有严格的质量把控，从土壤检测到选种育苗以及生长过程中农药的使用情况等，国家都有严格的监测标准。蔬菜要想上市，还要经过国家相关部门的抽检，最后才能走上人们的餐桌。

Q3：黄瓜"顶花带刺"是抹了避孕药吗？

谣言事件

"黄瓜使用避孕药"近年来一直在网络中传播。一些媒体、网帖及视频称，头顶小黄花的黄瓜在全国各地的农贸市场随处可见，本该"瓜熟蒂落"的黄瓜直到上市仍然"顶花带刺"是用激素蘸花的结果，而这种激素等同于"避孕药"，食用后会影响人正常生长发育。不少市民信以为真，并借助微信等新媒体平台传播。

黄瓜

问题实质

"黄瓜使用避孕药"问题系谣传，是因为媒体人员和消费者不了解黄瓜生长发育、植物激素与动物激素的区别，动物激素对植物生长发育不起作用。

科学真相

"避孕药黄瓜"纯属谣传。冬春季节生产的"顶花带刺"黄瓜，部分是由于黄瓜自然单性结实产生的，也有个别是使用植物生长调节剂产生的黄瓜单性结实而出现的，并不是传说的使用"避孕药"所致。

人们常说的避孕药是动物激素，对黄瓜生长发育没有任何作用，不

新鲜黄瓜

可能使用在黄瓜上。黄瓜上使用的植物生长调节剂能促进黄瓜生长发育，具有激素的作用，植物激素只对植物有作用，对人和动物无作用，更不可能引起儿童性早熟。我国允许在黄瓜上使用赤霉素、芸苔素内酯、氯吡脲等10余种生长调节剂，与动物激素在性质、结构、功能、作用机理等方面是完全不同的两类物质。好比植物花粉的主要成分就是植物的精子，但人吃了植物花粉并不会怀孕。

Q4：你吃到过"塑料大米"吗？

谣言事件

2017年5月，微信中疯传一段2分钟的视频。视频中，一男子将塑料袋放入一台机器，经过熔解、拉丝、切割等工序，最终生产出一粒粒形状似米粒的白色固体。视频配有文字称，这就是假大米的制作过程。受该视频影响，相继有河北、云南、湖南、海南和内蒙古等多地消费者在网络中爆料称吃到了"塑料大米"，引发舆情的连锁反应，进一步加剧了网民对"塑料大米"话题的关注。

大米

问题实质

"塑料大米"纯属谣言。在所有传谣的地方，证实没有发生过一例消费者分不清真实大米和"塑料大米"的情况。事实上，"塑料大米"不仅很容易识别，而且生产塑料粒成本高于正常大米，塑料粒替代大米缺乏现实依据。

科学真相

网传视频展现的是正常的塑料造粒过程，根本不是在制造"塑料大米"。视频中所用的设备在塑料行业很常见，是一台塑料造粒机，工厂把回收来的塑料放入塑料造粒机，生产出再生塑料颗粒。这些颗粒是再次制作塑料制品的半成品原料，之所以要做成颗粒状，是为了便于储存、运输。

米饭

Q5：早稻是化肥、农药催熟的吗？

谣言事件

有微博爆料，"江西一年收获两季水稻，但很多当地人只吃第二季大米，第一季似乎没人吃。由于怕耽误第二季，农民会使用各种方法包括化肥、农药对第一季揠苗助长。"这条微博引发较大关注，不少网友将信将疑：早稻真的是化肥、农药催熟的吗？

水稻

问题实质

"化肥、农药催熟早稻"问题系谣言，主要是因为网民不熟悉水稻等农产品生产及早晚稻营养特性等基本常识，不清楚化肥、农药的作用机理。过度使用化肥只会导致水稻"贪青晚熟"。

科学真相

化肥、农药不会催熟早稻，影响早稻早熟的是气候和品种。使用化肥主要是为了高产，并不能缩短早稻的生长期。相反，在早稻生长晚期如果过量使用化肥，反而会导致水稻"贪青晚熟"，延长其生长期。而使用农药主要是为了稳产，

稻谷

不会影响生长期。决定水稻生长期的主要是有效积温和光照。早稻属于感温型品种，气候对其生长期影响较大。当有效积温达到一定数值后，早稻幼穗便开始分化，所以在早稻生长期内，如果气温较高，早稻就容易早熟。

那些掉过的谣言坑，全国政协委员王静为您一一解答

大家应该都对"舌尖上的中国"这部系列纪录片印象深刻吧？那种"记忆中的味道"呈现的是最本初的食物，选择好的原料，安全、干净、朴素、具有自然韵味。令人心向往之！那今天就跟各位聊聊"舌尖上的安全"，即农产品质量安全这个话题。

我们吃的食品 80% 以上来源于农产品，可以说食品安全的源头主要在农产品，农产品的质量安全备受关注，是焦点中的焦点！

农产品——食品的源头

日常食品中有80%以上来源于农产品

我国农产品质量安全水平跨越发展 40 年

改革开放 40 年里，农业发展经历了从单纯追求数量，到数量质量并重，再到更加注重质量提升的认识转变过程。

1978 年，我国开始实施米袋子工程，经过 10 年的发展，基本解决了十几亿人的吃饭问题，这一时期开始关注以质检机构建设和标准制定为主要内容的质量安全工作。

1988 年，在温饱问题基本解决后我国启动了菜篮子工程，这一工程要解决的是主副食丰富的问题，在这个阶段提出了我国农业在继续重视产品数量的基础上，转入高产优质并重、提高效益为主的新思路，我国质量标准体系和检测检验体系建设进入制度化管理的轨道。

2001 年，我国启动了餐桌子工程，开始重视营养健康和安全，这一时期农业产业进入快速发展轨道，农兽药残留超标和非法添加等问题增多，农产品质量安全问题突显，我国启动了"无公害食品行动计划"，构建起农兽药等投入品专项整治、例行监测、认证认可等制度机制。

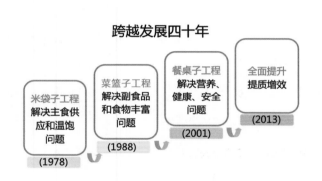

跨越发展四十年

米袋子工程 解决主食供应和温饱问题 (1978)

菜篮子工程 解决副食品和食物丰富问题 (1988)

餐桌子工程 解决营养、健康、安全问题 (2001)

全面提升 提质增效 (2013)

2006 年《农产品质量安全法》颁布实施，我国农产品质量安全工作进入依法监管的新阶段。

从 2001 年至今的 18 年，应该说我国农产品质量安全水平实现跨越发展，成效明显。2001 年，我国启动"无公害食品行动计划"，当时针对北京、上海、天津、深圳 4 大城市和山东寿光监测蔬菜中 12 种农药，合格率 62.5%，监测生猪中瘦肉精合格率 66.5%；到了 2018 年第三季度，我们针对 153 个大中城市的超市、批发市场、种养殖基地、屠宰场等的 4 大类 83 个品种，122 个参数（其中农药 68 种）进行监测，总体合格率保持在 97.6% 以上。

在此过程中，我国不断建设完善从无到有、由弱渐强的农产品质量安全保障体系，构建了法律法规体系下的以风险评估和检验检测为技术支撑的标准体系、监管体系、认证体系、追溯体系和信用体系。

一系列的法律法规、管理办法、管理条例相继出台，2006 年我国颁布实施《农产品质量安全法》，2015 年实施新修订的《食品安全法》，《农

保障体系从无到有、由弱渐强

产品质量安全法》的修订工作也已列到日程，《农药管理条例》《兽药管理条例》《生猪屠宰管理条例》《饲料和饲料添加剂管理条例》《产地环境管理办法》等也发布实施。

5 个标准体系覆盖全国

"欲知平直，则必准绳；欲知方圆，则必规矩。"，老祖宗在《春秋》里已经将标准的重要性告诉我们。在我国按照适用范围将标准划分为国家标准、行业标准、地方标准、企业标准、团体标准 5 个层次。各层次之间有一定的依从关系和内在联系，形成一个覆盖全国又层次分明的标准体系。

标准化是安全之本

科学性、实用性、合理性、可行性

对需要在全国范围内统一的技术要求，应制定国家标准。对没有国家标准而又需要在全国某个行业范围内统一的技术要求，可制定行业标准，行业标准是对国家标准的补充；对没有国家标准和行业标准而又需要满足地方自然条件、风俗习惯等特殊技术要求，在省、自治区、直辖市范围内可以制定地方标准。

社会团体可在没有国家标准、行业标准和地方标准的情况下，制定团体标准，快速响应创新和市场对标准的需求。

企业生产的产品没有国家标准和行业标准的，应当制定企业标准，作为组织生产的依据。已有国家标准或者行业标准的，国家鼓励企业制定严于国家标准或者行业标准的企业标准，在企业内部使用。

作为保障体系中最最重要的应该是信用体系，说信用是保障安全之魂应该不为过，从个人到小家再到国家，外在有法律约束，内在有道德底线，写好每走一步的档案。关于信用体系建设，应是千秋大计，从娃娃抓起。无信不立，有信有未来。

全程可追溯　购买更放心

自从 20 世纪 80 年代英国出现疯牛病，发达国家相继开始建立追溯制度并不断完善，通过识别码可实现对产品或行为的历史和位置予以追踪，《中华人民共和国食品安全法》中也明确国家建立食品安全全程追溯制度，在农业农村部层面，已选择苹果、茶叶、猪肉、生鲜乳、多宝鱼等几类农产品统一开展追溯试点，逐步扩大追溯范围。

"我"是哪里滴？

实现源头可追溯、流向可跟踪、信息可查询、责任可追究。现在在超市里你可通过扫描某些产品上的二维码，获得产品的相关信息，如品种、生产时间、产地、产地条件、产地检测报告、生产规模、第三方产品检测报告、生产者、生产过程控制、包装信息、供应商等，可追溯产品的价格比普通产品价格高。

现今，科技水平大大提高，原来我们检不出的，现在手段越来越先进，甚至能检测 10~15 纳克 / 千克含量的成分，仅农药及代谢物就可检测上千种。

改革开放 40 年来，农产品质量安全水平显著提升，这是不可否认的事实，但问题隐患依然存在，主要表现在：

监管能力弱：工作起步晚、基础差，监管机构仍需健全，基层普遍缺人员、缺经费、缺手段；

生产水平低：全国仍有 2 亿多农户，分散式经验模式仍占很高比例，标准化生产落实不到位，管控难；

生产过程控制仍需加强：源头污染需要治理，农业投入品需科学合理使用；

转型时期的集中反映：吃饱到吃好到吃安全吃健康；没标准到有且严，检不出到能检出；互联网时代的放大效应；

乡村振兴战略需求矛盾：要适应可持续发展、绿色发展；

诚信体系建设需加强。

那些您掉过的谣言坑

从"速生鸡"到"猪肉钩虫"，从"问题草莓"到"无籽葡萄"，农产品质量安全谣言一出，即刻在网络上形成病毒式的扩散，传播速度之快，

波及范围之广，危害程度之大，令人乍舌。

2015 年 4 月，"草莓残留乙草胺超标"事件，造成北京市昌平区观光采摘游客骤降 21 万人次，损失人民币 2 683 万元；辽宁东港市"五一"期间供应量从 1.5 万斤直接暴跌至零。谣言的散播不仅引发了消费者恐慌，由此引起的农产品销量骤降、价格下跌，对相关产业链造成了无法预知和无法挽回的后果。

1. 香蕉浸泡不明液体

网络传言："香蕉浸泡不明液体，吃了有毒？"

专家粉碎谣言：农业部专家证实不明液体实为低毒抗菌剂，是为了抑制香蕉有氧呼吸，利于远距离运输。

2. 西瓜打针

网络传言：又红又甜的西瓜是被打了针？

专家粉碎谣言：一难注射、二难扩散、三难食用，费时费工易腐烂，西瓜打针图个啥？实验证明，西瓜打针之后，口感酸涩、极易腐烂，这个夏天可以安心做个吃瓜群众！

3. 空心草莓

网络传言：草莓空心是因为使用了激素？这种草莓还能吃么？

专家粉碎谣言：影响草莓空心的因素有很多（品种、水分和肥料的供应、过度成熟和使用膨大剂）。以空心为依据来判断是否是"激素草莓"并不科学！

4. 无籽葡萄

网络传言：无籽葡萄都是蘸了避孕药的？果农都不吃？！

专家粉碎谣言：无籽葡萄分两种，一种是天然无种子的葡萄，另一种则是天然有种子的品种进行无核化栽培获得的葡萄。

5. 黄瓜顶花带刺

网络传言：时隔五年谣言再起，顶花带刺的黄瓜是沾了"避孕药"？

消费者避之不及。

专家粉碎谣言：农业部门进行全面排查，黄瓜"沾花"药水是允许使用的植物生长调节剂，并非"避孕药"！

6. 蘑菇富含重金属

网络传言：蘑菇富含重金属？佳肴还是毒药？

专家粉碎谣言：食用的蘑菇多是人工无土栽培，不会吸附到土壤重金属。市场上常见的大宗食用菌并不存在富集重金属的情况。

7. 猪肉钩虫

网络传言：猪肉里有钩虫，"水煮不烂""油炸不熟"！

专家粉碎谣言：没有"高温都煮不死"的寄生虫，猪肉里面长"钩虫"是实为肌肉组织。

8. 速生鸡

网络传言：无鸡不成宴！然而，网络上流传的"速生鸡"却频繁刺激着消费者敏感的神经。45天出笼的白羽鸡，是激素催大的吗？

专家粉碎谣言：白羽鸡之所以长得快，并非吃了激素（而是得益于现代化的养殖方式和科学的遗传选种技术）。

9. 螃蟹注黄色液体

网络传言："市面上有无良商贩为了增重而将注过水的'针孔螃蟹'出售。

专家粉碎谣言：现场试验证明，给大闸蟹注水，螃蟹极易死亡，赔本的买卖谁做？

10. 黄鳝避孕药

网络传言：养殖黄鳝是用避孕药喂大的？这种黄鳝你敢吃吗？

专家粉碎谣言：避孕药喂黄鳝，不仅不能促生长，而且会造成高达50%以上的死亡率，得不偿失。

3分钟农业科普

农业经济篇

添智助产！精准扶贫让果香飘满亿万农家，让果农拥有诗和远方

果业与粮食、蔬菜构成我国种植业三大支柱产业，近年水果产业产值在农业生产中的占比逐年增加。果业在我国食物安全、生态安全、农民增收、可持续发展中的作用日益凸显。郑州果树研究所作为以果树和西瓜甜瓜为研究对象的国家队，肩负实现我国"果业强、果农富、果乡美"的重大使命和责任，顺应亿万农民对美好生活的向往，走好乡村振兴这盘大棋。

甜蜜！果品产业势头强劲

农业现代化的关键在科技进步和创新，农业现代化是事关全面建成小康社会的关键一步。果业作为我国重要的特色优势产业，在农业现代化建设中正发挥着巨大的作用。

我国瓜果产业生产规模快速扩大。过去 10 年间，我国瓜果栽培面积增加 30%，产量增加 90%。世界主要瓜果产业面积和产量的增加主要来自中国。我国已经名副其实地成为世界第一大瓜果生产国。

精准！果品产业扶贫受青睐

我国大多数贫困地区为偏远山区，由于无矿产资源，又缺乏致富的有

效途径，改革开放后的几十年来一直处于贫困之中。尽管山区种植大田作物存在产量低、靠天吃饭的问题，但在发展果业生产方面却具有平原地区所没有的优势。

山地果园具有光照好、昼夜温差大的特点，更能生产出平原地区所不具有的优良品质的果品。利用山区生态特点，发展优质特色果品生产，并结合绿色采摘休闲农业、特色旅游产业，将是这些地区脱贫致富的有效途径。

添智！ 4 种方式让果树变成摇钱树

挂职扶贫

选派优秀科技人员到河北阜平、新疆、贵州沿河、湖南湘西和江苏泗洪开展挂职服务。

郑州果树研究所刘济伟同志到阜平挂职副县长，建立了果树科技示范区，引进本所优良品种 10 个，带动阜平新增果树种植面积 5.36 万亩，带动贫困户 4 000 多户，贫困人口 1 万多人，示范区果品价格优势明显，刘济伟被果农们亲切地称呼为"林果县长"。

蹲点扶贫

选派 30 多人到新疆、西藏、云南、四川、河南、河北、陕西、山西、辽宁、山东、江苏等地长期蹲点服务。

石榴专家李好先博士，在江苏泗洪县蹲点服务，帮助泗洪县发展软籽石榴产业，规划发展软籽石榴 10 万亩，已种植 15 000 余亩，现已初显成效。

科技特派员扶贫

成立河南省苹果、梨、桃、葡萄、石榴和西瓜 6 个科技特派员产业服务团，每年派出科技特派员 100 多人次，服务河南省 36 个贫困县区，助力地方脱贫攻坚。

科技特派员李卫华帮助河南省平舆县李芳庄建成温室育苗棚 70 座，大棚 300 座，总面积 34 万平方米，年产精品西瓜 400 万千克，产值 640 万元，利润 213 万元，吸纳贫困户 292 户，产业帮扶 421 户，实现了稳定增收脱贫。

贫困户技术培训

每年举办果树技术培训班 50 多次，有 500 多人次到生产一线为贫困户开展科技服务，培训果农 5 000 多人次，发放技术资料 10 000 多份，使贫困户掌握果树种植技能，种植优质果树脱贫致富。

助产！8 地区攻克贫困壁垒

加大成果转化力度，在贫困县支持发展果树产业，做大做强县域经济，以果树产业兴旺助力脱贫攻坚。

河南兰考

兰考现有甜瓜 5 万亩，为巩固脱贫成果，郑州果树研究所（简称郑果所，下同）在兰考大力推行甜瓜绿色发展，示范区农药减施 40% 以上，化肥减施 30% 以上，果品质量明显提升，打响了兰考蜜瓜品牌，成为兰考焦裕禄精神在新时代乡村振兴中的具体体现。

河南宁陵

宁陵现有酥梨 22 万亩，梨农人均收入达 1.2 万元，成为继兰考之后，河南又一个脱贫县。

山西万荣县

郑果所在万荣建立了果树专家工作站，通过引进新品种和推广绿色发展新技术，推动发展了 35 万亩优质苹果和 8 万亩优质桃，全县 50% 的耕地近 50 万亩种植了果树，经济效益显著。

大连普兰店和瓦房店

开展设施果树栽培示范与推广，以郑果所中农金辉、中油桃 4 号为主栽品种，带动发展设施桃近 10 万亩，年产值 20 亿元以上，人均增收 1.5 万元，成为当地的支柱产业。

河北威县

郑果所以梨新品种新技术示范带动，助力创新"威梨"模式。现已发展优质梨 10 万亩，建成标准化梨园 200 个，龙头企业 40 家，培育农民合作社 95 家，发展种植大户（家庭农场）34 家，年产量达 1 000 万斤（1 斤 =0.5 千克，全书同），带动 1.6 万贫困人口稳定脱贫，人均收入达到 8 000 元以上。

云南永胜县

郑果所为 10 万亩软籽石榴重点产业行动计划提供科技支撑，通过新品种新技术示范带动，现已发展软籽石榴 4.15 万亩，80% 进入挂果期，年产量 2.6 万吨，产值 4.07 亿元，覆盖全县 2.6 万户，9.7 万人，带动农民增收致富。

山东蒙阴县

蒙阴县发展蜜桃 65 万亩，大部分为郑果所培育品种，年产量 95 万吨，产值 28 亿元，成为"中国蜜桃之都"。全县 80% 的山地丘陵种植蜜桃，80% 的果农收入来源于蜜桃，70% 的村是蜜桃生产专业村，果农人均果品收入 5 500 元。

四川阿坝州

在阿坝州、汶川等地推广种植甜樱桃，引进新品种，推广新技术，培训当地藏族农民，推动阿坝州实现甜樱桃产业从无到有到强的转变，成为当地的特色产业，地方名品。现全州已种植樱桃 3.2 万余亩，亩产值 1.5 万~2.0 万元。

授技！新技术新模式扎根农家

创建"一优两改三减四提高"的可复制、易推广的果树绿色发展技术集成模式（优良品种，改良土壤、改良树形，减施化肥、减喷农药、减少用工，提高果品质量、提高果业经济效益、提高果园生态效益、提高果农收入），重点在革命老区、边疆地区、贫困地区和民族地区推广应用，带动当地贫困人口脱贫致富。

搭建果树专业网络服务平台，通过报纸、广播电台专家热线等媒体进

行种植技术讲座和提供咨询服务，及时解答果农生产中的热点和难点问题。利用"互联网＋"技术，分析产业发展实时动态，发布产业信息，为果农生产决策提供咨询。

作为世界减贫事业的模范生，
中国为全球减贫事业贡献"中国方案"

1985 年我国贫困人口为 1.25 亿人，经过多年的扶贫努力，2000 年降为 3 209 万人；随后扶贫标准由 2000 年的 625 元 / 年提高至 2001 年的 872 元 / 年，贫困人口陡升为 9 029 万人，经过扶贫努力，2010 年降为 2 688 万人；扶贫标准由 2010 年的 1 274 元 / 年提高至 2011

年的 2 536 元 / 年，贫困人口再度陡升为 1.22 亿人。十八大以来我国精准扶贫取得了巨大成效，至 2017 年末全国农村贫困人口降至 3 046 万人。

两个主要特征主导中国扶贫机制

习近平总书记强调，"做好扶贫开发工作，支持困难群众脱贫致富，帮助他们排忧解难，使发展成果更多、更公平地惠及人民，是我们党坚持全心全意为人民服务根本宗旨的重要体现，也是党和政府的重大职责。"这句话是中国特色扶贫机制的最好注释。

1. 中国共产党是主导扶贫的核心领导力量

中国共产党是中国扶贫事业的核心领导力量。在党发挥领导力量、组织力量的基础上，中国扶贫事业充满动员力量，社会力量广泛参与扶贫实践活动，各项扶贫工作推进顺利，扶贫成效比较显著。

2. 政府在扶贫中发挥主导作用

中国扶贫机制体现为政府主导下的扶贫机制。政府在扶贫中拥有诸多优势，这种优势最显著的体现是政府的组织动员机制。政府可以动员大量的资源用于扶贫；可以制定长期的反贫困计划，使扶贫具有可持续性；政府在中国社会的权威性，可以确保政府组织体系在全国范围内实施扶贫计划和项目，并对全国贫困状况进行监测。没有中国政府的主导推进，在这么一个幅员辽阔、人口众多的发展中国家解决上亿人口的贫困问题，是难以想象的。

五阶段扶贫 中国交出最美成绩单

新中国成立以来，我国实施了一系列的贫困治理政策，农村扶贫和减贫工作取得巨大成就。根据各阶段的扶贫模式和机制，可将我国农村贫困治理分为 5 个阶段。各个阶段扶贫机制、理论依据与实践模式呈现出与时俱进的演进特征。

第 1 阶段（1949—1978 年）：小规模救济式扶贫

新中国成立之初，历经半个多世纪战乱的中国是世界上最贫困的国家之一，当时中国人均国民收入仅为 27 美元，绝大多数人口处于绝对贫困状态。政府可动员的资源有限，国家没有能力采取大规模的专项扶贫措施，主要实施小规模救济式扶贫，瞄准的贫困主体为极端贫困人口（特困户）、战争伤残人口和"五保户"，扶贫重点是解决他们的生存困境，政府

提供以实物为主的生活救济、自然灾害救济、优抚安置等。

1978 年全国尚未解决温饱的贫困人口高达 2.5 亿人。这阶段贫困主体的识别范围相对固定和窄小，

大量贫困人口没有纳入扶贫范围；党和政府拥有的扶贫资源有限。

第2阶段（1978—1985年）：体制改革主导式扶贫

这个时期的扶贫主要通过农村经济体制改革实现。农村建立家庭联产承包责任制，极大地激发了农民发展生产的热情和积极性，大大推动了农村生产力的发展，农村贫困人口大规模减少。

该阶段以体制改革减贫为主，改变了以前救济式的扶贫模式，开始瞄准贫困地区，有目的地开展相关扶贫行动，也强调贫困地区要挖掘自身潜力。这个时期是我国减贫史上扶贫效果最显著的时期，农村经济改革发展和农村扶贫同步进行，巨大的体制改革红利，促进了农村经济发展，也成为此阶段缓解农村贫困的主要驱动力，农村绝对贫困人口由1978年的2.5亿人减少到1985年的1.25亿人。

第3阶段（1986—2000年）：以贫困县为重点的开发式扶贫

此阶段，中央开始实施以区域发展为主要目标的开发式扶贫战略，国务院成立了专门扶贫机构，全面确立了开发式扶贫方针，确立了扶贫重心，通过专项资金划拨，对592个国家级贫困县实施交通、农田水利、教育、科技、文化、卫生等多项扶贫措施，并开始建立东部沿海地区支持西部贫困地区的扶贫工作机制。

国家八七扶贫计划贫困县分布图

南海诸岛

到 2000 年我国农村绝对贫困人口下降到只有 2 600 万人，贫困发生率下降到 3.5%，农村温饱问题基本解决。

第 4 阶段（2001—2010 年）：以贫困村为重点的综合开发式扶贫

随着区域性、整体性贫困得到缓解，农村贫困人口的温饱问题基本得到解决，国家出台了《中国农村扶贫开发纲要（2001—2010）》，适时将扶贫重点由贫困县转向贫困村，全国 14.8 万个贫困村成为贫困治理工作的重点，专项扶贫措施进一步细化，代表性措施包括整村推进、劳动力技能及转移就业培训、农业产业化等综合扶贫开发措施。

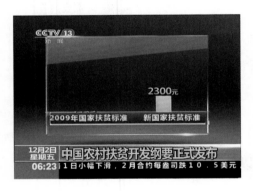

2007 年国务院发布了《关于在全国建立农村最低生活保障制度的通知》，这是中国农村反贫困发展史上的又一个新的里程碑，是一项为农村贫困人口设置的兜底性制度安排。2001—2010 年农村低保保障的人口从 304.6 万人增加到 5 214 万人。这一阶段，在国家惠农政策、专项扶贫政策、农村低保政策的共同作用下，中国贫困地区农村经济发展势头良好，贫困发生率从 10.2% 下降到 2.8%。

第 5 阶段（2011—2020 年）：精准扶贫阶段

2011 年，中国较大幅度地提高了贫困标准，同时，随着《中国农村扶贫开发纲要（2011—2020 年）》的颁布和精准扶贫理念的提出，标志着中国进入全面消灭绝对贫困人口的精准扶贫阶段。精准扶贫以 14 个集中连片特困地区为主战场，扶贫瞄准对象精确到户，实现特困片区、贫困县、贫困村、贫困户"多位一体"层级联动脱贫。

精准扶贫瞄准的是普通扶贫措施难以脱贫的贫困人口。这些贫困人口主要分布在三类地区，一是生存环境恶劣的、连片的深度贫困地区，二是贫困发生率在23%的深度贫困县，三是建档立卡贫困户占比超过60%的深度贫困村，他们脱贫攻坚的主要难点是深度贫困。

此阶段初步效果已经显现，从2012年末到2017年末全国农村累计减贫6 853万人，年均减贫1 370万人，农村贫困人口下降为3 046万人；贫困发生率累计下降7.1个百分点，下降至3.1%；2013—2017年贫困地区农村居民人均可支配收入年均实际增长10.4%，实际增速比全国农村平均水平高2.5个百分点；2017年贫困地区农村居民人均可支配收入9 377元，实际增长9.1%，年度实际增速比全国农村平均水平高1.8个百分点。

本文图片均来自网络

以党和政府为主导，扶贫成就世界瞩目

中国扶贫机制在新中国成立以来的扶贫发展实践中逐步演进，国家扶贫开发战略和政策体系逐步完善，扶贫效果比较明显，中国成功解决了几亿农村贫困人口的温饱问题，成为世界上减贫人口最多的国家，探索和积累了许多宝贵经验，中国的扶贫方案和内涵在其中的中国智慧值得世界其他国家借鉴。

中国扶贫机制是中国共产党领导下的政府主导的扶贫机制。这种扶贫机制以共同富裕理论为主线。这种扶贫机制充分发挥了扶贫主体中政党和政府的作用，前者发挥领导作用，后者在扶贫计划和政策的制定与实施过程中发挥了主导作用。中国扶贫机制体现了政府部门很强的领导能力和社

会动员能力，在党和政府的宣传动员中，大量社会主体参与了中国的扶贫实践，有力推动了中国的扶贫事业，使中国取得了为世界瞩目的扶贫成就。

详解！加快推进我国农业食物营养转型发展

营养健康型农业将带来五大变化

消费需求发生巨大变化，食物的营养健康将成为第一需求，口粮消费逐步稳定，菜果畜产品消费迅速增加，消费者对消费数量的要求逐步稳定，食物的营养价值和结构将成为首要问题。

食物形态发生巨大变化，居民对食物方便、快捷、安全的要求逐步提高，终端消费产品由粮食、食物向食品转变。

农业功能发生巨大变化，为适应消费者生活需求多样化，农业的生态功能、生活功能、休闲娱乐功能、文化教育功能将进一步凸显。

农业生产发展方式发生巨大变化，一二三产业融合发展将成为农业生产经营的主要形式。

农业业态发生巨大变化，电商、物联网、植物工厂、智慧农业逐步成为新的模式和新的动能。

Part 1 问底气

我国农产品供给能力实现了新突破，为农业生产向营养导向转型提供了更多腾挪变革空间。改革开放以来，特别是进入新世纪以来，我国农产品生产综合能力大幅上升，粮食产量实现连增，粮食总产连续12年超过5亿吨，其中连续6年突破6亿吨大关。近40年来，肉类产量从1979年的1 062.40万吨增加到2017年的8 588.1万吨，禽蛋产量从1982年的280.85万吨增加到2017年的3 070万吨，牛奶产量从1978年的88.3万吨增加到2017年的3 655.2万吨，水产品产量从1978年的465.35万吨增加到2017年的6 445.33万吨。小麦、稻谷、蔬菜、水果、肉类、蛋类、水产品等生产量均稳居世界前列。

食物消费结构发生了新变化，初步形成了居民膳食结构向营养导向转型的消费模式。2017年人均粮食（原粮）消费量130千克，谷物119.6千克，薯类2.5千克，豆类8.0千克；食用油10.4千克；蔬菜及食用菌99.2千克；肉类26.7千克，其中，猪肉20.1千克，牛肉1.9千克，羊肉1.3千克，禽类8.9千克，水产品11.5千克，蛋类8.2千克，奶类11.7千克，干鲜瓜果类50.1千克，食糖1.3千克。我国居民营养状况显著改善，人均能量、蛋白质、脂类得到显著提高，居民营养水平已居发展中国家前列。

Part 2　问机遇

随着中国经济从高速增长稳定进入中高速发展阶段，中国社会主要矛盾也发生了历史性的转变，食物发展发生营养导向的快速转型是必然趋势，农业食物营养转型发展面临着前所未有的大好机遇。

1.宏观经济环境

2018 年，我国居民恩格尔系数 28.4%，标志着人民生活水平已经进入相对富裕阶段，人民对美好生活的向往更加迫切，需求更广泛和多样化。未来 20~30 年将是我国食物营养产业发展的黄金机遇期，将为中国食物发展的营养转型提供良好的宏观经济环境。

2.社会关注度

随着城乡居民生活水平与营养健康观念的提高，人们对食物消费需求已经不再满足于"吃饱""吃足"，而是更加关注"营养、优质、健康、安全"。

3.政策标准引领

中央提出了一系列食物营养发展的新思想、新战略、新政策，出台了一系列重大纲领性文件，制定、修订了一揽子的技术标准，着力保障食物有效供给，促进营养均衡发展，提升人民健康水平。

4.网络实现途径

"互联网＋"新模式等信息化便捷手段有力支持了农业食物营养转型发展。未来《"健康中国 2030"规划纲要》中部署的健康医疗大数据应用体系建设，成为医疗健康大数据开放共享的重要领域，也为食

物消费选择的营养需求提供了资源宝库和丰富的对接组合。

Part 3　问困难

农业食物营养转型发展之路仍然面临着诸多挑战和矛盾，主要有三个

不平衡和两个不协调：

1. 三个不平衡

食物生产供给与消费需求之间不平衡：我国农产品供给已经实现由长期短缺到总量基本平衡的历史性转变，但食物生产结构与居民消费之间不平衡日益凸显。

食物消费和营养素摄入结构不平衡：从食物消费提供的营养素与居民营养需要来看，我国能量供给总体过剩，但优质蛋白特别是维生素、矿物质等微量营养素不足现象突出。

城镇与乡村之间营养状况发展不平衡：我国贫困地区特别是部分偏远贫困地区，因营养食物缺乏，蛋白质、矿物质、维生素等营养素难以满足

健康需要，营养不良现象还比较普遍。而城市居民因膳食不平衡或营养过剩引发的肥胖、高血压、高血糖、高血脂、糖尿病、痛风等慢性疾病高发，各种慢性病人群已超过 4 亿。

2. 两个不协调

食物需求增长和生态环境制约不协调：随着人口增长、经济发展、居民收入水平的提高和食物消费的营养转型，社会对食物需求的总量仍将持续增长、种类仍将持续丰富，农业生产资源供求紧张的局面将会进一步加剧。

生产加工技术体系与营养健康导向不协调：主要追求产量的生产、加工和物流体系与主要追求色香味形，追求质量安全、追求营养健康的体系不协调。

Part 4　问发展

（1）遵循自然发展规律，促进动物、植物、微生物有机循环；遵循经济发展规律，促进一二三产业融合发展；遵循社会发展规律，促进生产、生活、生态和谐共赢。因此，保障农业生产—人民生活—生态安全是营养健康农业发展根本要求，这三个方面是一个统一体、缺一不可。

（2）坚持"大食物、大营养、大健康"理念：要以大食物理念保障国家粮食安全，以营养健康需求指导农业食物生产，把"营养提升"作为保障能力安全的重点，加快农业供给侧结构性改革，丰富主食产品结构，满足居民对优质化、多样化"大营养、大健康"食物的需求。

坚持"营养指导消费，消费引导生产"：顺应新时代的营养健康要求，食物安全理念要更加突出生产、消费、营养、健康的协调发展，食物生产的目标要由过去的单纯追求产量逐步向以营养为导向的高产、优质、高效、生态、安全转变；食物发展的方式要由过去"生产什么吃什么"逐步向"需要什么生产什么"转变，由"加工什么吃什么"逐步向"需要什么加工什么"转变。

（3）着力推进营养导向型技术能力和营养标准的建设；着力推进食物营养和健康知识的全面普及；着力推进居民营养干预制度的有效落地；着力推进食药同源产品开发；着力推进食物营养政策法规的健全实施。

本文节选自陈萌山研究员发表的论文《加快推进我国农业食物营养转型发展》（《中国食物与营养》2019 年第 1 期）

聚焦 17 种农产品，
细数影响农业发展的政策与外界冲击！

2018 年 6 月 26 日，中国农业科学院首次发布《中国农业产业发展报告》。报告深入探讨了中国农业产业发展新形势、新问题和新挑战，定量评估模拟了农业政策变化和外界冲击对中国农业产业发展的影响。同时，分别就 17 个具体农产品进行专题研究，重点关注 2020 年和 2035 年农业产业发展情况，为研判未来农业产业发展趋势、完善农业产业发展制度安排与宏观调控提供重要决策参考。

改革开放 40 年，中国农业产业发展成效显著

2017 年谷物产量达到 56 455 万吨、肉类产量 8 431 万吨、水果 28 351 万吨，分别占世界 21%、26% 和 31%。城乡居民粮菜人均消费量有所下降，肉蛋奶油果以及水产品人均消费量显著增长。中国在全球农产品贸易地位明显提升，进口居世界第一，出口居世界第五。

与此同时，农产品阶段性供过于求和供给不足并存，农业资源环境刚性约束不断加大，逆全球化和贸易保护主义升温。因此，推进农业供给侧结构性改革，提高农业综合效益和竞争力，是当前和今后一个时期中国政策改革和完善的主要方向。

新时代的粮食安全观，"谷物基本自给，口粮绝对安全"

近年来，国际竞争压力导致国内农业支持政策面临困境，大宗农产品出现"产量、进口量和库存量"三量齐增，农民收益难以保障，财政负担重，推进粮食供给侧结构性改革，坚持粮食市场化改革方向仍是重点难点。

政策模拟结果显示： 下调稻谷和小麦最低收购价格均会带来产量和粮农收入双下降。稻谷和小麦是最重要的口粮，建议短期内保留最低收购价格政策，分阶段、分步骤、分品种深化改革，科学确定最低收购价政策的功能定位，加快健全水稻小麦生产者补贴机制；玉米去库存政策有利于调减玉米面积、利好畜牧业发展，但力度应适当，避免过度冲击玉米市场。粮食市场化改革应适度有序。

中国首部"绿色税法"《中华人民共和国环境保护税法》正式实施

2018年1月1日中国首部"绿色税法"《中华人民共和国环境保护税法》开始正式实施，国家层面明显加强了对畜牧业生产发展迅猛所带来的环境承载压力增大、畜禽养殖污染问题的治理和管控力度，以促进畜牧业的绿色发展。环保税将涉及约47%出栏肉牛、58%的存栏奶牛、50%的出栏生猪、70%的出栏肉鸡、75%的存栏蛋鸡中有污染物排放口的畜禽。

环保税征收模拟结果显示，短期内会增加畜禽养殖成本，对生猪、肉牛和肉鸡的影响相对明显，导致猪肉、牛肉、鸡肉等畜产品产量小幅下降，降幅在1.98%以内，但长期将倒逼畜牧业加速绿色转型。建议加快创新探索养殖粪污资源化利用模式，支持规模养殖场、第三方处理企业、社会化服务组织建设粪污处理设施，加快出台有机肥生产与使用的奖励扶持政策机制。

全球化为中国农业发展　带来的机遇与挑战

中国进口了大量粮食、油料和棉花等土地密集型农产品，节约了土地资源和水资源，有利于缓解国内农业资源和环境压力。进口农产品增加了国内农产品的供给，满足了国内多样化的需求，解决了农产品供求短缺的矛盾。劳动密集型农产品出口增加和出口农产品的深加工程度提高，增加了农民收入。中美贸易摩擦对双方都会产生不利影响，美国对中国农产品出口下降，中国消费者因进口产品价格上涨而福利受到影响。2018年年初以来，中美贸易摩擦在全球范围引起广泛关注，对相关国家农业的影响也倍受瞩目。

模拟结果显示，中美双边加征关税将会导致美国对华农产品出口额下降约四成，其中，大豆、棉花、牛羊肉、其他谷物的出口额均下降约50%。同时中国进口农产品价格小幅上涨，大豆和棉花进口价格分别上涨5.88%和7.53%，其他农产品价格变化幅度较小。长期看，可以通过拓

宽国际市场，优化贸易渠道，加强与"一带一路"沿线国家的贸易往来，增加大豆替代产品进口，支持扩大国内种植等措施消除对中国的影响。当然，谈判解决贸易争端仍然是共赢举措。

以乡村振兴战略为统领，坚持农业农村优先发展

新时代，需树立大农业观、大食物观，以乡村振兴战略为统领，坚持农业农村优先发展，立足当前发展基础与优势，直面发展短板与挑战，推动农业产业兴旺持续发展。

首先，坚守谷物基本自给、口粮绝对安全的战略底线，合理确定大宗农产品进口规模，利用好国内国际两个市场两种资源，充分发展国内农业产业，优化生产结构和贸易结构。

其次，围绕提升农产品竞争力、提高农民收入和农业抗风险能力，构建开放型农业支持政策体系，完善农业产业发展保护机制。

第三，坚持绿色发展导向，推进农业废弃物资源化利用，推进种养业废弃物资源化利用，努力实现保供给和保生态的协调平衡。

第四，注重产品质量提升及品牌建设，实施质量兴农、品牌强农战略，强化标准实施，建立质量安全联盟，组建品牌联盟。

第五，多层次、多方式、多渠道深化与"一带一路"沿线国家在农业领域的合作，"引进来、走出去"，互通有无，实现合作互利共赢。

第六，维护多边贸易体制，积极参与改革完善 WTO 规则，按照国际规则处理贸易争端和分歧，创造良好的农业产业发展环境。

传统中医＋现代农业　农业也需跨界融合

农业是人类赖以生存与发展的基础和前提，经济、社会、科技的任何变革，不断使农业面临新的机遇与挑战。当前，针对资源环境、农产品质量安全、可持续发展等压力，积极发展"中医农业"，融贯古今、中西合璧是建设特色生态农业的理论创新和现实选择。

农业发展背后弊端显露

我国是一个历史悠久的农业大国，创造了灿烂辉煌的农耕文明，农业始终是我国国民经济的重要基础。然而目前由于化学药剂的使用给农业生态系统造成了很大破坏。

比如，连作大棚蔬菜面积的不断扩大，蔬菜生产集约化程度增高，危害蔬菜生产的虫害、病害日益严重，病虫害的抗药性也越来越强。

化学农药的不合理使用不但破坏了作物的根系，也破坏了土壤中有益微生物的生存环境，打破了土壤平衡，造成恶性循环，致使病虫害防治越来越难。

中医与农业碰撞出火花

"中医农业"，就是将中医原理和方法应用于农业领域，达到促进动植物健康生长、实施病虫害绿色防控的目的。

中医农业技术体系和应用模式可以在农药、兽药、肥料和饲料四个领域广泛应用，即利用中医原理和方法将动植物以及其他生物元素和天然矿物元素研制成促进动植物生长、防治动植物疫病的营养物质或药剂配方，可以有效实现有机生产、降低药物残留。

融合发展，中医与农业如何实现优势互补

1.利用生物体或提取物实现农业绿色防控

"中医农业"采用的中医药农药来自于天然生物体，这些生物体经过千万年逐渐演化形成了自身防御系统，中医药农药成分复杂、作用方式多样，不容易产生抗药性。同时，中医药农药还有杀虫谱广、持效时间长的特点。

由于中医药农药均为自然产物，在环境中会自然代谢，参与能量和物质循环，对环境和人畜安全无害。中医药农药含有大量微量元素和天然生长调节剂，有助于提高动植物的抗病能力，促进动植物生长，增加病虫害预防作用。

2.利用生物元素和其他天然元素搭配达到动植物生长调理效果

实验证明，在种植有机蔬菜方

面，"中医农业"克服了有机农业不能抵御病虫害、不能高产的瓶颈。

一是增加富含各种中微量元素的矿物质，促进作物次生代谢以产生化感物质增加植物抗逆性、抗病性和产品的营养水平及口感。

二是充分发挥有机碳对作物高产的重要作用，注重来自于农业有机剩余物的大量碳素有机肥投入。

三是投放微生物复合菌群，既通过微生物分解土壤中的有机氮为作物提供氮素，又可以通过其中的固氮菌有效保证作物对氮的大量需求。

四是注重调理土壤物理性能，形成良好的土壤结构。

通过上述特殊的有机栽培方式，不仅没有发生重茬病等设施农业容易出现的病虫害，而且实现了稳定的高产出。例如在西红柿大棚里，茄科作物非常普遍的早疫病、晚疫病、枯萎病、蓟马也没有发现，而且能够剪枝再生。

3. 利用生物群落间的相生相克促进动植物健康生长

实验证明，茶园采用乔灌草立体种植，可以利用动植物、微生物等生物群落驱虫、杀虫、引虫、吃虫。

茶园种植的草本植物具有很强的生命力，能够抑制杂草生长，无需使用除草剂。

利用茶叶的吸附性和喜欢适度遮阴特点，在茶园种植花香、草香、果香植物为茶叶增香，又可以为茶树适度遮阴，为茶树创造适宜、健康的生态环境。

特色生态农业 1+1 大于 2

1. 优化产业结构，实现提质增效

通过"中医农业"这一农业生态转型的有效途径，推进农业清洁生产，用新型肥料和农兽药替代化学肥料和农药，推进化肥农药零增长行动，促进农业节本增效。

2. 开发药食同源食品，提高中药材质量

"中医农业"可以提供功能性农产品，例如通过中医农业技术生产出来的水果、茶叶、水稻、瓜果和蔬菜以及畜禽产品在保健功能方面已得到了消费者的一致认可。

同时由于"中医农业"能避免化肥农药对中草药的污染，可以明显提高中药材的药性，还原道地本味，如果再加上与多倍体科技的结合，还可以使得中草药药性成倍增加。

"中医农业"是一个既古老又崭新的领域，可以从根本上保障农产品质量安全，满足人们健康发展的需要，突破常规农业的瓶颈，是农业供给侧生态转型的特效途径之一。

本文图片均来自网络

未来极端气候影响啤酒价格，我们是认真的！

鉴于显著的气候变化将发生在人类膳食结构进一步变化的 2050 年或 2100 年，我们除了关注气候变化对口粮等粮食作物的影响，也应该关注气候变化对肉、蛋、奶、饮料和酒类等消费品供给的影响。

气候变化对高附加值农产品市场的影响

最近，中国农业科学院环境与可持续发展研究所气候变化团队与北大现代农学院以共同第一单位名义，在《Nature》子刊《Nature Plants》上在线发表，并被《Nature Plants》选为网页封面论文。

使用"气候模式—作物模型—经济模型"耦合的评估方法（图 1），

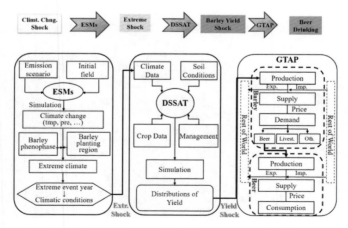

图 1 全球气候模式—作物模型—经济模型的链接

以世界上最受欢迎的酒精饮料啤酒为例，评估了气候变化对高附加值农产品市场的影响，首次完成了气候变化对全球大麦产量及啤酒供应的评估。

"极端事件" 在下半世纪发生的概率更大

研究团队评估了到 21 世纪末气候变化 4 种温室气体排放情景，研究表明，随着气候变化导致的严重干旱和极端高温在大麦主产区同时发生（以下简称"极端事件"）的强度和频率呈现增加趋势。

图 2a 展示了 2010—2099 年全球陆地升温和极端事件严重性指数的关系。在全球陆地升温 3℃之前，极端事件强度是相对平缓的，之后强度明显提高。

图 2b 总结了不同排放情景下极端事件的发生概率约 4%~31%，其中升温最低的 RCP 2.6 情景的极端事件发生概率约 4%，平均每 25 年发生一次，而升温最高的 RCP 8.5 情景下，极端事件发生概率约 31%，几乎平均每 3 年就发生一次，且极端事件在下半世纪发生的概率更大。

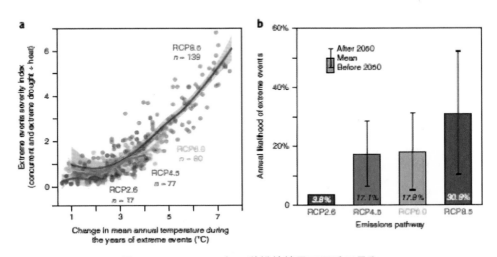

图 2　2010—2099 年 4 种排放情景下严重干旱和
极端高温同时发生的强度（a）和频率（b）

未来极端天气或导致全球啤酒消费量下降16%

从消费量来看，啤酒是全球最受欢迎的酒精饮料，其主要原料为大麦。在严重干旱和极端高温同时发生的年份，预计大麦产量将大幅下降（图3），对全球整体而言，不同温度升高情景下极端事件导致大麦单产平均损失3%~17%，欧洲一些国家损失高达40%或更多。

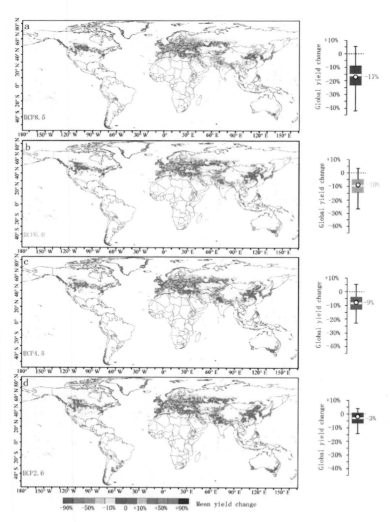

图3　极端事件年大麦平均产量冲击

大麦产量下降将导致可用于啤酒生产的大麦出现更大幅度的下降，因为大麦将优先用于更重要的商品生产，这将导致啤酒消费相应减少，啤酒价格上涨（图 4）。

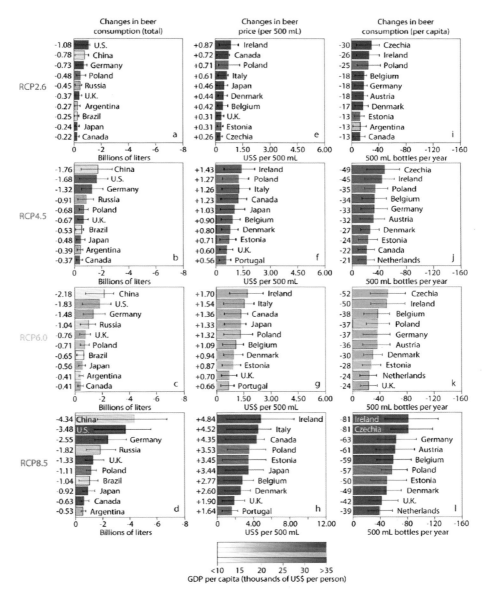

图 4 极端事件导致各国啤酒消费总量、价格和人均消费变化图

在全球啤酒供应量方面，温度升高为最高的情景下，极端事件导致全球啤酒供应减少16%（相当于美国啤酒的饮用量）。

而对于啤酒消费大国的中国，绝对量减少最多，达到43亿升，相当于中国啤酒消费总量的9%。

在全球啤酒价格方面，温度升高为最高的情景下，价格翻倍。

爱尔兰价格上升幅度的绝对值最大，达4.84美元/500毫升，相当于之前价格的193%。

在全球啤酒人均消费量方面，人均啤酒饮用量最大的国家爱尔兰和捷克每年人均消费量达到276瓶或274瓶（500毫升计）——约为每人每周喝5瓶，极端事件导致这些国家年人均消费量下降81瓶。

希望吸引更多公众关注气候变化

本研究不仅在方法论上有所创新，而且有助于吸引公众关注气候变化、制定农业领域的适应和减缓政策。

如果大众意识到气候变化将影响自己的啤酒消费、周末休闲、朋友社交以及世界杯期间的观赛心情，更多的人会关注气候变化。

"十三五"国家重点图书出版规划项目

转基因棉花
TRANSGENIC COTTON

「 陆宴辉　主编 」

中国农业科学技术出版社

图书在版编目（CIP）数据

转基因棉花 / 陆宴辉主编 . —北京：中国农业科学技术出版社，2020.1
（转基因科普书系）

ISBN 978-7-5116-4407-7

Ⅰ.①转… Ⅱ.①陆… Ⅲ.①转基因植物—棉花—介绍 Ⅳ.①S562

中国版本图书馆 CIP 数据核字（2019）第 201262 号

策　　划	吴孔明　张应禄	
责任编辑	张志花	
责任校对	马广洋	
出 版 者	中国农业科学技术出版社	
	北京市中关村南大街12号　　邮编：100081	
电　　话	（010）82106636（编辑室）　（010）82109702（发行部）	
	（010）82109709（读者服务部）	
传　　真	（010）82106631	
网　　址	http://www.CASTP.cn	
经 销 者	各地新华书店	
印 刷 者	北京科信印刷有限公司	
开　　本	787mm×1 092mm　1/16	
印　　张	11.5	
字　　数	210千字	
版　　次	2020年1月第1版　　2020年1月第1次印刷	
定　　价	58.00元	

转 基 因 科 普 书 系

《转基因棉花》

编 辑 委 员 会

主　　任：吴孔明

委　　员：李华平　陆宴辉　李香菊　李新海　张应禄

主　　编：陆宴辉

副 主 编：李云河　孙国清　张　帅

编　　者（以姓氏笔画为序）：

于惠林　马　超　王　远　任柯昱　刘小侠　刘海洋

许　冬　孙国清　李云河　李香菊　张　帅　张　锐

张冬玲　陆宴辉　孟志刚　胡道武　高雪珂　郭三堆

崔金杰　梁成真　梁革梅　程　慧　潘洪生

各章节执笔人员

第一章：任柯昱　胡道武　程　慧　张　帅　高雪珂　马　超

第二章：潘洪生　刘海洋　于惠林　李香菊

第三章：孙国清　郭三堆　张　锐　王　远　张冬玲　孟志刚
　　　　梁成真

第四章：李云河　许　冬　刘小侠　潘洪生

第五章：陆宴辉　于惠林　梁革梅

第六章：张　帅　崔金杰

ABSTRACT / 内容简介

　　本书系统、全面介绍了棉花的用途和生产史、为害棉花的主要病虫草害、转基因棉花的研发过程与现状、转基因棉花的环境安全评价和监测以及转基因棉花的产业化应用等。试图从科普性、知识性和专业性的角度，较为全面、客观地揭示转基因棉花的"前世和今生"，为使读者能从中获得对转基因棉花的研发、评价与推广，尤其是生产应用价值等相关信息以及安全性问题等系列疑问的解答。

　　该书作为"转基因科普书系·第二辑"的一部分，可供对"转基因技术"关心和感兴趣的读者阅读，也可供高等院校的农业、生物类等相关专业的师生、农业科研院所工作者和基层推广技术人员阅读参考。

棉花是世界上最主要的农作物之一，主副产品都具有较高的利用价值，集"棉、粮、油、饲、药"于一体，可谓"浑身是宝"。棉花纤维是主要产品，是纺织工业、精细化工原料和重要的战略物资，棉籽、棉秆、茎叶、花、根等都具有应用与经济价值。

棉花的种植历史非常悠久，可以追溯到迄今5 000年前。目前，世界上生产棉花的国家有70多个，分布在北纬40°至南纬30°之间的广阔地带。中国年产原棉600万吨左右，约占全球的1/4。其中，新疆（新疆维吾尔自治区的简称，全书同）棉花种植面积占全国总面积的60%以上，产量占80%以上，在保障中国棉花产业的可持续发展中发挥着举足轻重的作用。

病虫草害是影响棉花生产的关键性因素，一般年份造成10%~20%的产量损失，严重年份可达30%~50%。其中，枯萎病、黄萎病、棉铃虫、红铃虫、棉蚜等都是全球性的重大病虫害，其持续有效防治长期以来一直是棉花生产中的世界性难题。自20世纪80年代以来，植物转基因技术发展迅速，并被广泛应用于棉花品种改良与新品种培育。抗病虫、耐除草剂转基因棉花研发与应用为解决棉花重大病虫草害问题开辟了新的途径。

1996年美国、澳大利亚等3个国家率先商业化种植抗虫转基因棉花，目前全球共有14个国家种植转基因棉花，主要以抗虫和耐除草剂复合性状为主。我国于1997年开始商业化种植抗虫转基因棉花，至今已有20多年，有效控制了棉花生产上棉铃虫和红铃虫的发生为害，取得了显著的经济、社会与生态效益。近年来，新性状、复合性状的转基因棉花研发取得了系列重大进展，进一步丰富了棉花病虫害防控的技术手段。

随着转基因棉花的研发与应用，人们的关注与日俱增。但由于科普宣传相对缺乏，很多人对转基因棉花及其安全性问题的认识不够全面与深入，从而产生了一些疑问和误解。基于上述情况，我们组织了国内长期从事转基因棉花研发和安全评价等领域的专家编写了本书。系统全面介绍了棉花的用途和生产史、为害棉花的主要病虫草害、转基因棉花的研发过程与现状、转基因棉花的环境安全评价和监测，以及转基因棉花的产业化应用等。试图从科普性、知识性和专业性的角度，较为全面客观地揭示转基因棉花的"前世和今生"，为使读者能从中获得对转基因棉花的研发、评价与推广，尤其是生产应用价值等相关信息以及安全性问题等系列疑问的解答。

由于编者水平有限，书中不足之处在所难免，敬请读者批评指正。

陆宴辉

2019年5月1日

CONTENTS / 目录

第四章 转基因棉花的环境安全评价

第五章 转基因棉花的环境安全监测

第六章 转基因棉花的产业化

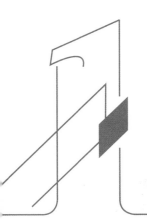

第一章　棉花的用途和生产史

第一节　棉花的界定

在分类学上，把棉花归类于锦葵科棉属。现在相关学者普遍认为棉属有51个种，其中具有较高经济价值并被广泛种植的是4个栽培种：草棉、亚洲棉、陆地棉、海岛棉。其中亚洲棉和草棉为二倍体，陆地棉和海岛棉为四倍体。

草棉（*Gossypium herbaceum* L.），原产于非洲南部，又称为非洲棉，分布于亚非两洲（图1-1）。在其进化过程中形成了5个地理-生态类型：暗色棉、库尔加棉、威地棉、槭叶棉、阿非利加棉。暗色棉、库尔加棉、威地棉为一年生，槭叶棉、阿非利加棉为多年生。中国新疆和甘肃河西走廊栽培过的非洲棉属库尔加棉类型。由于纤维粗短，商业上也称为粗绒棉，近年已几乎绝迹，现世界上只有极少数地区栽培。

亚洲棉（*Gossypium arboreum* L.）原产于印度，由于在我国栽培历史长、分布广、变异类型多，故又称之为中棉，是被人类栽培和传播最早的棉种（图1-2）。种内又可分为6个地理-生态类型：印度棉、缅甸棉、垂铃棉、中棉、孟加拉棉和苏丹棉。其中印度棉和苏丹棉为多年生；缅甸棉多数为多年生，也有一年生；其余类型为一年生。一年生亚洲棉为主要的栽培类型，中国在陆地棉全面推广前广泛栽培亚洲棉，由于纤维粗短（15~25毫米），商业上称为粗绒棉。因其不适于中支纱机纺，且产量低，已于20世纪50年代被陆地棉取代，只在南方一带尚有零星种植。但亚洲棉具有早熟、耐阴雨、烂铃少、纤维强度高等特性，因而仍不失为重要的种质资源。它在印度和巴基斯坦仍有一定栽培面积。

图1-1　草棉（图片由贾银华提供）

图1-2　亚洲棉（图片由贾银华、陈第提供）

陆地棉（*Gossypium hirsutum* L.）原产于中美洲墨西哥的高地和加勒比海地区，亦称高原棉，又称为美棉，是如今世界上栽培面积最大、产量最高的棉种，野生与半野生的陆地棉迄今仍广泛分布于墨西哥、危地马拉等中美洲地区（图1-3）。在1492年哥伦布发现美洲时，当地已有棉花栽培。陆地棉原为热带多年生类型，16世纪下半叶，北美洲移民从墨西哥和危地马拉引入陆地棉栽培，经人类长期栽培驯化，形成了适应高纬度、对短日照不敏感的早熟适合亚热带和温带地区栽培的类型，才使陆地棉在美国得以大面积扩展种植。陆地棉是目前世界上栽培最广的棉种，占世界棉纤维产量的90%以上。为一年生草本，纤维长度21~33毫米，细度为4 500~7 000米/克，商业上称为细绒棉。具有植株强健，纤维细长、品质好，产量高，适应性强的特点。陆地棉内又分8个类型，其中尖斑棉、马利加蓝特棉、尤卡坦棉、莫利尔棉、李奇蒙德氏棉、鲍莫尔氏棉和墨西哥棉7个类型为多年生。阔叶棉为一年生，现在世界主要产棉国广为种植的陆地棉均属这一类型。

图1-3 陆地棉（图片由贾银华提供）

海岛棉（*Gossypium barbadense* L.），又称长绒棉，原产南美洲安第斯山区、中美洲、加勒比海群岛、加拉帕戈斯群岛。其热带多年生类型以在秘鲁和其他南美洲国家的变异最多,如坦奎斯棉、秘鲁棉等(图1-4)。
19世纪初,海岛棉引入非洲,在埃及得到驯化和选出优良品种,生产上迅速种植推广,埃及和苏丹是目前海岛棉的主要生产国。20世纪初,埃及的海岛棉品种又被引入到美国进行进一步改良,主要种植于美国西部干旱灌溉棉区。苏联引入埃及的海岛棉后,育成较早熟的零型分枝或紧凑分枝类型中亚型埃及海岛棉栽培品种,称苏联细绒棉。海岛棉以纤维长(达33~45毫米)而细(6 500~9 000米/克)、有丝光、强度高(4.5~6.0克力/根)著称,但产量较低,商业上习称长绒棉。除一年生栽培型外,海岛棉还有两个多年生变种:巴西棉和达尔文棉。中国西南地区生长的离核木棉和联核木棉,都属半野生状态的多年生海岛棉。

图1-4 海岛棉(图片由贾银华、陈第提供)

第二节 棉花的生物学习性

一、形态特征

棉花分为陆地棉、海岛棉、亚洲棉和草棉4个栽培品种,其中陆地棉和海岛棉的栽培较为广泛。而棉花的栽培品种又可大致分为常规品种、杂交棉、抗虫棉和有色棉等。

棉花属直根系，由主根、侧根、支根和根毛组成。在适宜的条件下，棉花主根入土深度可达2米，侧根横向扩展可达60~100厘米，整个根系呈倒圆锥形（图1-5）。

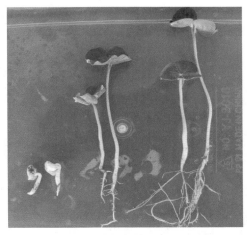

图1-5　棉花幼苗时的根和成株后的根

棉花的主茎为圆柱形，直立；其侧枝可分为叶枝和果枝，叶枝又称营养枝，其形态和主茎相似。棉花的果枝根据节数可分为有限果枝、无限果枝和零式果枝，根据果枝的长短及分布又可将整个棉株的外形描绘成塔形、筒形和倒塔形（图1-6）。

图1-6 棉花的出苗、定苗、现蕾及吐絮

棉花叶片有3种：真叶、子叶和先出叶。子叶为棉花种子出苗最先平展的两片肾形叶片，真叶为在子叶之后长出的叶片，先出叶面积较小易于脱落。棉花叶形多呈掌状分裂，一般有3~5个裂片（图1-7）。

图1-7 棉花叶片正反面

　　棉花的花蕾称为棉蕾。棉蕾通常呈三角锥形，由苞叶、萼片、花冠、雌蕊、雄蕊和子房等构成。棉花的花为完全花，每一朵花都有一个花柄，花柄顶端膨大形成花托，花托上由外到内着生苞片、花萼、花冠、雄蕊及雌蕊等部分（图1-8）。花朵乳白色，开花后不久转成深红色然后凋谢（图1-9），留下绿色小型的蒴果，称为棉铃。

图1-8　棉花蕾的发育过程

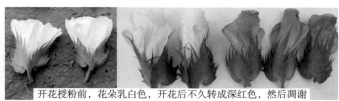

开花授粉前，花朵乳白色，开花后不久转成深红色，然后凋谢

图1-9　棉花的花蕊及授粉前后颜色对比

　　棉铃的形状有圆球形、卵圆形和椭圆形等。随着棉铃的发育成熟，其颜色也由绿色逐渐转变为红色。棉铃内有棉籽，棉籽上的茸毛从棉籽表皮长出，塞满棉铃内部。棉铃成熟时裂开，露出柔软的纤维。纤维白色至白中带黄，长2~4厘米，含纤维素87%~90%。成熟棉纤维有许多不规则扭曲称为捻曲。成熟棉纤维的横切面呈椭圆形或圆形，而未成熟的棉纤维呈"U"字形（图1-10、图1-11）。

图1-10　棉花铃的发育过程

图1-11　完全吐絮的棉花

二、生活史

棉花的生活史包括播种期、出苗期、现蕾期、开花期、结铃期和吐絮期6个过程。

棉花的播种一般在4月上旬或中旬进行，油菜、小麦收获后栽培棉花，也可将棉花播期推迟至4月下旬。棉花播种要做到一次播种一次全苗，必须注意钵墒要足，抓住冷尾暖头抢晴播种，盖土要匀，厚不过一指，浅不露钵，抢温盖膜，做到"千子睡暖窝"。

温度适合，棉花出苗时间为5~7天。棉花的出苗情况与种子质量、气候条件和种衣剂质量等方面都有关。

现蕾是棉花果枝上出现肉眼可见三角形花蕾的现象，是棉花从营养生长进入生殖生长的标志。棉花一般在出苗40~45天后开始自下而上，由内而外出现花蕾，并在7月中、下旬大量现蕾及开花。

棉花开的小花刚开始是白色的，随着花的发育和成熟，逐渐变为浅黄色，然后又逐渐变红变紫，最后整个花冠变为灰褐色而从子房上脱落下来。棉花开的小花朴实无华，在绿叶的衬托下也别有一番风味。

棉花开花后不久就转成深红色，然后凋谢，留下绿色小型的蒴果，称为棉铃。棉铃俗称棉桃，由受精后的子房发育而成，在植物学上属于蒴果。棉花产量和纤维品质是通过棉株结铃形成的，优化成铃是根据当地的生态和生产条件，在最佳结铃期、最佳结铃部位和棉株生理状态稳健时多结铃。我国经过60多年的研究与实践，已经形成了相对完整的中国棉花栽培理论体系，而优化成铃理论是中国棉花高产优质栽培理论体系的核心。

棉花吐絮是指棉桃熟裂，露出白色的棉絮。棉田有50%的棉株开始吐絮，即进入吐絮期。吐絮期是指棉花从吐絮到收花结束的一段时间。我国棉花一般在8月下旬或9月上旬开始吐絮，11月上、中旬收花结束，历时70~80天。

三、生物学特性

棉花是喜光作物，适宜在较充足的光照条件下生长。棉花的光补偿点和光饱和点都比较高。在遮阴条件下，棉花叶片光合速率明显降低，仅为自然光强下的30%~40%。据测定，棉花单叶光补偿点是750~1 000勒克斯，光饱和点是7万~8万勒克斯，充足的光照常是棉花高产的必要条件。

棉花是典型的喜温作物，其生长发育的最适温度为25~30℃。棉花一般在15℃以上才能正常生长，在19~20℃以上才能现蕾。植棉要求≥10℃，活动积温至少3 000℃以上，高产棉花3 600℃以上。

棉花具有无限生长的习性。只要温度和光照条件适宜，棉株可不停地长出新的枝条、叶片和花蕾等器官，因此棉花生长发育具有补偿功能，这也是当蕾铃脱落后可通过加强栽培管理弥补损失的理论基础。

根深。棉花为直根系作物，根系发达，主根可入土1.5米以上，侧根分布广，能够在土壤中形成强大的吸收网，因而比较耐旱。

耐盐碱。棉花是盐碱地的先锋植物，在含盐量0.3%的盐碱地仍可以成苗并正常生长发育。随着全球气候的日益暖化，土壤盐渍化已成为各国关注的焦点，全球已有7%的土地受到盐渍化的威胁，并且这个数字还在增加。我国盐渍土面积约3 600万公顷，是发展棉花生产、扩大生产能力和缓解粮棉争地矛盾的潜力所在。

第三节　棉花的用途和价值

棉花的主副产品都有较高的利用价值，可谓"浑身是宝"。棉花纤维是主要产品，是纺织工业、精细化工原料和重要的战略物资，棉籽、棉秆、茎叶、花、根等都具有应用与经济价值。棉花集"棉、粮、油、饲、药"于一体，用途十分广泛。

一、棉花纤维

棉花是一种天然纤维，平均每个棉花圆荚包含大概50万条纤维，人类的衣着主要来自棉花，靠着棉花纺纱织布才能"衣被天下"，这是大家所熟知的。棉花纤维制品具有吸潮、透气、保暖、不带静电、手感柔软、穿着舒适以及染色牢固等化学合成纤维所不具备的优良特性，并且棉花纤维制成的棉织物，坚牢耐磨，能洗涤并在高温下熨烫，棉布吸湿和脱湿快速。

生活中的棉被、棉签、地毯、棉毯等一系列产品均由棉花纤维制成，棉花制品已渗入到生活的点点滴滴（图1-12）。棉花最直接的用途有制成棉被、布料、丝线、坐垫、棉衣、棉布衣服等，间接的用途是和其他材料一起制成衣服、窗帘、背包等，甚至是电线和其他物品的填充物等。我国棉花纤维生产和消费在世界都位居前列，我国纺织等使用的棉花量约占全球的40%，纺织品服装出口占全球纺织服装贸易总额的30%左右。

棉花纤维及其制品在医疗和军需物资中也占据重要位置，医疗用的床单、病号服、纱布、棉球、手术帽和口罩等都离不开棉花纤维。军用物资里防寒用的冬装，做衣服用的棉布匹，救治伤员用的脱脂棉、止血绷带，等等，都需要大量棉花纤维。

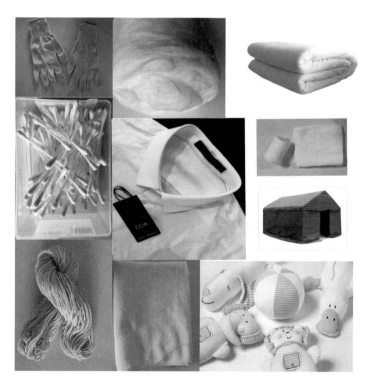

图1-12 一些常见棉花制品

二、棉籽

棉短绒。籽棉经过分离加工得到棉花与毛棉籽，棉花再经过加工成为皮棉，而毛棉籽上还有少量的短纤维即短绒，利用价值也相当高（图1-13）。一般情况下，毛棉籽要进入剥绒车间进行剥绒，棉籽表面的短绒剥下后，可以用来制作棉毯、绒衣、绒布等纺织品，或可作为制造火药的重要原料，还可作为人造纤维的理想原料，用棉短绒制成的棉浆粕是制造高级纸的优质原料，可以用来生产钞票纸、打字蜡纸、铜版纸以及坚固绝缘的钢纸等。还有用棉短绒制成的无纺布（非织造织物），这是近年来的新技术，无纺布是一种不需要纺纱织布而形成的织物，将纺织短纤维或者长丝进

图1-13 棉短绒
（图片由马磊提供）

行定向或随机排列，形成纤网结构，然后采用机械、热黏或化学等方法加固而成。无纺布用途十分广泛，可用作工业抛光布、绝缘材料、人造革底布；家用装饰布，如床单、床罩、窗帘、沙发布、地毯等；服装用布，如衬里、衬领；卫生用布，如手术衣、绷带、妇女卫生巾等。

棉籽壳。籽棉经过轧花机加工去除棉籽而得到皮棉，棉籽经过削绒机加工得到一道、二道、三道等短绒。削绒次数越多棉籽残留棉绒就越少，此时棉籽称"光籽"，反之残留棉绒多的称"毛籽"。光籽产的棉壳大都是小（少）绒壳或"铁壳"，铁壳棉仁粉少的棉壳纤维素含量少而适用于栽培木腐菌（图1-14）；绒多棉仁粉多的棉壳纤维素含量多而适用于栽培草腐菌。棉籽壳被称为食药用菌的万能培养基，现已开发出很多菌种的培养料，如平菇、香菇、金针菇、双孢菇、滑菇、猴头菇等食用菌的培养料。

棉籽壳，特别是有绒的棉籽壳，如同大豆皮、甜菜粕一样，是一种高纤维、高消化率和高瘤胃通过率的农副产品。在国外称为非饲草的纤维来

源（NFFS），被大量应用在奶牛干奶后期和泌乳早期的日粮中。

棉籽壳还是多种化工产品的原料，经过物理与化学手段处理后可以生产活性炭、糖醛、酒精、丙酮等十分有用的化工产品。棉籽壳还是一味中药，功效为温胃降逆、化痰止咳，可用来治疗噎膈、胃寒呃逆和咳嗽气喘。

图1-14　棉籽壳及使用棉籽壳种植的平菇

棉籽仁。棉籽仁含油率高达35%~46%，低酚棉的棉籽油无需精炼即可食用（图1-15）。棉油经进一步加工可以制成人造黄油、色拉油、白皎油等高级食用油，每年大约有7.5亿升的棉花种子油被用来生产食品，如薯条，黄油和沙拉调味品。它还可以作为润滑油、护肤油、肥皂、蜡烛、油漆等产品的重要原料。棉籽仁经过脱油，沥干后再经过脱除有毒物质棉酚后便可生产出一种蛋白原料，这种蛋白可以用来作为畜禽饲料。

图1-15　棉籽仁

棉籽粉。棉籽粉是优质蛋白质资源，其蛋白质含量高达43%~50%，其中含有丰富的维生素A和维生素D。低酚棉的棉籽和棉籽粉可直接食用或饲用，作为食品可以制作面条、水饺、烧饼等主食，也可制作饼干、面包及各种点心等。而普通棉的棉籽则需经过脱毒处理才可以使用。

三、棉秆、棉枝叶

棉秆，经过粉碎处理后可得到棉秆纤维（图1-16）。进一步加工可制成纤维板、胶合板，用以制造家具、窗框、地板等。棉秆皮中含有棉秆纤维，可用来制作麻袋和绳索，更可以作为优级造纸原料。而且棉秆还可以用来火力发电。

无毒的棉枝叶可做青饲料。棉叶中含有多种有用的化合物，苏联乌兹别克斯坦科学院生物有机化学研究所从棉叶中分离出17种有机酸，包括大量的柠檬酸和缩苹果酸，这些酸可以用于食品、医药、化工、采矿、纺织和其他行业。

图1-16　棉花秸秆收获打捆（图片由杨新平提供）

棉根入药在古代医书中早有报道，称之为棉芪。棉根皮的主要药效成分除棉酚以外，尚有天门冬酰胺、水杨酸、酸性树脂和黄酮苷。这些成分具有止咳、祛痰的显著疗效，并兼有平喘和抑制流感病毒的作用。以棉根皮为原料可生产棉花根糖浆、棉根皮浸膏片、复方兔胆片等多种治疗慢性气管炎的药物。此外，棉根皮尚有补气血的功能，可治疗体虚浮肿、小儿营养不良以及子宫脱垂等病症。

四、棉酚

棉酚又叫棉籽醇或棉毒素，存在于棉株的根、茎、叶、花及种子等器官中（图1-17），以种仁及根皮含量较高。棉酚在医药、工业、农业上都有很高的利用价值。棉酚在工业上可用作石油制品抗氧化剂，金属定性分析试剂，合成橡胶，制作染料，棉酚胶脂可用作矿物用凝固促进剂。棉酚作为男性节育药是中国首次发现。棉酚还可以治疗男性"附睾瘀积症"。棉酚也可以治疗妇科疾病，如子宫肌瘤、功能性出血、子宫内膜异位等疾病。在医药界，有着"一克棉酚价值胜过一克黄金"的说法。棉酚本身也是天然的抗病虫活性物质。棉花中棉酚含量达到一定临界值后，对烟夜蛾、棉铃虫、红铃虫具有显著抗性，因此也可作为杀虫剂的重要原料。

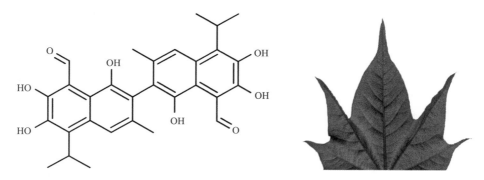

图1-17 棉酚的化学结构式及棉花叶片上分泌棉酚的腺体

由此看来，棉花不仅仅是纤维作物，还具有多功能、多用途和高效益的特点。我们要充分发挥棉花的综合利用潜力，让棉花献出全身之宝，为人类创造更多财富。

第四节　棉花的世界分布和在我国的生产史

一、我国棉花生产史

自夏、商、周三代以来约4 000年的中国文明史中，前3 000年人们的衣料大致以丝麻为主，后1 000年逐渐转变为以棉花为主。棉花古称木绵、吉贝等，原产地在印度河流域，从那里开始传播到世界各地。我国棉花生产历史悠久，约始于公元前800年。我国是世界上种植棉花较早的国家之一，中国植棉历史至少已有2 000多年。《尚书·禹贡》有"岛夷卉服、厥筐织贝"的记载，常被解释为当时东南沿海一带居民已穿着棉织品。汉武帝（公元前140至前88年）时海南岛植棉与纺织已相当发达。在新疆民丰县的东汉古墓中多次发掘出棉布和棉絮制品，据考证新疆至迟在公元2世纪末或3世纪初已利用棉纤维。在新疆巴楚和吐鲁番的晚唐遗址中曾多次发现已炭化了的棉籽粒，经鉴定是非洲草棉，表明1 000多年前在新疆已经广泛种植草棉。宋以后，棉花开始从边缘地区自南向北，由东到西，向长江和黄河流域发展。在南方，据宋代《文昌杂录》等记载，除两广、海南岛、云南种棉外，还在福建种植。长江流域由于气温较低，多年生棉花不能越冬，所以直至12世纪中后期，引入或在华南培育出一年生棉花后，才逐渐推广种植。宋末元初江南松江府人黄道婆在海南岛向黎族学得种棉和棉纺技术，回故乡后改革纺织工具和工艺，并加以传播，促使长江下游地区植棉业迅速发展。自元朝以来逐渐形成精耕细作的传统棉花种植模式，棉花种植业从岭南地区推广至长江和黄河流域。元代初年，棉布已作为夏税之首，据记载每年多达10万匹，可见棉布已成为当时主要的纺织材料。明清时期也出版植棉技术书籍，劝民植棉。黄河中下游地区的植棉也有很大发展，种棉最多的是河南，其次为山东。之后棉花逐渐取代丝麻，成为中国重要的天然纤维作物。

宋、元、明三代是棉花取代丝麻的过渡期，鸦片战争前，中国的棉花不仅自给自足，而且还输出到欧洲、美洲、日本和东南亚地区，到1831年，中国对美国由出超转变为入超。鉴于棉花在国民经济中的重要位置，自中华人民共和国成立以来，棉花的生产已成为中国农业发展的核心。1949年，我国棉花的播种面积只有277万公顷，到1978年播种面积已达到487万公顷。改革开放初期，我国的棉花生产取得了前所未有的飞速发展。1984年，我国的棉花种植面积达到692万公顷，从此结束了棉花长期短缺的状况，出现了阶段性的生产过剩。2000—2009年，我国棉花种植面积515.6万公顷，占全球的15.7%，产量占全球的26.3%，居世界第一。2010—2015年，受到进口的冲击和消费减少的影响，我国棉花种植面积下降至449.2万公顷，近些年棉花面积稳定在330万公顷左右。发展至今，棉花已经成为我国农业生产中非常重要的经济作物，成为集大宗农产品和纺织工业原料于一身的重要物资。

根据生产生态条件，全国棉花种植区域划分为5个生态区，分别是华南、长江流域、黄河流域、辽河流域和西北内陆棉区。按照商品棉生产的多少，全国棉花主要为长江流域、黄河流域和西北内陆三大商品棉产区。经过60多年的发展，到20世纪90年代全国棉区生产布局形成长江流域、黄河流域和西北内陆"三足鼎立"的新型结构，这是聚焦50年农业结构调整形成的资源优势，基本上改变了种植区域分散的局面。但是，近些年"三足鼎立"的格局正在被改变，在"三足鼎立"基础上，全国棉花呈现4个集中种植带：一是长江中游集中带，包括洞庭湖、江汉平原、安徽沿江和江西沿江两岸以及南襄盆地，棉田面积50多万公顷，且该集中带棉田继续"下湖上山"——向洞庭湖和鄱阳湖，长江北岸的大别山南麓，南岸的庐山、九华山和皖南等丘陵坡地转移。二是沿海集中带，包括苏北、黄河三角洲、环渤海和河北的黑龙岗，黄淮平原鲁西南，棉田面积60多万公顷，且该集中带棉田继续向渤海、黄海和东海的盐碱地集中，大致分布在沿海岸线向内陆200~300千米。另外2个植棉集中带在新疆，为南疆环塔里木盆地集中带和北疆沿天山北坡及准噶尔盆地南缘的集中带，合计棉田面积约200万公顷。然而，原黄淮平原集中带已成为分散产区，而鲁南和江苏徐淮地区因大蒜棉花两熟高效种植保持了面积的相对集中。

二、棉花的世界分布

棉花产地分布于亚洲、非洲、北美洲、南美洲和欧洲的热带及其他温暖地区，是种植较广而集中度相对较高的大田经济作物。全球有100多个国家植棉，亚洲和北美洲占80%以上（图1-18）。全球具有商品量、千吨产量以上的产棉国约80个，其他为自产自用国家。

亚洲是全球最大的产棉洲，产量占全球的61%。主产国有中国、印度、巴基斯坦、乌兹别克斯坦和土耳其，产量占全球的一半、亚洲的95%。5万~30万吨有土库曼斯坦、塔吉克斯坦、叙利亚、伊朗和阿塞拜疆等，其中塔吉克斯坦有"白金之国"之称。5万吨以下还有吉尔吉斯斯坦、阿富汗、以色列、泰国、菲律宾、越南和印度尼西亚等。北美洲是全球的第二大产棉洲，产量约占全球的16%。主产国有美国和墨西哥，零星种植还有萨尔瓦多、危地马拉和尼加拉瓜等。非洲是全球第三大产棉洲，产量占全球的7%以下。虽然产棉国（地）多达近50个，但各国的产量均不大，最大的是北非的埃及，产量最高53万吨；其次是布基纳法索，最高产量38万吨；科特迪瓦和贝宁17万吨；产量在10万吨左右有喀麦隆、坦桑尼亚和津巴布韦。南美洲产量约占全球的3%以下，主要产棉国有巴西、阿根廷和巴拉圭等。大洋洲只有澳大利亚种植棉花，产量占全球的2%左右，但全部都出口。欧洲的产棉国不多，产量仅占全球的1%以下，其中希腊最多。

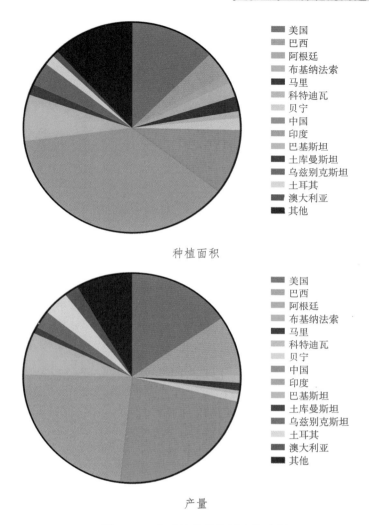

种植面积

产量

图1-18　全球棉花种植国家及产量

（数据ICAC，cotton：World Statistics. December，2018）

　　迄今，全球棉花形成了四大相对集中产区。第一集中产区在亚洲大陆的南半部，包括中国、印度、巴基斯坦、中亚和部分西亚国家，其面积和产量占全球的70%以上。第二集中产区在美洲的南部，产量占全球的17%，是世界最大的出口区，但所占比例不断下降。第三集中产区在拉丁美洲，产量占全球的7%以下。第四集中产棉区在非洲，产量占全球的7%以下。

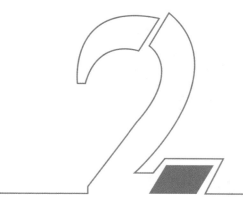

第二章 棉花的病虫草害

第一节 棉花病害种类及其防治

全世界已记载的棉花病害有120多种,我国有80多种,其中生产中常见的有近20种,按为害部位主要分为根部病害、叶部病害、铃部病害以及系统性侵染的维管束病害。

一、根部病害种类及为害

主要包括立枯病(图2-1)、猝倒病(图2-2)、炭疽病、红腐病、黑根腐病等。主要在棉花苗期发病,一般遇低温、多雨、高湿天气容易发生,常引起棉花烂种、烂芽、茎基腐烂和根部腐烂,严重的可造成死苗,导致棉田缺苗断垄,甚至成片死亡。

图2-1　棉苗立枯病（图片由刘政提供）

图2-2　棉花猝倒病（图片由李进提供）

二、叶部病害种类及为害

主要包括黑斑病、褐斑病（图2-3）、角斑病等，从苗期到成株期均可为害。病原菌侵染后，在叶片上形成病斑，严重发生时，导致叶片穿孔、脱落或棉苗死亡。

图2-3　棉花褐斑病（图片由武刚提供）

三、铃部病害种类及为害

包括细菌性烂铃病（图2-4）、疫病（图2-5）、黑果病、红粉病（图2-6）、软腐病、曲霉病（图2-7）、炭疽病、红腐病、角斑病等。铃部病害多在高湿、多雨年份发生重，受害严重的棉铃整体腐烂或成为僵瓣，部分发病轻虽能吐絮但影响品质。

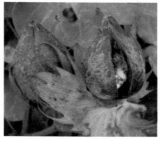

图2-4 细菌性烂铃病（图片由武刚提供）

图2-5 棉铃疫病	图2-6 红粉病	图2-7 棉铃曲霉病
（图片由李号宾提供）	（图片由武刚提供）	（图片由李号宾提供）

四、维管束病害种类及为害

包括枯萎病（图2-8）和黄萎病（图2-9），是系统性侵染的土传病害，一旦侵染发病，难以防治，有棉花"癌症"之称，属世界性重大棉花病害。枯萎病从出苗期开始发生，黄萎病主要在现蕾期开始发病，二者主要导致棉花叶片枯死、黄化或脱落，棉花矮缩，严重时造成全株系统性萎蔫或死亡。

图2-8　棉花枯萎病（左1图片由武刚提供）

图2-9　棉花黄萎病

五、棉花病害防治技术

严格贯彻预防为主，综合防治的植保方针。

1. 精细整地，合理施肥

冬前深翻，熟化土壤，整地前清理田中枯枝落叶。地要整平整细，以利出苗。翻地前施足基肥，增施腐熟有机肥、磷钾肥、微肥和生物菌肥等。

2. 选种和种衣剂拌种

首选抗病品种。播种前需将种子暴晒1~2天并用种衣剂拌种，促进种子后熟，提高种子发芽率，促进苗齐、苗壮而病轻。

3. 适期播种

以5厘米耕层土温稳定在12℃以上为播种适期，新疆南疆棉区在4月上旬，长江流域棉区为4月中旬，华北棉区为4月下旬。

4. 种植管理

出苗后及时定苗、中耕松土，降低棉田土壤湿度，提高土温，促进根系发达，增强抗病能力，减少病菌侵害和传播。铃期及时防治害虫，尤其是钻蛀性害虫，降低烂铃率。

5. 药剂防治

根部病害、叶部病害以及铃部病害发生严重时可选用20%甲基立枯磷、50%多菌灵、70%甲基托布津、70%代森锰锌可湿性粉剂等进行喷雾、灌根防治。可配合喷施叶面肥或生根壮苗剂等，增强抗逆能力。

6. 作物轮作

实行与小麦、水稻等禾本科作物进行轮作倒茬2~3年以上，可有效降低土壤中的菌源，减轻苗期根部病害以及枯、黄萎病的发生。水旱轮作比旱田轮作效果好，不同棉区可根据当地栽培模式进行合理的农事管理。

7. 棉田深翻

对发病严重和土壤板结的低产棉田，可深耕60~70厘米，将棉田耕作层和耕作层以下的土壤互换，不仅能改良土壤结构，打破板结层，增加土壤的透气性，而且能将农作物秸秆和根部全部均匀地翻在土壤里，有效培肥地力，结合放水冬灌，通过深水层浸泡、霜冻、风化，达到灭菌增产的效果，以此替代棉田轮作倒茬。

8. 辅助措施

诱导棉株提高抗病性,可喷施叶面抗病诱导剂,如威棉1号、活力素等或与磷酸二氢钾等对在一起喷施,期间结合缩节胺进行化控,可降低棉花黄萎病的为害,新疆棉区可利用滴灌系统随水滴施微生物菌剂,为棉花创造健康的根际微生态环境。

第二节　棉花害虫种类及其防治

棉花害虫种类众多,仅我国已记载的达300多种,其中常见种类为20余种。根据昆虫的口器分类,棉花主要害虫多为咀嚼式和刺吸式口器。

一、咀嚼式口器害虫

咀嚼式口器昆虫取食固体食物,其为害导致植物组织或器官残缺不全。棉花上主要有棉铃虫(图2-10)、红铃虫(图2-11)、斜纹夜蛾(图2-12)、甜菜夜蛾(图2-13)、造桥虫(图2-14)、棉大卷叶螟(图2-15)、地老虎(图2-16)、双斑萤叶甲(图2-17)等,其中棉铃虫和红铃虫是世界性重大害虫。地老虎等地下害虫主要取食棉苗根部,造成植株死亡、缺苗断垄。大部分害虫主要为害棉花的嫩叶、花、蕾和铃,斜纹夜蛾、棉大卷叶螟严重发生时能导致叶片被全部食光,棉铃虫和红铃虫大发生时能造成蕾铃大量脱落,甚至出现"空棵"现象。

图2-10　棉铃虫成虫(左)、幼虫(中)、为害症状(右)(图片由耿亭提供)

图2-11 红铃虫成虫（左）、幼虫（中）、为害症状（右）（图片由万鹏、许冬提供）

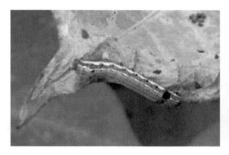

图2-12 斜纹夜蛾

（图片由万鹏提供）

图2-13 甜菜夜蛾

（图片由李瑞军提供）

图2-14 小造桥虫

图2-15 棉大卷叶螟

（图片由杨益众提供）

图2-16 小地老虎

图2-17 双斑萤叶甲

二、刺吸式口器害虫

刺吸式口器昆虫通过刺入寄主植物组织内吸取汁液，使被害部位褪色、变形、破损或枝叶萎蔫死亡等。棉花上刺吸式口器的害虫主要有蚜虫（图2-18）、盲蝽（图2-19）、叶螨（图2-20）、蓟马（图2-21）、叶蝉（图2-22）、粉虱（图2-23）等，每类害虫中都有多个种。刺吸式害虫大多为害棉花叶片，导致叶片出现破损、卷曲、失绿、枯萎等症状，严重时导致棉株衰弱甚至死亡。盲蝽、蓟马等还可以为害棉花蕾、花、铃，导致蕾铃脱落、棉铃畸形等症状，对棉花产量与品质影响巨大。

图2-18　棉蚜及其为害症状

图2-19　绿盲蝽及其为害症状

图2-20　朱砂叶螨（图片由万鹏提供）

图2-21　烟蓟马

图2-22　棉叶蝉

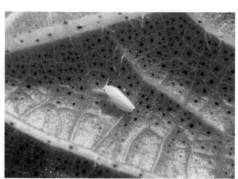

图2-23　烟粉虱（图片由刘定忠提供）

三、棉花害虫的防治技术

1. 农业防治

（1）利用抗虫品种。作物抗性的利用是最有效、最经济的治理手段，转基因抗虫棉花的商业化种植就是一个典型的例子。

（2）实行合理间套作与轮作。棉花与小麦、油菜等作物间套作，可显著控制棉花苗期蚜虫。

（3）种植诱集植物。在棉田四周种植绿豆诱集带，结合诱集带上定期施药，能有效地诱杀绿盲蝽成虫，减轻其在棉田的发生为害。在棉田田埂侧播种苘麻诱集带，能减少烟粉虱与棉大卷叶螟在棉田的发生为害。

（4）农事操作。棉秆拔除后，棉田应及时进行翻耕或冬灌。一方面可破坏越冬棉铃虫的蛹室，杀死棉铃虫的越冬蛹，压低棉铃虫越冬虫口基数，另一方面还可降低棉叶螨的虫口数量。冬季清除棉田残枝落叶和田埂枯死杂草、对棉田进行深耕细耙能降低棉盲蝽越冬卵基数。早春铲除田边的杂草，可减轻早春棉盲蝽、棉叶螨和棉蚜的数量。

2. 物理防治

（1）灯光诱蛾。频振式杀虫灯可诱杀棉铃虫、地老虎、斜纹夜蛾、金龟子、棉盲蝽等害虫。

（2）枝把诱蛾。利用棉铃虫、地老虎成虫对半枯萎杨树枝有趋性的习性，在棉田插杨树枝把对其进行诱集。

（3）食料诱杀。糖醋液（糖∶醋∶酒∶水为6∶3∶1∶10）可诱杀地老虎成虫。棉铃虫成虫食诱剂对棉铃虫、地老虎等夜蛾科害虫具有很好的诱杀效果。

（4）人工捕捉。利用金龟子的假死性，可对它进行人工捕捉。对于地老虎等，可在每天早晨进行人工捕捉。另外，犁地时也可拣杀蛴螬等地下害虫。

3. 生物防治

（1）保护利用天敌。在棉田人工释放中红侧沟茧蜂，可较好地控制棉铃虫幼虫的为害；棉田人工释放草蛉对棉蚜具有较好的控制效果。此外，在棉田边缘种植油菜或苜蓿带，也可以有效控制棉蚜的发生。

（2）使用生物农药。棉铃虫核多角体病毒制剂在害虫卵盛期喷洒，对棉铃虫初孵幼虫有效，还可兼治棉小造桥虫、棉大卷叶螟等棉田其他害虫。

4.化学防治

（1）掌握防治适期，适时施药。防治害虫应在最佳时期，如一般害虫应在卵孵化盛期至三龄幼虫抗病能力弱的时期施药。

（2）掌握有效用药量，适量用药。按照农药说明书推荐的使用剂量和浓度，准确配药用药，不能为追求高防效随意加大用药量，用药量超过限度，作用效果反而会更差，并容易出现药害。

（3）轮换交替使用不同种类的农药。根据害虫特点，选用几种作用机制不同的农药交替使用。既有利于延缓害虫的抗药性产生，达到良好的防治效果，又可以减少农药的使用量。

（4）合理进行农药的混用。在棉花生长中，几种害虫混合发生时，为节省劳力，可将几种农药混合使用。不仅可以扩大防治范围、提高防治效果，而且能防止害虫产生抗药性。

第三节　棉田杂草种类及其防除

杂草分为单子叶杂草和双子叶杂草两大类，种类繁多。棉田杂草与棉花争夺养分、水分、光照和空间，对棉花产量与品质的影响很大。

一、单子叶杂草种类及为害

单子叶杂草的主要特征是有一片狭长竖立的子叶，幼芽分生组织被几层叶片保护，为害棉田的主要单子叶杂草包括禾本科、莎草科等10个科。其中，马唐（图2-24）、牛筋草（图2-25）、稗（图2-26）和千金子（图2-27）为棉田恶性杂草，狗尾草（图2-28）、狗牙根（图2-29）、画眉草（图2-30）、芦苇（图2-31）和香附子（图2-32）为常见杂草。

图2-24 马唐

图2-25 牛筋草

图2-26 稗

图2-27 千金子

图2-28 狗尾草

图2-29 狗牙根

图2-30 画眉草

图2-31　芦苇

图2-32　香附子

二、双子叶杂草种类及其为害

双子叶杂草（又称阔叶杂草）主要特征是有两片子叶，叶片较宽阔，幼芽裸露在外，为害棉田的双子叶杂草包括苋科、藜科、蓼科等60余科。其中，反枝苋（图2-33）、藜（图2-34）、青葙（图2-35）、苣荬菜（图2-36）和马齿苋（图2-37）为棉田恶性杂草，打碗花（图2-38）、田旋花（图2-39）、铁苋菜（图2-40）、刺儿菜（图2-41）、苍耳（图2-42）、苘麻（图2-43）、野西瓜苗（图2-44）、平车前（图2-45）、龙葵（图2-46）、苦蘵（图2-47）、酸模叶蓼（图2-48）和鳢肠（图2-49）为棉田常见杂草。

图2-33 反枝苋

图2-34 藜

图2-35 青葙

图2-36 苣荬菜

图2-37 马齿苋

图2-38 打碗花

图2-39 田旋花

图2-40 铁苋菜

图2-41 刺儿菜

图2-42 苍耳

图2-43 苘麻

图2-44 野西瓜苗

图2-45 平车前

图2-46 龙葵

图2-47　苦蘵

图2-48　酸模叶蓼

图2-49　鳢肠

三、棉田杂草防控方法

1. 化学防除

棉田杂草化学防除根据棉花的栽培方式和施药时期的不同而采用不同

的方法。

（1）棉花苗床杂草化学防除。由于苗床多用于地膜覆盖或棚架双膜覆盖，苗床内温度高、湿度大，对杂草发生非常有利。杂草具有发生早、出苗齐、数量多的特点，一般棉花播种后15天左右便形成出草高峰，25天后杂草基本出齐。

苗床高温高湿条件下有利于药剂发挥药效，切不可盲目提高施药量，以免产生药害。苗床使用除草剂后，保持苗床温度25~30℃，防止高温造成高脚苗或产生药害。

（2）地膜覆盖棉田杂草化学防除。棉花播种覆膜后，膜下高温高湿条件有利于杂草发生。杂草出苗早而集中，覆膜后10~15天形成出苗高峰。一般出草高峰比露地直播棉田早10天左右，出草结束早50天左右。若不施药防除，杂草往往还能顶破地膜旺盛生长，为害更大。因此，地膜覆盖栽培必须与化学防除相结合。膜内的高温高湿条件有利于除草剂药效的充分发挥，因此，除草剂的使用剂量比露地直播棉田应减少30%左右，并选用除草剂杀草谱广，但田间持效期不必很长的。

（3）露地直播和移栽棉田杂草化学防除。在黄河流域和长江流域棉区，从4月下旬播种到7月下旬棉花封行前，杂草不断出土，发生时间较长。播种后几天和6月中旬为两次杂草出土高峰期。以后，每次降雨都会出现一次杂草出土高峰。棉田苗期以藜科、苋科、马齿苋等阔叶杂草占优势，中后期马唐、稗等禾本科杂草发生占优势。播种期施用的除草剂可控制第一次出草高峰和6月上中旬以前发生的杂草，以后可结合中耕除草或实施第二次化学除草，以控制6月中旬到7月初第二个出草高峰发生的杂草。

（4）麦棉套作直播或移栽棉田杂草化学防除。麦棉套种直播田，棉花在4月下旬至5月中旬播种，麦棉套作移栽田在5月中旬至5月底前移栽。麦棉套作田，棉垄的出苗规律与露地直播棉田相同，从播种（移栽）到封行，棉田杂草存在两个明显的出草高峰，第一次在5月中下旬（棉花苗期），持续10~15天，这次杂草出土量小，对棉花影响较小；第二次出土高峰发生在6月中旬至7月初（棉花蕾铃期），杂草发生量大，单双子叶杂草并存，且此时小麦已经收割，而棉花尚未封行，降雨逐渐增多，出土杂草很快进入生长旺盛期，易对棉花造成严重为害。

麦棉套作直播或移栽棉田一般需进行两次化学防除，第一次是在棉花播种或移栽时，于播后苗前或移栽前在栽培行上进行土壤处理，此时应选择对小麦和棉花安全的除草剂，如乙草胺、精异丙甲草胺、扑草净、氟乐灵、甲草胺等。第二次在麦收灭茬整地后进行全田施药，且应赶在雨季到来之前。可选择茎叶处理除草剂，如精吡氟禾草灵、精喹禾灵、高效氟吡甲禾灵、精噁唑禾草灵、烯禾啶、草甘膦等，用药量和施药方法参照露地直播和移栽棉田。

（5）免耕棉田杂草化学防除技术。免耕是在前作物收获后不翻耕土壤，直接开沟播种的轻型保护性耕作技术。免耕棉播后苗前，为防除前茬作物田仍在生长的残存杂草，减轻其对栽培作物的为害，为栽培作物创造良好的生长环境，化学防除是重要的保障措施。每亩可用41%草甘膦水剂200毫克+90%乙草胺乳油60毫克，对水30千克喷雾。两种除草剂混用，控草期要比单用草甘膦长30天以上。

2. 其他防治方法

（1）人工防治。①控制杂草种子入田。清除地边、路旁的杂草，防止种子扩散，以减少田间杂草来源。②在杂草萌发后或生长时期直接进行人工拔除或铲除，或结合间苗、施肥、农耕等措施剔除杂草。

（2）农业防治。①合理密植。密植是一种有效的杂草防治措施之一。密植在一定程度上能降低杂草发生量，抑制杂草的生长。②水旱轮作。水旱轮作能有效抑制杂草发生和简化杂草群落结构，减少棉田杂草为害。③薄膜、秸秆覆盖。采用薄膜覆盖，可提高膜下温度、增加湿度、减少气体交换，使杂草窒息死亡。植物秸秆覆盖，靠遮光及物理作用减少杂草种子发芽、出苗。④冬前深翻中耕除草。冬前深翻能杀灭部分杂草，降低越冬基数。中耕除草能有效杀灭棉花中后期杂草。

第三章　转基因棉花的研发

第一节　棉花转基因技术

　　植物遗传转化技术是指通过物理的、化学的或生物学的方法，将外源目的基因导入到受体植物细胞中并获得再生植株的转基因技术。自1983年转基因植物问世以来，植物转基因技术的发展十分迅速。除了占主导地位、应用最为广泛的农杆菌介导法，还发展出了10多种不同的转基因方法，例如，物理学方面的基因枪法、电激法、显微注射法、超声波法、激光微束法、碳化硅纤维介导法、电泳法等；化学方面的PEG介导转化、脂质体介导转化；生物学方面的种质系统转化法如花粉介导法、花粉管通道法、浸泡法等。在我国转基因棉花研究实践中，使用最多的是农杆菌介导法和花粉管通道法。尤其是由我国学者首创的花粉管通道法，被证明是一种十分方便、有效的植物转基因技术。本章对这两种主要的转基因方法及其在棉花遗传转化上的应用分别加以介绍。

一、农杆菌介导法

1. 原理

农杆菌（*Agrobacterium*）是普遍存在于土壤中的一种革兰氏阴性细菌，有两个种与植物转基因有关，即根癌农杆菌（*Agrobacterium tumefaciens*）和发根农杆菌（*Agrobacterium rhizogenes*）。它们在自然状态下能具有趋化性地感染大多数双子叶植物的受伤部位，并诱导产生冠瘿瘤或发状根。在离体条件下，可以在不添加任何生长素的培养基中持续生长。根癌农杆菌和发根农杆菌细胞中分别含有Ti质粒和Ri质粒，上面有一段T-DNA区（Transfer DNA，可转移DNA），包含有生长素基因和细胞分裂素基因。在农杆菌侵染植物伤口时，可以通过一系列过程进入植物细胞并将这一段T-DNA插入到植物基因组中，这是农杆菌侵染植物后产生冠瘿瘤或发状根的根本原因。因此，农杆菌是一种天然的植物遗传转化体系，人们可以将所构建的目的基因插入到去除了致瘤基因的Ti（Ri）质粒的T-DNA区，借助农杆菌侵染受体植物后T-DNA向植物基因组的高频转移和整合特性，实现目的基因对受体植物细胞的转化。然后通过植物细胞和组织培养技术，利用植物细胞的全能性获得转基因再生植株（图3-1）。农杆菌介导的遗传转化是目前植物基因工程研究中最常用的方法，据粗略统计，目前成功转化的植物实例中约有80%是通过Ti或Ri质粒介导实现的。

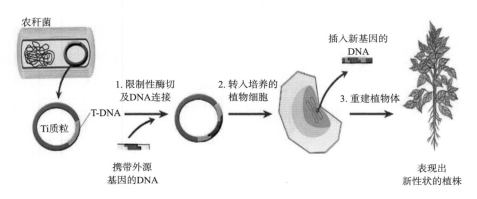

图3-1　农杆菌转化流程

农杆菌介导法转化植物的关键是T-DNA整合到受体植物细胞基因组的过程。这一过程依赖于Ti质粒上的T-DNA区和Vir区（大小为30kb，由具有共调控作用的7个操纵子、24个基因组成）两部分参与。T-DNA的转移机理比较复杂，涉及Vir区各种基因的表达以及一系列蛋白质和核酸的相互作用。简略地说，其过程是：植物细胞在受伤后细胞壁破裂，分泌物中含有高浓度的创伤诱导分子，它们是一些酚类化合物，如乙酰丁香酮（acetosyringone，AS）和羟基乙酰丁香酮（hydroxyacetosyringone，OH-AS）。农杆菌对这一类物质具有趋化性，在植物细胞表面附着后，受这些创伤诱导分子的刺激，Ti质粒vir区毒性基因被激活和表达。最先激活表达的是virA基因，它编码感受蛋白，位于细菌细胞膜的疏水区，可接受环境中的信号分子。在VirA蛋白的激活下，virG基因表达，VirG蛋白经磷酸化有非活性肽变为活化状态，进而激活vir区其他基因表达。其中，virD基因产物VirD1蛋白是一种DNA松弛酶，它可是DNA从超螺旋型转变为松弛型状态；而VirD2蛋白则能切割已呈松弛态的T-DNA，2个边界产生缺口，使单链T-DNA得以释放。virE基因所表达的VirE蛋白是单链T-DNA结合蛋白。可使T-DNA形成1个西昌的核算蛋白复合物（T-复合体），通过农杆菌和植物细胞的细胞膜、细胞壁进入到植物细胞内。T-复合体上的核靶序列可引导T-DNA整合到植物基因组。

2. 农杆菌介导转化棉花的操作程序

农杆菌介导转化棉花的操作程序可简单概括为以下5个方面。

（1）获取目的基因。用限制酶切割下目的基因。

（2）基因表达载体的构建。将目的基因与载体（大多数选用质粒）用DNA连接酶连接起来。

（3）将目的基因导入受体细胞。将含目的基因的重组质粒导入农杆菌（农杆菌为受体细胞）。

（4）目的基因的检测与鉴定。根据要求，选用DNA分子杂交技术、分子杂交技术或抗原-抗体杂交技术进行鉴定和检验。

（5）最后将成功表达的细胞导入植物体内，对植物体进行个体生物学水平鉴定。

3. 农杆菌介导转化棉花的研究进展

1987年Agracetus公司最早利用农杆菌介导法将*npt*Ⅱ基因和*CAT*基因导入陆地棉品种'柯字312'和'柯字310'中，获得转基因再生棉株。之后，Perlak等和Cousins等分别将*Bt*抗虫基因、*tfdA*抗除草剂基因导入棉花，得到了抗虫和抗除草剂的棉花。利用农杆菌介导转化棉花工作做得最多的是美国，所用的外植体包括叶、下胚轴、叶柄、根。转化的目的基因包括抗虫、抗除草剂、抗病、雄性不育和纤维品质改良等的基因。澳大利亚、比利时、新加坡等国也通过农杆菌介导法将不同的目的基因导入了棉花。在我国，1993年山西省农业科学院棉花研究所陈志贤和Danny利用农杆菌介导法将GFM *Cry*1A *Bt*抗虫基因导入棉花品种'晋棉7号'中，获得了转基因抗虫棉植株，后经进一步的选择培育出了抗虫棉品种'晋棉26号'（GK95-1）。此后，又用农杆菌法相继将*CpT*Ⅰ、豌豆凝集素、*GNA*及控制雄性不育的*Barnase*、*Barstar*等基因导入我国不同的棉花品种中。

4. 农杆菌介导法植物遗传转化的优点和局限性

农杆菌介导的基因转化利用是一种使外源DNA转移到目的植株的天然系统，其精巧的转化机制和转化过程具有其他方法所不具备的优点。首先，T-DNA链在转移过程中受到转运蛋白的保护，能够完整准确地进入植物细胞核内，因此，不易受到植物细胞内核酸酶的破坏，转化效率高。其次，农杆菌转化的过程中，所整合的外源基因结构完整、变异较小，且整合位点稳定，一旦插入几乎不再移动，且拷贝数也较少，大多只有1~3个拷贝。另外，农杆菌转化方法使用的技术设备较为简单。

农杆菌介导的基因转化也存在着一些缺点，如在农杆菌转化过程中会对植物材料造成一些损伤，T-DNA转化有时引起左边界的丢失，可能会以串联的方式整合在染色体上，转化宿主存在局限性等。另外，基因型依赖性是农杆菌介导转化的主要限制因子。

体胚细胞的形成率与再生苗发生率呈负相关，再生苗畸形率高也是限制农杆菌转化的另一个主要因素。近年来，采用改进培养基配方、降低糖浓度、增加固化剂量、增加培养容器的透气性等可适当改善此类现象，但还有待进一步研究。即使同一块克隆获得的体胚细胞，仍需进行大量的扩繁继代，使再生苗率增加。所以在棉花农杆菌转化阶段工作量较大。而再生棉苗的移栽成活率低也曾是影响转化的主要因素之一。现在采取低温移植法和嫁接定植法已完全解决了这个问题。

棉花农杆菌介导转化法需经离体组织培养过程获得再生棉株，因而转化周期较长，一般需要7~12个月时间。

二、花粉管通道法

20世纪70年代末期，在DNA片段杂交假设理论和对植物开花受精过程的解剖学及细胞学特征研究的基础上，中国科学家周光宇等推测外源DNA可以通过花粉管经过的珠心通道进入受精胚囊，转化进入精卵融合细胞、早期合子及早期胚细胞。随后，建立花粉管通道技术并通过该技术将外源DNA导入陆地棉，成功培育出抗枯萎病的新品种。1993年，中国农业科学院生物技术研究所与江苏农业科学院经济作物研究所合作，利用花粉管通道法在国内首次将GFM Cry1A杀虫蛋白基因导入棉花，培育出抗虫转基因棉花植株。花粉管通道法具有操作简单、对受体植物以及外源DNA无特别要求、无组织培养过程、转化速度较快、育种周期较短等特点。目前，该方法已成功应用于棉花等农作物的改良和育种工作。

1. 原理

棉花的花器结构包括花萼、花瓣、雄蕊和雌蕊。雌蕊由柱头、花柱和子房3部分组成。在子房中，胚珠一般分为3~5室，着生在中轴胎座的周围。胚珠在结构上可以分解为外珠被、内珠被、珠心组织和胚囊等（李正理，1979）。外珠被的表皮层是产生棉纤维的地方。内、外珠被在珠心组织的珠孔端是不连续的，留有的珠孔便于花粉管进入。而包被着胚囊的珠心组织是连续封闭的。在生殖过程中，珠孔端的珠心组织在结构上发生变化，从珠孔端到胚囊之间的部分珠心组织细胞逐渐退化，最终将成为花粉管进入胚囊的通道，即所谓的"花粉管通道"。这个通道在直径上比花粉管宽大很多，花粉管可以轻易地通过，显然也是其他物质进出胚囊的重要途径。

受精过程完成后，受精卵细胞的初次分裂需要充分的物质和能量积累。此时期的细胞尚不具备完整的细胞壁和核膜系统，细胞内外的物质交流频繁。通过花粉管通道渗透进入胚囊的外源DNA片段有可能进入受精卵细胞，并进一步地通过尚不明确的机理被整合进受体棉花的基因组中。

1983年，周光宇等在充分调查国内外植物远缘杂交的变异后，针对那些远缘杂交所产生的、在染色体水平上观察不到的表型变异，认为这些表型变异是染色体水平以下的DNA片段杂交产生的，即DNA片段杂交假设。结合植物开花受精过程的解剖学特征，认为外源基因或DNA可以通过花粉管通道进入受精胚囊。

将^{3}H标记的棉花总DNA于自花授粉24小时后导入棉花子房，分时段取样，冷冻切片，并放射自显影后，珠心与珠孔已相通，珠心孔道是相当宽的，易于DNA溶液的进入。在^{3}H-DNA注射进入子房后2~4小时的切片上可看到花粉管通道中充满了标记的DNA，并沿着花粉管通道从珠孔进入珠心，80%镜检的胚囊中有DNA进入。在进入胚囊的途径中，自显影斑点主要集中显现在珠心孔道（花粉管通道）内，在花粉管通道以外的珠心组织中无标记显示。表明授粉后形成的花粉管通道是外源DNA进入胚囊的天然途径。

1999年，邓德旺等采用激光共聚焦显微技术对花粉管通道法进行了验证，外源DNA经高亲合力荧光探针（TOTO-3）标记后导入授粉后的子房，通过Leica共聚焦激光连续扫描，观察到花粉管从花柱进入中轴胎座时，需要经过一个折向，沿着中轴胎座的外周向下生长，在胚珠着生处折向进入珠孔。外源DNA经过胎座上部传输组织中的花粉管外缝隙、胎座表面、珠孔、花粉管通道进入胚囊，直接转化处于融合期无壁的生殖细胞而不是受精卵或极早期胚珠。孙敬三等通过导入绿色荧光蛋白基因gfp，得到了在紫外光激发下显示绿色荧光的棉花胚胎，同样验证了花粉管通道是外源基因进入胚囊实现遗传转化的途径。

2. 棉花花粉管通道法的操作程序

要采用花粉管通道法对棉花进行遗传转化，首先要注意以下事项。

（1）棉株适当稀植，减少棉田荫蔽，降低棉花蕾铃脱落率。

（2）尽量减少操作过程对受体子房的伤害，提高成铃率和产籽率。

（3）供体DNA的纯度必须充分保证。

（4）目的基因的表现型易于观察或检测。

（5）转基因的受体棉株花朵应在导入基因的前一天进行自交，以杜绝外来花粉的影响。

（6）选择晴朗的天气进行操作。

一般来说，利用花粉管通道法导入外源基因有如下几种方法。①微注射法：一般适合于较大花的农作物（如棉花等），利用微量注射器将DNA溶液注入受精子房；②柱头滴加：在授粉前后，将DNA溶液滴加在柱头上；③花粉粒携带：即用DNA溶液处理花粉粒并进入花粉粒内部，然后授粉。下面主要介绍微注射法的遗传转化方法的操作程序。

（1）选择次日将开放的花蕾进行自交。由于棉花是常异花植物，天然异交率在10%左右，因而外来花粉往往会造成品种间的混杂。自交的目的就是为了防止外来花粉的影响。在开花前一天，可见花冠快速伸长，淡黄色或乳白色的花冠呈指状突出于花萼，次日即开放成为花朵。选择这样的花蕾，于指状花冠的前端用细线扎紧，并将细线的另一端系于铃柄，作为收获时的标记。

（2）在开花后20~24小时即开花次日，选择果枝和花位较好的幼子房作为转化对象。一般选择每个果枝的第一和第二个果节位的花朵作为转基因操作的对象。这些果节上的棉铃一般成铃率较高，有利于收获较多的种子。

（3）一般使用50微升微量进样器作为微注射的工具。每次使用前和使用后，应以淡洗涤剂清洗，再用蒸馏水漂清。

（4）注射时，摘除或剥去花瓣，抹平花柱。在剥除花瓣时，注意不能损伤幼子房的表皮层，以免增加脱落率。

（5）一般用右手持微量注射器，左手轻扶摘除花瓣后的幼子房，从抹平花柱处沿子房的纵轴方向进针至子房长度的约2/3处，并后退至约1/3处。

（6）轻轻操作微量注射器，将DNA溶液推入受精子房中。在使用供体总DNA时，DNA溶液浓度一般为0.1~0.2毫克/微升，每朵花1~2毫克；在使用质粒DNA时，浓度一般为0.01~0.02毫克/微升，每朵花0.1~0.2毫克即可（10微升）。

（7）在铃柄基部涂抹40毫克/千克的赤霉素溶液，以减轻幼铃脱落。

（8）挂牌标记已经转基因的棉花幼铃，并在牌子上注明编号或基因及受体的名称。

（9）摘除该花所在果枝的顶心，促使营养集中，增加该花的成铃概率。

（10）收获时，将转基因的棉铃单独采收，单独轧花，种子单独存放，以供进一步检测分析之用。

在操作中，需掌握受体植物的受精过程及时间规律，是花粉管通道法转化的关键因素之一。棉花的珠心孔道开放时间在授粉后12~28小时。因此，一定要掌握导入DNA的时间。另外，供体DNA片段的纯度对转基因植株的获得及后代的表型变异有一定的影响。在DNA纯化过程中，既要保持DNA片段的完整性，又要去除杂质DNA及RNA的干扰。在微注射时，既要保证子房能够获得足量的DNA溶液，又要尽量减轻对子房的机械损伤及由膨压引起的伤害，尽可能地提高成铃率和转基因种子的阳性率（图3-2）。

图3-2　花粉管通道技术

3. 花粉管通道法转化棉花的研究进展

棉花花器大，繁殖系数高，尤其适用于采用花粉管通道法进行外源DNA导入。目前我国培育和审定的转基因抗虫棉品种大多是以利用该技术获得的转基因抗虫材料为基础，通过系统选育或杂交选育而成的。用花粉管通道法进行的棉花分子育种研究，最初是以供体总DNA导入受体棉花品种开展的。江苏省农业科学院经济作物研究所在与有关单位密切协作的基础上，曾经成功地实现了种内、种间等外源总DNA的导入，多数组合均能产生变异后代，从这些子代中选育出了一批具有某些新特性的品系，经过3~4代的连续选育即可稳定。

1992年，中国农业科学院生物技术中心郭三堆研究组按照植物偏爱的密码子，人工合成了杀鳞翅目害虫的GFM *Cry*1A *Bt*杀虫基因。1993年开始，江苏省农业科学院经济作物研究所倪万潮研究组采用花粉管通道法分别将*Bt*基因，*Bt+CpT*Ⅰ双价基因，对蚜虫有控制作用的*sGNA*基因，抗真菌病害的*Chi*、*Glu*、*GO*、*Rs-AFP*基因等多种组合，陆续导入我国的多个棉花主栽品种中，获得了高抗棉铃虫的转基因棉花植株、抗真菌病害能力有显著提高的转基因抗病棉植株以及兼抗病、虫的棉花植株。经分子鉴定、生物检测及对转基因植物作遗传分析，结果均表明抗虫基因在棉花的基因组中得到了整合和表达，在表型上显示出目标性状即抗虫性和抗病性，并从遗传上证明整合基因符合孟德尔的遗传模式，充分证明了花粉管通道法是有效的转基因途径。

4. 花粉管通道法的优缺点

花粉管通道法无需经过组织培养，避免了后代对基因型的依赖性。许多研究表明，棉花的组织培养和植株再生比较困难，受基因型影响比较严重，大多数能获得再生植株的基因型均是生产上已淘汰的品种，采用农杆菌介导法和基因枪法都有一定的困难。由于柯字棉系列品种的组织培养和植株再生体系比较成功，美国、澳大利亚等国家采用农杆菌介导法或基因枪法将抗虫基因导入'柯字棉312'中，但由于其综合农艺性状差，无法在生产中直接应用，必须再通过杂交或回交转育的方法将抗虫基因转育到当前推广的优良品种中，进而培育新的转基因抗虫棉品种。相比之下，花粉管通道法作为外源DNA直接导入技术，可以直接获得转化种子，无需经过组织培养，避免了在植物组织培养过程中可能会产生的体细胞变异，减少了基因型的影响。并且还可以用具有优良遗传背景或当前推广的优良品种作为转化受体材料，这样获得的转基因棉花就可以直接用于生产，也容易将外源基因通过杂交或回交的方法转移到其他优良品种中。

直选表型性状，育种效率高。利用花粉管通道法进行外源DNA转化能获得处理过的种子，这样可以直接针对目的基因的表型性状进行鉴定，从而可避免使用选择性标记基因或报告基因，在转基因植物安全评价中，不需要考虑这些基因的食品和环境安全性。另外，由于直接获得转基因植株，在进行转基因植株的分子生物学检测和目标性状鉴定的同时，可以针对转基因植株的农艺性状进行定向选择，与常规育种直接结合，能大大提高培育转基因作物新品种的选择效率，缩短育种周期。

操作简便易行，宜于大规模进行遗传转化。棉花具有花器大，繁殖系数高等特点，采用花粉管通道法导入外源DNA，操作简便经济，方法比较容易掌握，适合于进行大规模的遗传转化，每年可获得数量较多的转化种子，这样就能提供一定数量的群体，供转基因后代的遗传学研究和育种之用。采用花粉管通道法可以对全国不同棉区的优良推广品种进行大量转化，直接选育出适合全国不同地区的转基因品系，培育成优良品种。中国农业科学院生物技术研究所采用该转化方法，利用 $Bt+CpT\,I$ 双价抗虫基因植物表达载体对我国不同棉区20多个品种（系）进行了遗传转化，共获得了近50个双价转基因抗虫棉优良品系，其中，双价转基因抗虫棉品种'sGK321'是从受体品种'石远321'转化后获得的双价抗虫棉株系中经系统选育而成的。

三、基因枪轰击转化法

基因枪（图3-3）20世纪80年代初由Sanford等发明。该技术原理是：利用基因枪产生的高压动力冲击波将包裹外源DNA的重金属颗粒（如钨粉、金粉等）射穿植物细胞壁和细胞膜，射入植物细胞，是外源DNA随机整合到植物细胞染色体中，达到外源DNA在受体植物中正常表达和稳定遗传的目的。经过10多年的改进和提高，基因枪技术已成功应用在棉花等许多农作物的品种改良上，并且该技术被用于瞬时表达研究和培育稳定的转基因植物等研究领域。

图3-3　基因枪

四、茎尖或芽尖转化法

传统的农杆菌介导法受体主要是幼胚和胚性愈伤组织，受体的基因型决定着遗传转化的成功与否；而愈伤组织形成的再生植株具有无性系变异大、周期长等不利因素。因此，选择合适的外植体作为农杆菌转化的受体、建立不受基因型限制、快速而又高效的遗传转化体系是转基因生物技术研究者的目标。茎尖培养是植物组织的常规技术，已被广泛应用。目前，幼胚仍然是转化受体系统中最重要的外植体。而由成熟胚茎尖分生组织诱导而来的丛生芽与传统的幼胚相比，具有不受季节限制，诱导率高，再生植株变异少等优势。通过改善茎尖的遗传转化，利用农杆菌介导法转化棉花等农作物的茎尖，缩短转化周期，从而获得阳性转基因植物的方法称为茎尖/芽尖转化法。与传统的幼胚及其胚性愈伤组织为受体的遗传转化体系相比，此种方法具有简单、快速、工作效率高和试验周期短等优点；与基因枪法相比更加经济适用；与合子转化相比，取材不受季节限制。但该方法的缺点是获得的转基因后代嵌合体较多，得到纯合稳定的转基因品系困难较大。

五、农杆菌液浸染法

大多数的转化方法都需要组织培养技术，通过组织培养技术进行单细胞的选择并再生出整个植株，虽然减少了嵌合体的出现，但是由于后天影响和染色体重排就会出现体细胞无性系变异。利用农杆菌液浸染植物组织（多数研究都采用花器官）的方法进行转基因，其特点是避免了组织培养和再生过程。前人的研究表明，浸花得到的T_0种子是典型的杂合子，在同一插入位点只有两个等位基因中的一个。大量的结果表明转化发生在花发育的后期。尽管浸花的方法有较高的转化率，但对于转化的细胞和转化的时间仍然不太清楚。

六、纳米载体花粉介导转化法

纳米材料以其特殊的表面效应、小尺寸效应、量子尺寸效应、宏观量子隧道效应及良好的生物学特性，为制备高效、靶向的基因载体系统提供了良好的介质。自从20世纪60年代末学者发现二乙基氨乙基葡聚糖/DNA复合物能介导基因传递后，纳米材料作为基因载体的研究不断深入。

纳米载体在植物的遗传转化方面与裸DNA分子相比，具有更高的转导率和基因表达率。日本大阪大学的Takefumi等以钙盐粒子微球为基因载体，将质粒DNA囊括在微球内部，对BY-2烟草细胞原生质体进行转染，试验结果显示其转染率是裸DNA分子转染效率的10倍。美国爱荷华州立大学的Torney等利用蜂窝状介孔二氧化硅纳米粒子为载体，装载基因及刺激该基因表达的化学物质，使用金纳米粒子覆盖介空表面，穿过植物细胞壁，同时将两者置入植物细胞中，并控制在适当的时间和地点释放，成功获得转基因植株。采用纳米载体基因技术改良花粉管通道法，有可能大幅度地提高外源基因在花粉管通道法中的传输、保护外源基因在传输和转导过程中免受DNA酶的降低，提高遗传转化效率，为棉花等转基因作物新品种培育提供了更为简便、高效的分子育种新技术。

第二节　我国转基因棉花的研制进展

一、抗虫转基因棉花

在抗虫转基因棉中应用到的基因种类很多，其中大部分来源于苏云金芽孢杆菌的不同菌株，如 *Cry1F*、*Cry1Ac*、*Cry1Ab*、*Cry2Ab*、*Cry2Ae* 和 *vip3A* 等。中国抗虫基因的挖掘研究始于20世纪90年代初期，主要包括两类：来源于苏云金芽孢杆菌的基因（*Cry1Ac*、*Cry1Ab*）、从植物中分离的蛋白酶抑制剂基因（*PI*）。当前，大规模生产应用的国产抗虫转基因棉主要为单价抗虫棉（GFM *Cry1A*）和双价抗虫棉（GFM *Cry1A+CpT*Ⅰ）。

编码杀虫晶体蛋白的基因在苏云金芽孢杆菌形成芽胞的过程中表达，产生 Bt 杀虫晶体蛋白。菌体内的杀虫蛋白以一种前体的形式存在，称为原毒素，并自发形成伴胞晶体。晶体的形成可在一定程度上防止杀虫蛋白在环境中的降解。不同种类的杀虫晶体蛋白可以存在于同一块伴胞晶体中。Bt 杀虫晶体蛋白被敏感昆虫取食后，进入昆虫中肠道。晶体溶解，杀虫蛋白分子从晶体点阵结构中释放出来。在昆虫消化道内消化酶的作用下，蛋白被水解，释放出60~70ku抗蛋白酶的活性毒素分子。活性毒素分子可与中肠道上皮细胞纹缘膜上的特异性受体结合，并发生作用而使细胞膜穿孔。消化道细胞的离子、渗透压平衡遭到破坏，最终导致昆虫死亡。将编码苏云金芽孢杆菌杀虫晶体蛋白的基因转化到植物中，以获得转基因抗虫植物是近代植物基因工程技术应用的成功范例。

　　第一代*Bt*转基因植物是1987年诞生的，有几个实验室独立地获得了转*Bt*基因植物。但获得的转基因植株的抗虫性都很弱，蛋白的表达量很低，仅占可溶性蛋白的0.001%。进一步研究发现，基因表达量过低的原因是由于野生型*Bt*基因的mRNA含有大量AU序列，在植物中使mRNA不稳定，半衰期短。此外，*Bt*基因是微生物基因，翻译时由于植物中某些相应的tRNA含量过少，也使翻译效率太低。因此，中国农业科学院生物技术研究所郭三堆研究员于1992年根据植物偏爱密码子设计和改造了*Cry1A*杀虫晶体蛋白基因，添加了一系列增强基因转录、翻译和稳定表达的调控元件，*Bt*的表达量大幅度提高，全合成基因比原基因的表达量提高了约100倍。以此构建了人工全合成的*Bt*基因高效植物表达载体（专利号：ZL95119563.8），并成功将其导入棉花，获得了转基因抗虫棉新种质，在此基础上与育种单位合作，成功选育出'GK12''GK19'和'晋棉26'等转基因抗虫棉品种，田间抗性效率监测结果表明，'GK12'在整个生育期对棉铃虫皆保持很高的抗性，在对照普通棉花品种棉铃虫高峰期百株幼虫2代44~138头，3代113~138头和4代144头密度下，对棉铃虫的控制效果达88.7%~97.7%。对2~3代棉铃虫为害棉花的保蕾率达94.5%~99.1%，皮棉增产率达97.1%~393.8%（图3-4）。

图3-4　室内接虫鉴定效果

　　为了延缓棉铃虫对单价抗虫棉产生耐性、提高抗虫棉的杀虫效率，郭三堆研究员领导的团队利用GFM *Cry*1A杀虫基因和豇豆胰蛋白酶抑制剂基因*CpT*Ⅰ，构建了可同时表达两种杀虫蛋白的双价杀虫基因植物表达载体（专利号：ZL98102885.3）。由于这两种蛋白质杀虫机理完全不同，具有互补性和协同增效性，因此，可减缓棉铃虫产生抗性的速度。于1995年将不同杀虫机理的抗虫基因GFM *Cry*1A和*CpT*Ⅰ同时导入棉花，1996年创制了双价转基因棉花新种质，成功选育出sGK321和中棉所41等转基因抗虫棉新品种。田间抗虫性试验结果表明，2、3、4代棉铃虫平均双价抗虫棉百株幼虫数量分别比常规棉田减少81.4%、87.1%和87.0%，分别比单价抗虫棉田减少11.1%、33.3%和57.1%。

同时，新型抗虫基因的研制取得了重要进展，如雪花莲凝集素基因*GNA*、豌豆外源凝集素基因*P-Lec*、大豆Kunitz型胰蛋白酶抑制剂基因*SKTI*等；吴家和等人工设计合成的*Cry*1*Ac*、*Bt*29*K*和慈姑蛋白酶抑制剂基因*API-B*导入棉花，培育出9个抗虫性好、农艺性状优良的转基因棉品系，对棉铃虫抗性均达到90%以上。

二、抗除草剂转基因棉花

杂草的发生严重阻碍了棉花生产，而直接喷施除草剂虽然能杀死杂草，但同时也会对棉花的生长造成毁灭性的影响。因此，选育抗性棉花成为一种杂草防除对策。

目前，从植物和微生物中已经克隆出多种耐不同类型除草剂的基因。其中作物中应用的主要有7种，包括：5-烯醇式丙酮莽草酸-3-磷酸核酶基因（*EPSPS*）、草甘膦乙酰转移酶基因（*GAT*）、草甘膦氧化酶基因（*GOX*）、乙酰乳酸合成酶基因（*ALS*）、草铵膦乙酰转移酶基因、腈水解酶基因（溴苯腈除草剂）、麦草畏O-脱甲基酶基因。归纳其抗除草剂原理：一是引入降解除草剂的酶或酶系统，在除草剂发生作用前将其分解。二是修饰除草剂作用的靶蛋白，使其对除草剂不敏感或促使其过量表达以使作物吸收除草剂后仍能正常代谢。中国科学家针对这两种策略均做了大量研究。

1. 抗草甘膦

草甘膦对绝大多数植物都具有灭生性作用，其作用靶标酶为EPSP合成酶。它存在于细菌、真菌和植物的叶绿体中，催化莽草酸-3-磷酸（S3P）和磷酸烯醇式丙酮酸（PEP）生成EPSP合成酶，进一步完成芳香族氨基酸——色氨酸、酪氨酸、苯丙氨酸的生物合成。当草甘膦抑制EPSP合成酶时，植物中的莽草酸含量增加，芳香族氨基酸合成减弱或停止，随之植物失绿而死亡。Bar基因和pat基因是目前主要应用的两种抗除草剂基因。

Bar基因长615bp，来源于土壤潮湿霉菌（Streptomyces hygroscopicus），编码膦丝菌素乙酰转移酶（PAT），此酶由183个氨基酸残基组成。pat基因的Bg/11-SsII片段编码PAT。可见Bar基因和pat基因表达产物均被称为PAT，两种PAT具有相似的催化能力，氨基酸序列具有86%的同源性。PAT使草丁膦的自由氨基乙酰化，使之不能抑制GS（谷酰胺合成酶）活性，从而对草丁膦显示抗性。另外，还有一种抗草甘膦的aroA基因，是在鼠伤寒沙门氏菌中得到的突变基因，测定其核苷酸序列存在两个突变点：一个突变点在启动子上，可提高基因表达水平；另一个突变点在aroA结构基因上，产生对草甘膦不敏感的变异EPSP合酶。用aroA基因转化水稻获得转基因植株，此植株在体内可将草甘膦快速转化为无毒产物，从而显示对草甘膦的抗性。

中国农业科学院生物技术研究所郭三堆课题组和林敏课题组合作，将从极端抗草甘膦微生物中克隆到的抗草甘膦新型EPSP合酶GR79及N-乙酰转移酶GAT进行了密码子改造和基因结构优化，通过转化烟草和棉花，初步验证了抗草甘膦基因的抗性，GR79基因是通过元基因组克隆技术获得的一种新型的EPSP酶，属于class I型EPSPS。EPSPS广泛存在于真菌、细菌、藻类、高等植物及寄生于脊椎动物上的顶覆虫体内，但该酶不存在于高等动物体内。该酶是芳香族氨基酸生物合成过程中一个关键性酶，它催化一分子莽草酸–3–磷酸（S3P）和一分子5–磷酸烯醇式丙酮酸（PEP）生成5–烯醇式丙酮酰莽草酸–3–磷酸（EPSP）。此反应是竞争性抑制的可逆反应。当草甘膦进入植物体内后，能通过竞争性抑制反应导致EPSPS失活，从而导致芳香族氨基酸合成途径受阻，进而导致芳香族氨基酸不能合成，致使微生物和植物因缺失必要的物质而致死。而转$GR79$基因植物中的GR79EPSP酶不受草甘膦的影响，使植物体内芳香族化合物正常合成，避免了草甘膦对植物的致死效应。该基因序列不包含美国$CP4$-$EPSPS$基因专利保护的保护序列，是一个具有自主知识产权的新型草甘膦抗性基因（专利号：201410204703.6）。该基因能与AroA缺陷型菌株ER2799发生功能互补，草甘膦的耐受能力为200毫摩尔/升。N-乙酰转移酶（GAT）为作物抗草甘膦提供了不同于EPSPS途径的全新作用机制：乙酰辅酶A作为乙酰基供体，草甘膦分子的次级胺则作为乙酰基的受体，在N-乙酰转移酶的作用下使草甘膦乙酰化。草甘膦N-乙酰化后失去除草剂活性，且乙酰化的草甘膦不是EPSPS的有效抑制剂，可以避免草甘膦在植物体内的积累，使得草甘膦在作物的整个生长周期都可应用，不受生长发育阶段的限制。目前已经获得了对草甘膦有较强抗性的双价抗草甘膦转基因棉花材料（图3-5）。

图3-5　抗除草剂转基因棉花田间展示效果

2. 抗其他除草剂

除草剂2,4-D类似植物生长素，前人从土壤细菌*Alcaligene eutrophus*分离到*tfda*基因，该基因编码的2,4-D单氧化酶能将2,4-D降解为2,4-二氧苯酚，其降解产物对植物的毒性比2,4-D小100倍，山西省农业科学院棉花研究所陈志贤等与澳大利亚CSIRO及中国农业科学院生物技术研究所合作，将*tfda*导入'晋棉7号''冀合321'等棉花品种，对其后代进行田间抗药性鉴定表明转基因系对2,4-D的耐受性超过了大田使用浓度。中国农业科学院棉花研究所与中国科学院上海植物生理研究所合作，将抗除草剂草丁膦的*bar*基因导入棉花主栽品种，取得了阶段性成果。

目前已获得的主要抗除草剂基因见表3-1。

表3-1 目前已获得的主要抗除草剂基因

基因	名称	抗性机理	抗除草剂名称
Bar	PPT乙酰转移基因	乙酰与PPT结合使植物不受伤害	草丁膦，双丙氨酰膦
Gox	草甘膦氧化-还原酶基因	将草甘膦降解为氨甲基膦酸（AMPA）和乙醛酸	草甘膦
aroA	鼠伤寒沙门氏菌*epsps*突变基因	过量表达靶标酶或靶蛋白	草甘膦
CP4	*epsps*基因	过量表达靶标酶或靶蛋白	草甘膦
glpAglpB	类鼻疽假单孢菌分离的草甘膦降解基因	降解草甘膦的C-N键使之成为AMPA，以供大肠杆菌C-P裂解酶降解	草甘膦
SURB-Hra	烟草ALS突变基因	产生原靶标酶或靶标蛋白的异构酶或异构蛋白	磺酰脲类除草剂（如绿黄隆等）
SURA-C3	烟草ALS突变基因	产生原靶标酶或靶标蛋白的异构酶或异构蛋白	磺酰脲类除草剂（如绿黄隆等）
Csr1	拟南芥ALS突变基因	产生原靶标酶或靶标蛋白的异构酶或异构蛋白	磺酰脲类除草剂（如绿黄隆等）
sbA	光系统ⅡQB蛋白突变基因	产生原靶标酶或靶标蛋白的异构酶或异构蛋白	三氮苯类（阿特拉律类）
tfDA	2,4-D单氧化酶基因	将2,4-D转变为2,4-二氯酚	2,4-D

基因	名称	抗性机理	抗除草剂名称
bxn	腈水解酶基因	能降解除草剂溴苯腈为3,5-二溴-4-羟基	溴苯腈，苯甲酸
Pat	膦丝菌素N-乙酰转移酶基因	乙酰与PPT结合使植物不受伤害	草丁膦
GST I *GST* II	谷胱甘肽转移酶基因	催化谷胱甘肽经半胱氨酸的硫原子与多种疏水性化合物的亲电子基团的连接作用	敌菌灵、草不绿
*N-*葡萄糖转移酶基因	结合酶基因	酶活性的增加	赛克津
*SOD*基因	超氧化物歧化酶基因	清除自由基	百草枯
CYP71A10 *CYP1A1* *CYPS1B2*	细胞色素P450基因	能使除草剂发生脱烷基化和羟基作用而解毒	莠去津、绿麦隆优草隆、利谷隆敌草隆、红霉素
GR79	*epsps*基因	过量表达靶标酶或靶蛋白	草甘膦
GAT	N-乙酰转移基因	N-乙酰转移酶的作用下使草甘膦乙酰化	草甘膦，双丙氨酰膦

三、其他性状转基因棉花

棉花由于整个生长季相对较长，易受低温、干旱、盐渍等生物或非生物逆境的影响。因此，开展抗逆转基因棉花的研究对于棉花的高产、稳产意义较大。

1. 抗旱转基因棉花

在我国棉花的主产区——新疆，干旱是影响棉花产量的主要因素。在严重干旱情况下，棉花会出现生长缓慢以及落蕾落铃等现象，从而严重影响生产。因此，采用转基因技术培育耐旱棉花具有重要的战略意义。

目前，采用转基因技术创制耐旱棉花的工作在国内外尚处于起步阶段，国内外仅见几例获得耐旱性提高转基因棉花的报道。将胆碱脱氢酶基因*betA*导入棉花，能够显著提高转基因棉花的抗旱和耐盐性；将对植物生根起促进作用的*rolB*基因导入棉花，能够使棉株茎粗明显增加，生根能力明显增强，根/冠比显著增大，使得转基因棉表现出更强的抗旱性；将来自大肠杆菌的编码胆碱脱氢酶（CDH）基因*betA*和来自于盐芥的*TsVP*聚合在一起，结果表明，转基因聚合植株与转单基因植株相比具有较高的耐旱性；而聚合*ZmPLC*1和*betA*的转基因聚合棉花与野生型对照和转单基因对照株系相比，转基因聚合株系具有更高的干旱耐性，而且相比于野生型对照株系和转单基因对照株系，转基因聚合株系具有更高的籽棉和皮棉产量，这表明通过基因聚合手段提高植物抗逆性是可行的。将*MvP5CS*和*MvNHX*1整合到棉花中，能够提高棉花的抗旱能力；将来源于葛兰菜的*CBF*1和来源于大肠杆菌的*KatG*进行功能研究，发现在干旱胁迫下，转*CBF*1和*KatG*棉花在光合作用、叶绿素荧光参数、生理生化以及农艺性状方面均表现出优良的生长和生理优势。说明这两个基因能通过提高抗逆能力来提高转基因棉花的产量。转*MvNHX*1的10个T_5棉花株系在干旱胁迫后的生理指标和农艺性状，发现经干旱胁迫后转基因植株光合作用更强，根系更发达，吸收水的能力更强，农艺性状方面，转基因株系的有效铃数、有效果枝数、单铃重、皮棉、籽棉和衣分等指标明显高于对照，这些株系为选育耐旱品种提供了遗传育种材料（图3-6）。

图3-6 抗旱转基因棉花田间展示效果

2. 耐盐碱转基因棉花

将克隆自山菠菜（*Atriplex hortensis*）的*AhCMO*导入'泗棉3号'棉花，盐胁迫试验结果表明，转*AhCMO*的棉花耐盐性显著优于对照组棉株，说明*AhCMO*提高了转基因棉花对盐胁迫的耐受性。将*betA*基因转入鲁棉研19的转基因后代，*betA*的表达提高了转基因棉花叶片中甘氨酸甜菜碱（GB）的累积量，转基因棉花的耐盐能力明显提高。对转*ZmPLC*1棉花和聚合*ZmPLC*1/*betA*棉花的耐盐性进行初步研究，通过水培、沙培和东营盐碱地种植，发现转*ZmPLC*1棉花的耐盐性高于野生型对照，转*betA*和*ZmPLC*1的聚合转基因植株，籽棉产量显著高于转*ZmPLC*1棉花、转*betA*棉花和野生型对照。由此说明：转单个基因可以在一定程度上提高棉花的耐盐性，且聚合多个基因后，棉花的耐盐性又进一步提高。即抗逆基因的遗传效应以加性效应为主，并存在较大的加性互作效应。

中国农业科学院生物技术研究所郭三堆课题组将具有自主知识产权的耐盐碱关键基因*GhABF*2（专利号：ZL200910158311.X）导入中国棉花主栽品种'苏棉12号'，创制出耐盐碱转基因棉花新品系8个，进入中间试验阶段。经过连续3年分别在山东、新疆两地进行的耐盐碱试验鉴定，获得4个综合农艺性状优良、耐盐碱性能突出的转基因棉花新品系（图3-7）。在0.40%~0.45%的盐碱条件下，受体棉花品种'苏棉12'出苗率只有32%，转*GhABF*2棉花新品系出苗率高达65%，单株结铃比受体增加3~4个，最终两者产量分别比其受体对照增加33%以上，具有较大的盐碱地生产应用潜力，该课题组还通过农杆菌介导棉花下胚轴遗传转化方法，将抗病基因溶菌酶*hel*、抗除草剂基因*CP*4-*EPSPS*和Na$^+$/H$^+$逆向转运蛋白基因*NhaD k*3同时导入棉花模式受体R15中，再生植物经过连续3代自交后，经抗草甘膦、抗棉花黄萎病及耐盐碱能力筛选，得到高抗棉花黄萎病、抗除草剂草甘膦及具一定耐盐碱能力的转基因棉花新品系T58-22。

图3-7 耐盐碱转基因棉花株系田间展示效果

3. 抗病转基因棉花

棉花病害是影响棉花生产的主要因素之一，尤其是黄萎病，会造成棉花大量减产甚至绝收，被形象地称为棉花的"癌症"。

棉花抗黄萎病基因工程中目前应用的基因主要有几丁质酶、β-1,3-葡聚糖酶、植物防卫素、硫素及葡萄糖氧化酶（Glucose oxidase，GO）等外源抗病基因，这些抗病基因的成功分离为分离新的抗病基因提供了思路。例如，抗病基因常编码不同的基元序列（motif），或与*LRR*、*IGR*、*PKD*等一些功能未知的保守序列串联，这些特征区域就成为设计PCR简并引物和EST搜索的目标，通过筛选cDNA文库或基因组文库可得到大量抗病基因的同源序列。

张文蔚以陆地棉高抗黄萎病新品系中植棉KV1为材料，接种大丽轮枝菌强致病力落叶型菌株V991后0~96小时棉株幼根总RNA，构建正、反向抑制差减杂交文库，筛选到147个信号强度差异明显的克隆，建立了黄萎病菌侵染初期陆地棉的抗病相关基因表达谱，并证明了*GhUbI*1、*GhEG*和*GhSCF*在陆地棉抗黄萎病的过程中起重要作用。赵付安采用SSH技术从转录组水平探讨了陆地棉基因的差异表达，采用2-DE技术从蛋白质组水平探讨了栽培棉近缘野生种瑟伯氏棉的蛋白差异表达，并以此为基础克隆了2个陆地棉结构抗性基因*GhDIR*和*GhSUMO*，克隆了瑟伯氏棉根的*GPIP*，克隆了瑟伯氏棉根的4个*TIR-NBS-LRR*类抗病基因类似物，这7个基因的克隆为进一步研究其抗病功能奠定了基础。倪萌等采用叶片针刺接种法从细胞学方面分析转*hpa*1*xoo*棉花与棉花黄萎病菌互作产生的微过敏抗病反应，通过细胞显微观察表明，转*hpa*1*xoo*棉花T-34与非转基因棉花在抗病性表型方面存在明显差异，转*hpa*1*xoo*棉花较非转基因棉花有较强的抗病性。

由于部分海岛棉品种对于黄萎病的为害达到了高抗水平，有些甚至免疫，因此，我国科技人员从海岛棉中分离克隆了大量的抗病相关基因。高巍以海岛棉品种'海7124'作为研究材料，通过比较蛋白质组学的方法，一共得到188个在'海7124'根系中受黄萎病菌侵染后与水处理的平行对照相比表达量出现差异的蛋白，这些蛋白共同参与了棉花对黄萎病菌入侵的响应。徐理分别构建了抗黄萎病的海岛棉'海7124'接种黄萎病菌后的抑制差减杂交cDNA文库以及通过大规模测序的RNA-Seq技术研究棉花抗黄萎病机制，通过基因表达分析，获得了大批棉花抗黄萎病相关基因。孟宪鹏克隆得到2个海岛棉ERF转录因子基因，将其转化植物后对其抗病相关功能进行研究，结果表明，海岛棉ERF族基因的新成员*EREB*1/2在调控抗病相关基因表达方面具有重要作用，*EREB*1/2在转基因烟草和棉花中超表达后可有效增强植株体内抗病相关基因的表达，从而提高了转基因植株的抗病能力。

4. 改良纤维品质的转基因棉花

利用基因工程技术将棉花纤维发育相关基因导入棉花，提高棉花纤维产量和品质，成为当前棉花增产和品质改良的主要途径。

正在发育的棉花种子中存在着复杂的碳分配模式，外来的碳源（蔗糖）被分配到3个代谢库（sink）中：纤维、种皮和子叶。在这3个部分中分别合成纤维素、淀粉及储藏蛋白和油类。要想促进棉纤维的发育，便应提高纤维中的碳分配比例。Ruan等（1997）的研究表明，蔗糖合酶（Sucrose synthase，SuSy）在碳分配到纤维细胞以及纤维生长过程中起主要作用。刘进元等克隆获得棉花纤维可逆糖基化蛋白酶基因，该基因可以通过控制棉纤维中多糖物质的积累，进一步提高棉纤维的品质。棉花纤维发育基因还与棉花种子发育和IAA等激素代谢相关。裴炎等利用棉花纤维细胞特异启动子FBP7，驱动IAA合成基因iaaM在棉花中表达，使在棉纤维发育起始阶段，胚珠表面的IAA含量迅速增高，增加了能够发育成纤维的细胞数量。

利用基因工程技术将调控棉花纤维发育的相关基因导入棉花来提高棉花纤维品质，已经取得了初步进展。李文彬等利用棉花纤维特异启动子驱动吲哚双加氧酶基因（bec）在棉花中表达，使转基因棉花纤维获得了特殊的颜色。夏桂先等将棉花苯丙烷类化合物木质素合成基因GhLIN2导入棉花，增加转基因棉花纤维内木质素含量，使棉花纤维长度、细度和强度均得到显著提高。李晓荣等利用35S启动子驱动棉花尿甘二磷酸葡萄糖焦磷酸化酶基因GhUGP1在棉花中表达，获得的转基因棉花材料纤维长度比对照增加18.5%，断裂比强度增加31.85%。

此外，通过对棉花纤维细胞发育机理的解析，分离获得了多个与棉花纤维品质相关的候选基因。李学宝等克隆获得棉花纤维特异表达的水孔蛋白家族基因GhPIP2;6，其转录产物主要在伸长期的棉花纤维中高表达，通过在酵母中表达研究发现可以使细胞长度增加1.3~1.47倍。朱玉贤等克隆获得与棉花纤维伸长密切相关的β微管蛋白基因，该基因在棉花纤维伸长期高表达与棉纤维长度发育密切相关。

5. 抗早衰、耐涝以及特殊用途等转基因棉花

寒冷、高温、涝害等非生物逆境都会影响棉的产量。高温、寒冷、淹水、高浓度的二氧化硫、臭氧或强光都会使植物产生大量的活性氧，这些活性氧可对植物细胞造成损伤。转超氧化物歧化酶基因的棉花对冷冻和氧逆境抗性增强。转细菌胆碱脱氢酶基因的烟草可以耐胆碱，该酶可以

将胆碱氧化成甜菜醛和甘氨酸甜菜碱。转细菌甘露糖-1-磷酸-脱氢酶基因（*mtlD*）的烟草中产生渗透调节剂——甘露糖，可以耐较高的盐浓度。这些基因及其他与抗逆境有关的酶基因为棉花抵御不良环境提供了可能。异戊烯基转移酶基因*ipt*，该基因编码的蛋白是细胞分裂素生物合成途径中的关键酶。将该基因导入早衰型陆地棉中，通过对转基因棉花进行叶绿素和细胞分裂素量的测定及形态观察，发现转基因棉花的早衰性状得到延迟。利用基因工程技术将耐涝基因导入棉花，培育耐涝棉花新材料，可以提高棉花耐涝性能，为遗传育种提供更加丰富的资源材料。中国农业科学院生物技术研究所作物分子育种课题组将来源于透明颤菌血红蛋白基因*vgb*经过密码子优化设计后导入棉花，培育出高耐涝的转基因棉花新材料，该材料在涝池胁迫条件下表现良好，比对照材料增产20%以上。另外，我国科学家已经将钾高效利用相关基因转入棉花，并取得了很大进展。

第三节　国外转基因棉花的研制进展

1996—2017年的20年间，全球转基因作物的种植面积从1996年的170万公顷增加到2017年的1.898亿公顷，增长了112倍；全球转基因作物累计种植面积达到空前的23亿公顷，67个国家/地区应用了转基因作物。其中转基因棉花已经达到3亿公顷。印度、美国、中国和巴基斯坦是世界前四大转基因棉花种植国，2010年种植的转基因棉花面积占全球转基因棉花种植面积的91.9%。

一、抗虫转基因棉花

抗虫转*Bt*基因棉花首先由美国研发成功，早在1986年，美国Agracetus公司利用农杆菌介导法，首次将苏云金芽孢杆菌（*Bacillus thuringiensis*，*Bt*）基因导入棉花，获得稳定遗传的抗虫性，开创了抗虫棉花的新纪元。

*Bt*基因是研究最多、进展最快及应用最广泛的一类基因，它对鳞翅目昆虫具有专一杀伤作用，其种类很多。目前发现并登记的*cry*1-*cry*67基因大约有190种，但获得的转基因抗虫棉的*Bt*基因仅有几种。目前国外转基因抗虫棉中主要应用的有*cry*1*Ab*、*cry*1*Ac*、*cry*1*F*、*cry*2*Ab*及*cry*2*Ae*等。*Bt*基因单价抗虫棉只对以棉铃虫为主的鳞翅目和鞘翅目害虫有抗杀作用，对棉蚜、红蜘蛛、棉盲蝽、烟飞虱等害虫没有作用或效果甚微。有研究表明，长期种植抗虫转*Bt*基因棉花的棉田棉盲蝽的数量增多，导致棉盲蝽由棉花的次要害虫转变为主要害虫。2011年，Baum等发现了一种新型的针对棉盲蝽有较好防治作用的*Bt*蛋白基因，可以有效控制棉盲蝽的生长发育。

在*Bt*毒素研究过程中发现，一种在芽孢形成前的营养阶段分泌和产生另一种非-内毒素杀虫营养蛋白，即VIP蛋白（vegetative in secticidal protein，VIP），被称为第二代杀虫蛋白。VIP蛋白与*Bt* Cry毒素的结构和功能完全不同，对鳞翅目和鞘翅目昆虫有很好的效果。Syngenta公司将*Vip*3*A*基因导入棉花获得抗虫转基因棉花COT102并进行注册，COT102对棉铃虫、烟蚜夜蛾、粉纹夜蛾、秋茹虫、甜菜夜蛾等鳞翅目害虫具有较高的抗性。

另外，美国孟山都公司将豇豆胰蛋白酶抑制基因（*CpT*Ⅰ）转入陆地棉品种，在室内进行生物活性测定，结果表明该转基因棉花对棉铃虫和棉象虫具有很好的抗性。

植物介导的昆虫RNAi技术，可以有效、特异地抑制昆虫基因的表达，从而抑制害虫的生长，为农业害虫的防治提供了特异性更强且环境安全的新思路。目前，虽然国内外尚没有RNAi抗虫转基因棉花注册，但已经成为十分活跃的研发领域。以RNAi技术为基础的抗虫转基因棉花有望在将来的害虫防治领域中发挥重要作用。

二、抗除草剂转基因棉花

第一个商用的抗草甘膦转基因棉花由孟山都公司培育（代号为MON1445），

转化所用质粒含有两个抗草甘膦基因，包括改良过的*cp4-epsps*和来源于人苍白杆菌的*gox*基因。拜耳公司培育的GBH614抗草甘膦转基因棉花，转化所用质粒中含有两个突变的玉米*epsps*基因（2epsps），导致两个氨基酸的改变，继而转化、培育得到抗草甘膦转基因棉花。来自于吸水链霉菌的一个草丁磷乙酰转移酶（bar）基因让棉花的抗除草剂（Bastal）耐受力增强到15 000毫克/千克（Keller et al，1997）。1997年Keller等通过基因枪轰击法将*bar*基因转化到柯字棉312、岱字棉50、海岛棉Pima和EI Dorado 4个品种中，成功获得了抗草铵膦转基因棉花植株。

在新品种转基因棉花方面，近期美国农业部动植物卫生检验局（APHIS）批准了"Roundup ReadyXtend"新型转基因棉花的种植，旨在对抗已经对孟山都Roiindup转基因棉花产生抗性的杂草。此外，拜耳作物科学研究所的转基因棉花品种Twinlink获得美国国家环境保护局（EPA）批准，该品种含有2种蛋白毒素，分别是源自'T304-40品系'的苏云金杆菌Cry1Ab蛋白毒素和源自GHB119品系的Cry2Ae蛋白毒素，可以有效防治鳞翅目害虫，如棉铃虫、烟青虫、草地夜蛾等，同时其对除草剂草铵膦也具有很强的耐受性。目前，转基因棉花品种Twinlink在澳大利亚、新西兰、巴西和加拿大等国家都获得了批准。

磺酰脲类通过对植物体内的乙酰乳酸合成酶（ALS）的抑制，从而阻碍支链氨基酸（缬氨酸、亮氨酸和异亮氨酸）合成，抑制植物细胞的分裂和生长。四倍体棉花中有多个ALS家族，其中一个*als*基因的突变体对磺酰脲类表现出了明显的抗性，可以保护植物正常的生理活动。美国Phytogen公司从棉花中克隆出了编码ALS的基因，对其进行了编码区改造令它产生异构ALS，在原有启动子和先导序列的驱动下，进行棉花再转化，转化体表现了对磺酰脲类除草剂较高的抗性。Dupont公司也将*als*基因导入到Cocker312，获得了对氯磺隆（一种磺酰脲类除草剂）具有抗性的棉花系。

三、其他性状转基因棉花

目前，抗虫和抗除草剂转基因棉花已经进入了产业化。除此之外，棉花基因工程在抗病、抗逆和提高纤维品质等方面也进行了大量研究。

1. 抗病转基因棉花

寻找优良的抗性基因是棉花遗传转化抗病育种的关键。过去的10多年，已经有一些基因，如几丁质酶基因、β-1,3-葡聚糖酶基因、葡萄糖氧化酶基因和天麻抗菌肽基因等。Murray（1999）等将来自*Talaromyces flavus*的葡萄糖氧化酶（*GO*）基因转入棉花，该基因表达后使棉株对大丽轮枝菌产生了一定的抗菌活性。但是，Murray等也发现*GO*基因在棉株内的表达可引起植株产生植物毒性并使产量下降。Kanniah等（2005）报道将人工合成的基因*D4E1*转入棉花，获得的转基因后代对黄萎病有一定的抗性。但到目前为止，还没有一个转基因抗黄萎病品种被应用到商业化生产中。

2. 抗逆境转基因棉花

植物对逆境的反应在遗传上是很复杂的，涉及很多基因的表达，因此抗逆棉花基因工程研究的难度相对较大。美国学者进行了一些抗干旱分子生物学研究，从干旱处理的棉花建立了cDNA文库，通过差异筛选到与抗干旱的相关基因，发现富含羟脯氨酸的蛋白质在叶片萎蔫和非萎蔫的基因性中有差异表达。目前正用细菌的高渗蛋白转化棉花，研究脯氨酸的超量表达和抗性关系。Allen等发现，超氧化物歧化酶（SOD）基因转入棉花，转基因棉花能表达叶绿体定位的MnSOD，抗逆性检测表明，在温室里种植的转超氧化物歧化酶基因的棉花对冷冻和氧逆境抗性增强（Allen，1995）。Millar（1990）将乙醇脱氢酶基因转入棉花，抗逆性检测表明，转基因植株的耐淹性得到增强。

虽然抗逆境棉花基因工程研究目前尚未取得重大的突破性进展，但这些研究结果说明：通过转基因技术将优质的抗非生物胁迫基因转到棉花中来提高棉花的抗逆性会取得越来越多的成果，最后终将能够培育出抗逆转基因棉花新品种。

3. 提高棉纤维品质的转基因棉花

启动子是可启动基因转录并精准基因特异性表达的DNA序列。棉纤维特异表达的启动子对于棉花纤维改良基因工程较为重要，纤维相关基因在纤维中的特异性表达可避免外援基因对非目的组织生长发育的不利影响。棉花纤维特异性启动子一般都是通过分析纤维特异性表达的基因分离到的。John（1995）通过提取不同发育时期纤维的mRNA，构建cDNA文库，从而发现了4个纤维发育特异性启动子*FbE6-3B*、*FbE6-2A*、*Fb-H6*和*Fb-B8*。Rrinehart（1996）研究证明*FbL2A*基因上游的2.3kb DNA片段所包含的启动子能驱动遥远基因在棉纤维中特异性表达，且为发育后期特异表达，活性大于E6的启动子。Hsu等（1999）证明*LTP6*基因的启动子能驱动*gus*基因在烟草叶表皮毛（与棉纤维同属分化的表皮细胞）中特异表达。总之，这些棉纤维特异表达的启动子的分离鉴定，为棉花纤维品质改良基因工程研究打下了良好的基础。

目前棉纤维品质改良基因工程可概括为如下两个思路。第一，从棉花中鉴定出与棉纤维品质有关的基因，通过改变基因的表达来达到纤维品质改良的目的。Graves和Steward（1988）通过对棉纤维发育过程中的蛋白质组分分析，表明有数千个活跃的基因。一般认为，在棉纤维中特异表达的基因可能对纤维品质的发育起到重要作用。John（1997）把棉花中克隆出的过氧化物酶基因连接到棉纤维发育的专化启动子*E6-3B*、*B8*后导入棉花，转基因棉花纤维强度显著改善，其纤维强度可比对照岱字棉提高62%。Pear等（1996）从棉花中克隆出了与纤维素合成有关的β-1,4-葡糖基转移酶基因*cel A*，其表达高峰出现于次生壁沉积纤维素时。*cel A*基因的发现为解释棉花纤维合成的详细过程打开了一个突破口。

　　棉纤维品质改良基因工程的第二个思路是：从其他生物中鉴定出可用于棉纤维改良的基因，并导入棉花，从而提高棉花纤维品质。在棉纤维的发育过程中，植物激素的变化已经有了很多的研究报道。实验证明IAA对纤维初始发育和伸长过程有促进作用（Dimitropoulou，1986）。因此，John等（1999）将生长素基因与E6纤维特异性表达启动子串联后，通过基因枪转化棉花，但遗憾的是没有发现纤维品质有益的变异。Haigler等（2001）用组成型启动子将菠菜的蔗糖磷酸酯合成酶（sucrose phosphate synthase，SPS）基因导入棉花，结果发现转基因棉花的纤维细度、强度、长度和衣分都较对照有了明显的提高。John和Keller（1996）利用从细菌中分离的乙酰-CoA还原酶和PHA合酶基因与棉纤维特异启动子相连后转入棉花，成功地在棉纤维中产生了PHB（聚羟基丁酸，是一种理化特性类似于聚丙烯的天然可生物降解的热塑聚合物），获得了带有化纤的新型棉纤维，而且这种棉花纤维的保暖性发生了明显的改善。

第四章 转基因棉花的环境安全评价

像任何新技术一样，转基因技术的利用在为人类带来利益的同时，也可能对人类、动植物、微生物及其生态环境造成危害或潜在风险。随着转基因技术的快速发展和应用，转基因生物可能带来的安全性问题逐渐成为国际社会普遍、持续关注的焦点。为了保障转基因生物的安全和健康应用，经济合作与发展组织（OECD）、国际食品法典委员会（CAC）和世界贸易组织（WTO）等国际组织先后颁布了转基因生物安全评价和管理国际标准或规范性文件。世界上多数国家也基于本国国情建立了较为具体的安全评价和管理体系，规范了农业转基因生物的研究、开发、生产、应用及进出口贸易等活动。

纵观世界各国转基因生物安全管理法规，农业转基因生物安全管理的核心都是以科学为基础的风险分析，即通过科学的评价，明确转基因生物的商业化种植可能带来的风险或危害发生的水平，制定科学的风险管理措施，在保障人类健康和生态环境安全的前提下，促进转基因生物技术的发展和产业化应用，为农业可持续发展服务。具体来讲，转基因生物风险分析过程包括风险评估、风险管理和风险交流3个方面，安全评价是其中至关重要的一环，是风险交流和管理的基础。目前，国际上已经形成共识，要求在转基因作物大规模商业化种植前对其进行系统、全面和严格的安全性评价，评价数据作为转基因作物商业化决策和安全管理的依据，将具有安全风险的转基因作物材料排除在商业化范畴外，从源头上确保转基因作物的安全应用。开展转基因生物安全评价，一般遵循科学透明原则、预防原则、个案分析原则、渐进原则、熟悉原则和实质等同原则。

经过多年的努力，我国已经建立起了既与国际接轨，又符合本国国情，比较完善的转基因植物安全评价技术体系，为我国棉花等转基因植物的开发和安全应用提供了技术保障。本章节简要介绍转基因棉花的环境安全评价内容、程序、技术和方法。

第一节　功能效率评价

自1994年我国成功研制单价抗虫转基因棉花（GK）以来，植物重组DNA技术在棉花基础研究和应用开发中获得了显著进展，我国已陆续成功培育出一批具有抗虫、抗病、耐除草剂、抗旱耐盐和高产优质等外源优异性状的转基因棉花新品种。目前，抗虫转*Bt*基因棉花已经商业化种植，而一些具有其他优异性状的转基因棉花品种也陆续得到了国家批准环境释放。按照《农业转基因生物安全管理条例》《农业转基因生物安全评价管理办法》《转基因植物安全评价指南》等相关规定，这些获得外源优异性状的转基因棉花新品种在商业化推广种植以前，需要针对其导入的目的基因开展科学的功能效率评价，来判断自然条件下该转入的基因在棉花植株中是否能够稳定地遗传表达、表现出理想的目标性状等。

功能效率主要是指转基因棉花在导入目的基因后，其棉花所产生的抗性物质对靶标（目标）生物综合作用的结果。一般通过转基因品种与受体品种在靶标生物数量变化、危害程度、植物长势及产量等方面的差别进行评价，从而评估导入的外源基因在转基因棉花中是否达到预期要求等。按照转基因棉花导入基因的目的类型，功能效率研究主要包括抗虫性、抗病性、抗除草剂、优质高产、抗旱耐盐碱等几个方面（图4-1）。

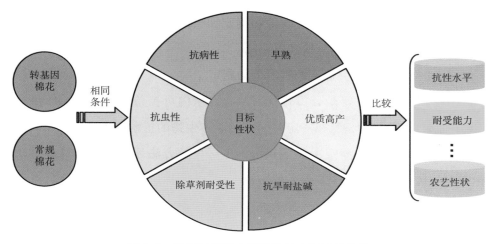

图4-1 转基因棉花功能评价的主要目标性状

一、抗虫性评价

20世纪由于棉铃虫和红铃虫等鳞翅目害虫在棉花上为害较为严重，所以在抗虫棉研发前期，科学家对以抗鳞翅目害虫为目标性状的遗传转化研究得较多。其中，应用较多的抗虫基因主要是来自于苏云金芽孢杆菌的*Bt*基因。抗虫转*Bt*基因棉花的获得及广泛推广种植，有效控制了我国棉田棉铃虫、红铃虫等主要靶标鳞翅目害虫的为害。但由于棉蚜、盲蝽等刺吸式害虫不是抗虫转*Bt*基因棉花的靶标害虫，其在防治刺吸式害虫时则显得无能为力。所以近年来，科学家也逐渐加大了以抗刺吸式害虫为目标性状的遗传转化的研究，目前研究较多的主要是植物凝集素基因。抗虫转基因棉花抗虫性效率主要是评价其导入的抗虫基因是否对目标害虫产生作用，包括在室内可控的条件下和田间环境下是否会对目标害虫起到很好的控制作用。

1. 抗鳞翅目害虫的功能效率评价

对以抗鳞翅目害虫为目标性状的转基因棉花进行功能效率评价时，主要是评价抗虫转基因棉花对棉铃虫、红铃虫等鳞翅目靶标害虫的抗虫效果和水平，采用的方法主要有室内生物测定和田间抗虫效率检测。下面主要以抗虫转*Bt*基因棉花为例分别加以介绍。

（1）抗虫转*Bt*基因棉花的室内生物测定。

室内生物测定主要是分析转基因棉花在室内可控条件下接入活体生物如靶标害虫棉铃虫后，其在一定时间内对活体生物的抗耐性水平。抗虫转*Bt*基因棉花的室内生物测定主要是利用人工接虫的方法评价其对棉铃虫等靶标害虫的抗虫效果。鉴于其导入的*Bt*基因靶标作用害虫为棉铃虫和红铃虫，所以其生物测定时接入的靶标害虫也以它们为主。

对棉铃虫的室内生物测定（图4-2）：在棉花的不同生育期，采集相同条件下田间种植的抗虫转*Bt*基因棉花和非转基因亲本对照棉花的完全展开的顶叶（一般为棉株顶端往下数第三片叶子），放入适合的养虫器皿中，待接入棉铃虫初孵幼虫封闭好后，放到温度适宜（25~28℃）的养虫室或培养箱中饲养。一段时间后，通过调查叶片的受害级别以及棉铃虫幼虫的存活和生长发育状况，比较分析这些数据在抗虫转*Bt*基因棉花和非转基因亲本对照棉花之间的差异，判定抗虫转*Bt*基因棉花对棉铃虫的抗性水平如何。

从生物测定的结果来看，取食抗虫转*Bt*基因棉花的棉铃虫死亡率一般高达80%以上，甚至100%，并且棉叶受害程度较轻，叶面只出现少量的取食缺痕；而取食非转基因棉花（受体品种）的棉铃虫死亡率一般仅为10%~30%，而棉叶则受到严重取食为害，甚至只留下网状的叶脉。另外，取食抗虫转*Bt*基因棉花的棉铃虫生长发育会受到明显的抑制，其体重和体长会显著轻于和短于取食非转基因棉花的棉铃虫。可见，*Bt*基因的成功导入，使棉花具备了毒杀、抑制棉铃虫的能力。

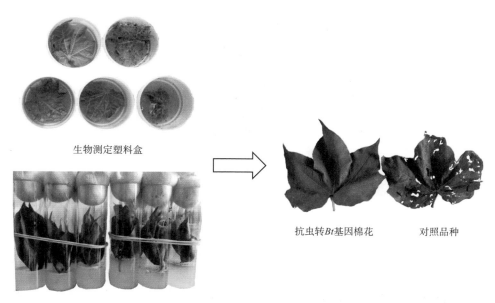

生物测定塑料盒

生物测定玻璃管

抗虫转*Bt*基因棉花　　对照品种

图4-2　抗虫转*Bt*基因棉花对棉铃虫抗虫性鉴定

对红铃虫的室内生物测定（图4-3）：由于红铃虫属于钻蛀性害虫，其主要取食为害棉花的蕾和小铃，所以通过室内生物测定评价对它的抗性时，采集的组织不是棉花叶片，而是棉花的小铃。一般选取采集直径2.5厘米的青铃（适宜红铃虫取食钻蛀、成活率较高），接入红铃虫初孵幼虫。在接虫15天后，对青铃进行剥离，调查其幼虫存活数量。通过比较抗虫转*Bt*基因棉花和对照品种间的幼虫死亡率差异，来判定抗虫转*Bt*基因棉花的抗性水平。

生物测定的结果表明，抗虫转*Bt*基因棉花对红铃虫有很好的防控效果。一般取食抗虫转*Bt*基因棉花青铃的红铃虫幼虫死亡率可达100%，对棉铃的纤维品质影响较轻；而取食非转基因棉花的红铃虫幼虫死亡率则较低，其钻蛀棉铃为害后对棉花的纤维品质影响较大。可见，*Bt*基因的成功导入，使抗虫转*Bt*基因棉花具备了预防棉红铃虫为害的能力。

图4-3 抗虫转*Bt*基因棉花对红铃虫抗虫性鉴定（图片由丛胜波提供）

（2）抗虫转*Bt*基因棉花的田间抗虫效率检测。

抗虫转*Bt*基因棉田间抗虫效果往往会受到天气、种植条件等环境因素影响，所以对其进行抗虫效率评价时，还要调查、分析其田间靶标害虫的危害及发生情况。在进行抗虫转*Bt*基因棉田间抗性效率评价时，抗虫转*Bt*基因棉花田和对照品种棉田需要在相同的种植管理条件下进行，且在靶标害虫的发生期内不能喷施杀虫剂。在不同靶标害虫的发生时代高峰期分别对抗虫转*Bt*基因棉田和对照品种棉田靶标害虫的发生数量、棉花顶尖和蕾铃被害情况进行调查，通过比较分析抗虫转*Bt*基因棉花和对照品种棉田靶标害虫百株幼虫数量、顶尖被害率、蕾铃被害率差异，判定抗虫转*Bt*基因棉花对靶标害虫的抗性效率等情况。抗虫转*Bt*基因棉花的田间棉铃虫抗虫效率评价技术路线如图4-4所示。

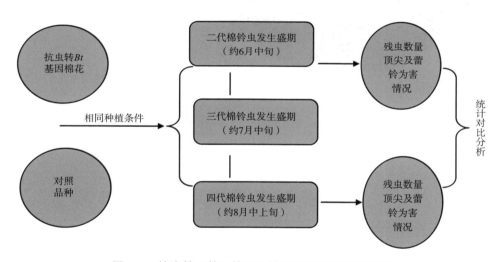

图4-4　抗虫转*Bt*基因棉田间抗虫效率评价技术路线

　　从抗虫转*Bt*基因棉花靶标害虫田间为害情况的调查结果来看，非转基因对照棉田的棉铃虫等主要鳞翅目害虫的为害情况要显著重于抗虫转*Bt*基因棉田，而抗虫转*Bt*基因棉花上棉铃虫、红铃虫的棉田种群发生数量很低（图4-5）。结合抗虫转*Bt*基因棉花20余年的种植情况来看，抗虫转*Bt*基因棉花的广泛种植已经有效控制了棉花上棉铃虫、红铃虫等主要靶标鳞翅目害虫的为害，同时也降低了其他作物如玉米、大豆、小麦、蔬菜等靶标鳞翅目害虫的种群数量，减少了化学农药的使用量，有效地保护了生态环境。

被害花

被害小蕾

被害小铃

田间调查

图4-5 抗虫转*Bt*基因棉花田间防效调查

2. 抗刺吸式害虫的功能效率评价

抗蚜功能效率评价主要是分析外源抗蚜基因导入棉花后对蚜虫的防控效果究竟如何，评价的方法以田间的防控效率检测为主。即利用田间自然发生的棉蚜虫源，调查棉花的蚜害级别，通过比较抗蚜虫转基因棉花与对照品种蚜害指数的差异，判定抗蚜虫转基因棉花对棉蚜的抗耐性水平。

在田间，棉蚜有苗蚜和伏蚜之分，苗蚜一般在棉苗出土至现蕾阶段发生，适宜偏低的温度，而伏蚜主要发生在7月中下旬至8月，适宜偏高的温度。所以，对抗蚜虫转基因棉花进行田间抗性评价时，要针对苗蚜和伏蚜分别调查。通过比较抗蚜虫转基因棉花与对照品种的蚜害指数，依据计算得到的减退率对抗蚜虫转基因棉花的抗性水平进行判定。

二、抗病性评价

我国棉花部分主产区棉花枯、黄萎病发生较为严重，所以近年来科学家致力于棉花枯、黄萎病抗性基因的研究也相对较多。目前，抗枯、黄萎病基因应用较多的有葡萄糖氧化酶（GO）基因、几丁质酶（Chi）基因、葡聚糖酶（GLu）基因和天麻抗真菌蛋白（GAFP）基因等。以抗黄萎病转基因棉花为例，其抗病性功能评价主要是在室内评价其对黄萎病菌株的抗耐性能力以及田间的抗性水平等。

（一）室内评价

室内的抗性评价主要是利用不同致病力的黄萎病菌株接种抗病转基因棉花，通过分析抗病转基因棉花对黄萎病菌株的抵抗能力，判定其对黄萎病菌的抗耐性水平。这种鉴定方法较为简单、快捷，能直观显示品种的抗病性。

其主要做法为利用专用的棉花基质培育棉苗，待其长至1~2片真叶时，从基质中轻轻移除棉苗（尽量不伤其根系），放入到不同浓度、不同致病力黄萎病菌株培养液中浸根接种，再回种到无菌的基质中。放置到适宜的温室环境（22~26℃）中生长一段时间，持续观察30天，记录棉苗黄萎病的发生情况，按照发病的标准级别计算相应的病情指数，分析抗病转基因棉花对棉花黄萎病的抗耐性水平（图4-6）。

鉴于非抗黄萎病棉花在接种黄萎病菌后，一般会在7天左右开始发病，15天普遍发病，30天发病较为稳定，所以，在对抗黄萎病转基因棉花的抗病性鉴定时，一般会从接种黄萎病菌15天后，开始跟踪监测抗黄萎病转基因棉花的发病情况。通过比较抗黄萎病转基因棉花、受体品种（非转基因亲本对照品种）和感病品种对不同致病力菌株的病情指数和发病率，判断该抗黄萎病转基因棉花品种对黄萎病的抗性水平。

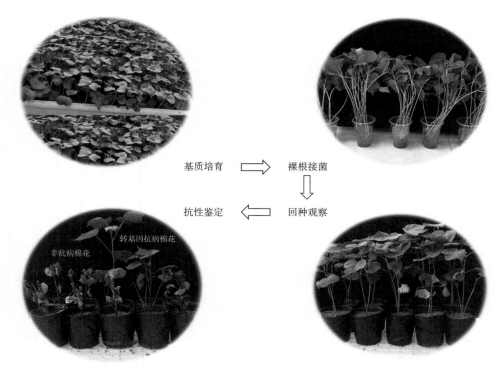

基质培育 ⟹ 裸根接菌

抗性鉴定 ⟸ 回种观察

转基因抗病棉花

非抗病棉花

图4-6 抗病转基因棉花室内抗病性鉴定（图片由金利容提供）

（二）田间评价

抗黄萎病转基因棉花田间评价采用人工病圃成株鉴定。即在棉花正常的播种期内，将抗黄萎病转基因棉花、受体品种及感病对照品种（高度感病且稳定性好）分别种植到人工病圃中，通过对不同棉花生育期内黄萎病的发病率、发病级别进行田间调查分析，评价抗黄萎病转基因棉花在田间对黄萎病的抗性水平。一般，人工病圃要保持适当湿度，这样将有利于病圃内黄萎病的发生，有助于抗黄萎病转基因棉花抗性水平的鉴定。

棉花黄萎病的发生发展与温度关系密切，其最适宜温度为25~28℃，低于25℃或高于30℃发展缓慢，35℃以上有症状隐退现象。在对抗黄萎病转基因棉花进行田间功效评价时，要结合当地棉区棉花黄萎病田间的发病规律，在发生盛期对各棉花品种的田间黄萎病发病株数进行调查，并根据棉花黄萎病发病强度分级标准进行判断其为害情况。当感病对照棉花发病较重的时候（病情指数一般达40.0以上），要开始全面调查抗黄萎病转基因品种的发病率，并计算病情指数，通过比较抗黄萎病转基因棉花和对照品种之间的差异，评判该抗黄萎病转基因品种抗黄萎病的水平（图4-7）。

病圃

感病棉花　　　　　　　　　　　　　　抗黄萎病转基因棉花

图4-7　抗病转基因棉花田间病圃鉴定（图片由金利容提供）

为了达到比较精确的划分抗黄萎病品种类型（感病、耐病、抗病和免疫等基本类型）的目的，有时还需要根据棉花收获期黄萎病剖秆检查的分级标准，对抗黄萎病转基因棉花和感病品种进行剖秆调查，查看黄萎病菌在棉花维管束的侵染情况，并计算于感病品种相对发病强度作为抗黄萎病转基因棉花的鉴定依据。

三、对除草剂耐受性评价

目前，研发抗除草剂棉花的方法主要有3种：①修饰除草剂作用的靶标蛋白，使得棉花对除草剂不敏感或者促使靶标蛋白过量表达使除草剂作用后还可以正常代谢；②引入降解除草剂的蛋白酶，在除草剂作用靶标蛋白前将其分解掉；③编码转运体蛋白，使毒素从植物体内尽快输出。棉花抗除草剂基因研究较多的有抗草甘膦基因、抗草铵膦基因、抗磺酰脲类基因等。转基因棉花对除草剂耐受性的评价主要集中在田间自然条件下的安全评价。下面以抗草甘膦转基因棉花为例做介绍。

在草甘膦除草剂推荐的施药时间内，对抗草甘膦转基因棉花和对应的非转基因棉花（受体品种）分别喷施不同剂量的目标除草剂草甘膦，其剂量处理一般为农药登记推荐剂量的中剂量、中剂量的2倍量、中剂量的4倍量等，同时设置清水以及非靶标除草剂处理作为对照。在用药1周、2周、4周后，分别调查记录不同品种棉花的成活率、株高及药害症状、级别，通过方差分析比较抗草甘膦转基因棉花和受体品种在不同剂量草甘膦处理的成苗率、株高及草甘膦受害指数上的差异，判断抗草甘膦转基因棉花对草甘膦除草剂的耐受水平（图4-8）。

草甘膦除草剂药害分级标准如下（图4-9）。

0级：棉花生长正常，无任何受害症状，与对照（人工除草处理）相比，无明显差异。

1级：棉花药害轻微，症状为心叶轻微褪绿（黄化），其他与对照相比无明显变化。

2级：棉花药害轻微，症状为心叶部分褪绿（黄化），棉株其他叶片轻微皱缩。

3级：棉花药害中等，症状为心叶褪绿（黄化），部分叶片轻微皱缩。

4级：棉花药害较重，症状为心叶枯死，棉株大部分叶片枯黄、褐化干枯。

5级：棉花药害严重，症状为心叶枯死，棉株全部叶片枯黄、褐化干枯或整株枯死。

图4-8　抗草甘膦转基因棉花对除草剂耐受性试验

图4-9　棉花对草甘膦药害分级示意图

一般，抗草甘膦转基因棉花在喷施目标除草剂草甘膦后，其植株无草甘膦除草剂药害明显症状，存活率100%，其植株与喷施清水、非靶标除草剂处理的植株生长发育进程一致。而受体品种在喷施草甘膦1周后，往往即表现出明显的受害情况，即在植株顶尖开始停止生长、叶片发黄枯萎甚至全部死亡。可见，抗草甘膦转基因棉花对目标除草剂草甘膦有很好的耐受性。但要注意，抗草甘膦转基因棉花一般对百草枯、草铵膦等其他非靶标除草剂无任何抗耐性（图4-10）。

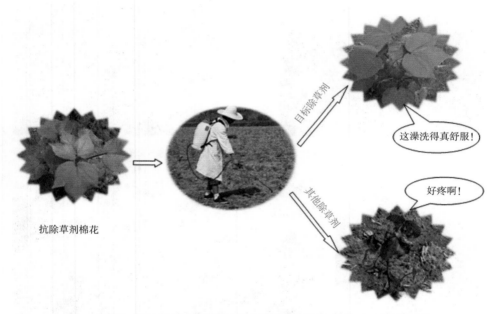

图4-10　抗除草剂棉花对目标除草剂有较好的耐受性

从全球转基因作物性状来看，除草剂耐性是转基因大豆、油菜、玉米、苜蓿和棉花的主要性状，2017年耐除草剂性状转基因作物种植面积为8 870万公顷，占全球转基因作物种植面积的47%。抗除草剂转基因棉花的选育成功并在农业生产上的大面积应用，势必会给棉花生产带来一场新的变革。但随着智慧农业（免耕、减少农药用量等）的发展，全球耐除草剂作物的种植面积可能会慢慢呈下降趋势，而复合性状（抗虫、耐除草剂和其他性状的结合）越来越受到农户的欢迎。

四、抗旱耐盐性评价

目前，在抗旱耐盐转基因棉花研究中，应用较多的基因有来自枯草芽孢杆菌的果聚糖合成酶基因（*SacB*）、大肠杆菌的过氧化氢酶基因（*KatE*）、葛兰菜的转录激活因子基因（*CBF*1）以及棉花等物种的转录因子基因（*GbMYB*5）等。

下面以抗旱转基因棉花为例，简单介绍抗旱转基因棉花对干旱的抗性效率评价。其主要在室内和田间人工模拟干旱条件下，研究目的基因的导入对棉花抗旱能力的影响。

1. 室内评价

室内鉴定主要是评价抗旱转基因棉花在持续干旱下，棉花发芽率及苗期表型特征是否异于受体品种。发芽率评价一般是利用PEG（聚乙二醇，是一种大分子，不能进入细胞壁，可以稳定造成一种缺水的环境又不会杀死细胞）模拟一个渗透胁迫的状态，通过不同浓度PEG胁迫棉籽后，分析抗旱转基因棉花和对照品种在种子发芽率上的差异。

苗期表型特征评价则主要是分析抗旱转基因棉花在室内可控条件下持续干旱后其表型特征及复水恢复能力是否优于受体品种（图4-11）。

抗旱转基因棉花对干旱的耐受性一般要强于受体品种，其在缺水条件下存活时间较长。有研究表明，转基因抗旱棉花在干旱处理18天后，叶片只出现萎蔫或少量叶片脱落等现象，但对照品种早已开始大量叶片干枯脱落。在对各处理棉花及时复水后，抗旱转基因棉花可以恢复正常生长，而受体品种则往往无法恢复。

干旱胁迫18天

复水3天

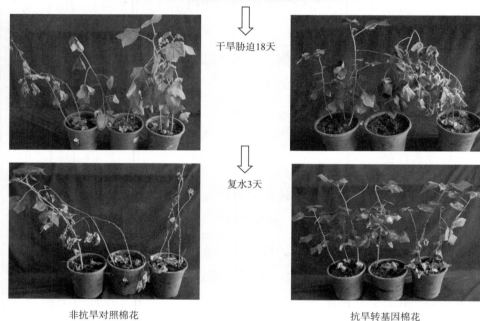

非抗旱对照棉花　　　　　　　　　　抗旱转基因棉花

图4-11　抗旱转基因棉花室内抗旱性评价（图片由祝建波、王爱英提供）

2. 田间评价

田间抗旱性鉴定考虑的因素较多，包括试验区域的选择、降雨量的调查、田间的种植方式及试验的干旱处理设计等。在新疆维吾尔自治区，一般会结合膜下灌溉的方式，分别在棉花苗期、蕾期和花期进行干旱胁迫处理，调查比较抗旱转基因棉花和对照品种棉花在株高、叶片数、第一果枝高度及结铃数等农艺性状上的表型差异等，特别是比较分析棉花生育后期持续干旱对棉花主要产量和生长发育因子的影响。

有研究表明，在棉花生长的中后期断水后，抗旱转基因棉花品种影响较小，其株高相对受体品种较高，表现出较强的生长能力；而且抗旱转基因棉花植株的结铃性比受体品种强。证明抗旱基因在棉花中的过量表达确实有效地提高了转基因棉花的抗旱性（图4-12）。如抗旱转基因棉花中，*NAC*、*OsNAC*10等抗旱基因过量表达，显著提高棉花等作物的抗旱耐盐性，且正常情况下，转*NAC*、*OsNAC*10基因使棉花产量增加5%~14%，干旱条件下相对于对照增产25%~42%。

图4-12　抗旱转基因棉花田间抗旱性评价（图片由祝建波、王爱英提供）

第二节　生存竞争能力评价

生存竞争能力主要是研究转基因棉花和非转基因亲本对照棉花（受体品种）在农田生态类型和自然生态类型两类环境条件下出苗率、生长势、繁殖能力、越冬休眠能力等方面的差异，分析判别该转基因植物对环境的适应性和杂草化潜力。通常仅需要检测农田生态环境条件下的生态适应性，只有在农田生态环境条件下检测出转基因植物生态适应性显著增强、具有较大杂草化风险的情况下，才需要进行自然生态类型的检测，分析其演变成超级杂草的可能性。经过测定转基因棉花和受体品种在同一生长环境中的生物学特性，分析该转基因棉花在自然环境下自身繁衍的能力，判定其是否具有较强的竞争能力以及杂草化潜力，从而来评价该转基因植物在种植上的经济性和社会性在推广上的定位。

一、农田生境评价

农田生态类型下的生存竞争评价侧重于在室内或封闭的栽培地内进行，通过比较转基因棉花和受体品种棉花在生长势、生育性状、越冬能力、产量性状、纤维品质等适合度差异以及目标性状的有效性，从而判别转基因棉花是否具有竞争优势。分析、归纳这些生物学特性将有助于对转基因棉花种植的可行性进行判断。

栽培地生存竞争评价主要是在棉花苗期、蕾期、花铃期及吐絮期等生育期对转基因棉花和受体品种的出苗率、株高、生育期等生物学性状等进行评价，分析其越冬竞争力、生育性状竞争力、生物学特性竞争力、产量性状竞争力和纤维品质竞争力等的差异。一般在棉花吐絮期之前，侧重于对转基因棉花营养生长能力等相关性状进行调查，包括出苗率、覆盖率（棉花地上部分垂直投影的面积占地面的比例）、生育期等，分析转基因棉花与受体品种间在各生育期生长势的差异。在棉花吐絮之后（一般在9月左右），风险评价则侧重于分析棉花繁殖生长等相关的影响因子，包括棉花的单株果枝数、单株结铃数、单铃重及其皮棉产量等产量性状和单铃平均不孕籽粒数等生殖性状，判别该转基因棉花在种植上的推广价值和优势。在棉花收获后期，科学家们还会对转基因棉花种子的越冬能力及杂草化潜力进行科学评估，比较转基因棉花和对照棉花在传代繁衍能力上的差异，分析转基因棉花杂草化的可能性（图4-13）。

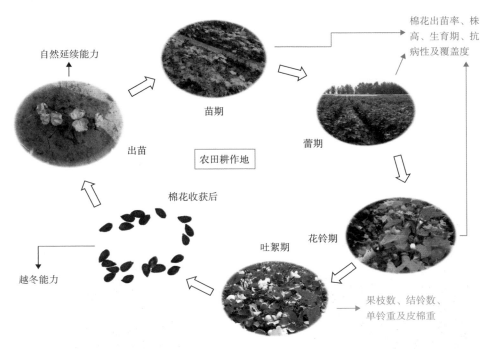

图4-13 农田生境下转基因棉花生存竞争能力评价过程

　　如果转基因棉花在株高、覆盖率、单株果枝数、单株结铃数、单铃重及皮棉产量等与推广可行性目标有关的生物学特性方面具有一定的竞争优势，那么可以认定该转基因品种将具有较好的生产应用价值，大规模种植后可能会为农户带来更多的经济收益；相反，若田间栽培地调查结果显示转基因棉花在与产量有关的农艺性状方面的竞争力差于受体品种，那么，这个转基因棉花品种将面临被淘汰（图4-14）。以总成铃数为例，若栽培地常规耕作试验中，某转基因棉花总成铃数为74 178个/亩，常规对照棉为63 257个/亩，那么该转基因棉花竞争优势力差值为10 921个/亩，其增铃数显著，正面竞争优势值较高，判定该转基因棉花适宜推广。

　　在评价转基因棉花越冬能力时，若转基因棉花的棉籽对抗冬季自然环境的能力如落粒性、种子休眠性、种子发芽势及自生苗等适合度变化弱于或等同于对照品种，那么会认为该转基因棉花的越冬能力较差，演变成杂草的可能性较低。以种子发芽势为例，人们常常利用当年收获的转基因棉花和对照品种的棉种，选取一定数量，于年前（当年11月20日前）和年后（翌年3月）分别进行室内发芽测试，比较两个品种棉籽在年前和年后的发芽率和发芽势，通过计算衰减值并进行方差分析，来判别其越冬生存能力的强弱。如果该转基因棉花年前收获的棉种发芽率高于对照品种，但年后收获的发芽率和发芽势较差，那么一般会认为该转基因棉花在野外对抗自然环境的能力较弱。

图4-14 农田生境下转基因棉花生存竞争能力调查参数

科学家通过转基因技术赋予棉花具备了抗虫、抗病等目的性状，但这些性状往往属于正面的，具有一定的竞争优势。这些目标性状基因的导入也往往未增强或减弱该品种在农田生态环境条件下一些的竞争能力。大多数转基因棉花与受体品种一样，其野外越冬生存能力较差，均不能发芽生苗。但值得注意的是，由于转基因抗除草剂棉花田块中增加了除草剂选择压力的趋势，杂草产生除草剂耐性的机会相对增多，衍生出恶性杂草的机会也随之增加，因此，在对转基因抗除草剂棉花进行评价时，也要持续跟踪和关注棉田重要杂草的演替规律。

二、自然生境评价

荒地生存竞争能力的强弱是判断转基因棉花是否具有杂草化潜力的主要因子之一。竞争能力强的转基因棉花容易在栖息地占据生存空间，通过入侵、改变其他植物栖息地的环境，最终演化成杂草。荒地生存竞争评价转基因棉花杂草化的环境风险指标，包括评价转基因棉花、受体品种及杂草在同一荒地生境中的萌发和生长情况。出苗率、株高、棉花生育进程、吐絮瓣数、絮瓣脱落等与种子延续能力有关的环境风险指标将帮助我们判断转基因棉花杂草化的风险以及转基因棉花的自然延续或建立种群的能力（图4-15）。

以抗虫转*Bt*基因棉为例。在选择试验荒地评价时，一般会选用抛荒一年以上长有各种杂草的耕地或选用未耕作过的长有各种杂草的荒地进行。选取转基因棉花和受体品种一定数量的棉籽，以地表撒播和3厘米深度播种两种方式，分别在4月下旬和5月下旬两个时期处理，分别评价其杂草化的潜力。其中，荒地地表杂草不铲除情况下，4月或5月毛籽撒播的方法最符合自然生态状况，其检测结果也最具有评价代表性。播种后，每月调查一次杂草的种类、密度和覆盖度以及棉花的出苗数、株高、生育进程、吐絮瓣数等，直至棉花全部死亡。并在翌年的5月和6月，调查前一年种植转基因棉花的试验小区内的自生苗情况，记录每小区自生苗的数量，并对自生苗进行生物学或分子生物学检测。同时，要对转基因棉花自生苗全部铲除，防止转基因棉花基因漂移及杂草化发生（图4-16）。

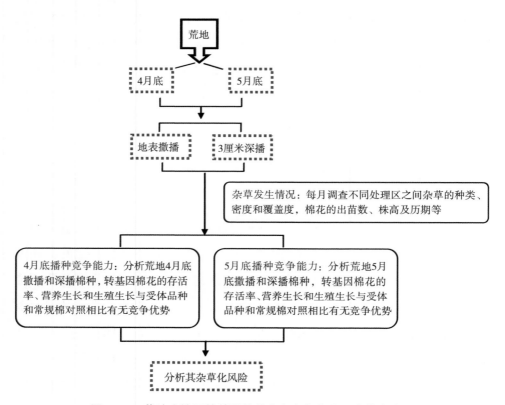

图4-15　荒地生境下转基因棉花生存竞争能力评价技术路线

荒地生存竞争能力评价包括转基因棉花的生长竞争力和生殖竞争力两方面评价。生长竞争力评价侧重于调查棉花的出苗能力、株高及盖度等方面，通过分析同一荒地生境下转基因棉花、受体品种和各类杂草在生态系统水平、垂直结构下的竞争关系，判断转基因棉在争夺空间和地面营养过程中是否具有优势，评价其适应性。一般出苗能力强，植株及覆盖率高的棉花品种会占据栖息地营养生长上的优势，可能会影响周围杂草的结构和生长，具备有杂草化的潜力；反之，则处于生态竞争的劣势，不具有杂草化的风险。

棉花生育期

株高

吐絮铃数

出苗率

图4-16 荒地生境下转基因棉花生存竞争能力调查参数

　　生殖竞争力评价主要是分析转基因棉花和受体品种在生育进程、吐絮瓣数、絮瓣脱落能力、越冬能力等与延续能力有关的特性差异，探讨转基因棉花在获得新的基因后会不会增加其生殖繁衍的竞争性，在生殖能力、生殖潜力及自然延续能力等方面是否比非转基因植物强，评价其杂草化的潜力。若转基因棉花在荒地环境下生长进程、吐絮能力、絮瓣脱落能力等均显著强于受体品种，不受栖息地杂草种类、长势等影响，那么，该转基因棉花在评价所在地的自然生态条件下就具备生存繁衍的能力，甚至有杂草化的风险。以吐絮瓣落粒率为例，如果荒地试验越年后调查发现，转基因棉花3厘米深播处理的吐絮铃瓣落粒率为7.68%，常规棉对照品种为9.21%，转基因棉花与常规对照品种相比落粒率低1.53个百分点。按照杂草化潜力目标评价的要求，转基因棉花吐絮落粒性低于常规棉对照，杂草化潜力较低，属于正面的性状。

目前，大多转基因棉花荒地生存竞争试验的结果显示，两种播种方式下的转基因棉花出苗率都比较低，甚至零出苗。即使个别种子正常出苗，生长也较为缓慢，植株相对矮小，生育期严重滞后，基本上无法结铃吐絮，直至进入冬季棉株死亡。一些转基因棉花品种在冬季会有少量的小铃开裂吐絮，但一般多为不成熟的空瘪籽棉。这些棉籽落地后一般不会发芽生苗，基本丧失了传代性。大多数转基因棉花和受体品种的种子及植株残体在荒地生境下基本无法安全越冬完成生活史，不能繁殖传代，并不具有与杂草竞争的优势。可见，一般情况下转基因棉花和受体品种在生长发育和繁殖能力、传播方式和传播能力、休眠期及生态适应等方面差异不大，外源基因的导入只提高了大多数转基因棉花的生产竞争力，但没有改变其农田和荒地的生存竞争能力，未带来演变成农田杂草的风险。

第三节　对非靶标生物的影响评价

目前，全球商业化种植的转基因棉花主要包括抗虫棉花、耐除草剂棉花和兼具抗虫与耐除草剂特性的复合性状转基因棉花。我国从1997年开始商业化种植转基因抗虫棉花，即Bt棉花，至今已应用20多年，棉田鳞翅目害虫如棉铃虫、红铃虫等得到了有效控制，降低了农药施用量，改善了农田生态环境。这类转基因棉花主要通过产生一种或几种来源于苏云金芽孢杆菌（Bt菌）杀虫蛋白（Bt杀虫蛋白）来防治害虫。理论上，这种Bt蛋白可以专一地杀死鳞翅目靶标害虫。但它会不会像一些广谱农药一样，在杀死害虫的同时也会伤害到田间有益生物，如天敌昆虫、青蛙和鸟儿等？为了明确这一点，并确保在使用Bt棉花防治害虫的同时不伤害棉田的有益生物（图4-17），转基因抗虫棉花在商业化种植之前必须经过严格的安全评价，即转基因抗虫作物非靶标效应（影响）评价。

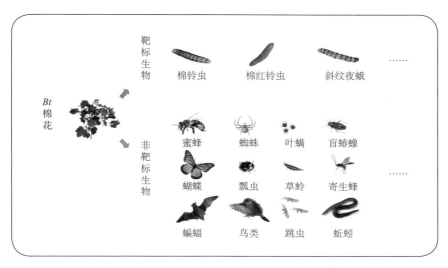

图4-17 *Bt*棉田的靶标生物与非靶标生物

1. 风险问题的确立

转基因抗虫作物对非靶标生物及生物多样性的影响评价是转基因作物环境安全评价工作中的一项重要内容，主要目的是弄清转基因抗虫作物的种植是否会负面地影响农田非靶标节肢动物。

评价转基因抗虫作物对非靶标生物的影响（风险），首先要分析和确立风险问题。该过程的目的是明确可能存在的影响及我们需要关心的风险问题，界定风险评估工作的范围，提出相应的风险假设。在该过程中，一般首先要通过文献检索及查阅转基因作物品种培育者向管理部门提供的相关档案文件等资料，弄清所要评估的转基因品种的特性、所表达的外源基因及其受体植物是否具有实质上的等同性（substantial-equivalent），即主要考虑转基因植物和受体植物在生理生态、外源蛋白外其他营养物质成分等方面的异同。如果转基因植物除了表达外源杀虫蛋白外与受体植物实质等同，评估工作将仅局限于评价转基因抗虫植物所表达的杀虫化合物如*Bt*蛋白对非靶标生物的潜在毒性及受试生物在自然条件下接触到杀虫蛋白的途径和水平。为了确立更具体的风险问题，提出具体的试验假设，需要考虑杀虫蛋白的分子特征、作用方式、潜在杀虫谱及杀虫蛋白的时空表达等特性。另外，还要考虑转基因植物潜在释放的环境、种植规模及可能对环境造成影响的程度和相应的生态后果。然后，根据这些基础信息和风险管理目标提出相应试验假设，开展相关评估工作。

2. 评价原理

由于风险的发生是由为害和这种为害发生的概率决定的，因此，转基因抗虫作物非靶标影响（风险）评价就是明确转基因抗虫作物对非靶标生物可能产生的为害及这种为害发生的可能性或概率。具体来说，主要是鉴定转基因植物外源基因表达物对受试生物的毒性（toxicity）及该生物暴露于这些化合物的途径和程度（exposure），然后根据两方面的研究数据综合分析转基因作物的种植可能对非靶标生物造成的潜在风险。因此，在评价转基因抗虫作物对非靶标生物的影响时，不仅要评价转基因抗虫作物对非靶标生物可能带来的为害，同时也需要分析在自然条件下这种为害产生的概率。例如，1999年，康奈尔大学的科学家John Losey在*Nature*杂志上发表了一篇论文。论文数据表明：用撒了*Bt*转基因玉米花粉的叶片喂养帝王斑蝶幼虫，4天内会有44%的幼虫死亡。该论文的发表引发转基因作物环境安全性的广泛争论。美国政府组织专家进行了更深入研究，发现自然条件下大斑蝶暴露于*Bt*玉米花粉的程度十分低，*Bt*玉米的种植不会对斑蝶种群产生负面影响。而*Nature*文章试验中仅评估*Bt*玉米对大斑蝶的"毒性"，忽视了"暴露"程度的评估，引起公众对转基因玉米安全性的担忧（图4-18）。

非靶标生物可以通过直接和间接两种方式暴露于转基因植物表达的外源杀虫蛋白。直接方式如通过直接取食转基因植物组织，如草蛉成虫取食*Bt*玉米花粉；间接方式如害虫天敌（捕食者和寄生者）通过捕食和寄生取食过转基因作物组织的植食性害虫；一些节肢动物还可以通过取食转基因作物植株残体及分泌物暴露于杀虫蛋白（图4-19）。

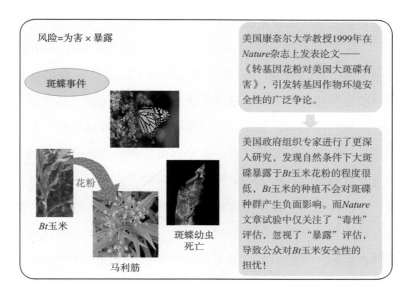

风险=为害×暴露

斑蝶事件

花粉

*Bt*玉米

斑蝶幼虫
死亡

马利筋

美国康奈尔大学教授1999年在*Nature*杂志上发表论文——《转基因花粉对美国大斑碟有害》，引发转基因作物环境安全性的广泛争论。

美国政府组织专家进行了更深入研究，发现自然条件下大斑碟暴露于*Bt*玉米花粉的程度很低，*Bt*玉米的种植不会对斑碟种群产生负面影响。而*Nature*文章试验中仅关注了"毒性"评估，忽视了"暴露"评估，导致公众对*Bt*玉米安全性的担忧！

图4-18　转基因抗虫玉米与帝王斑蝶

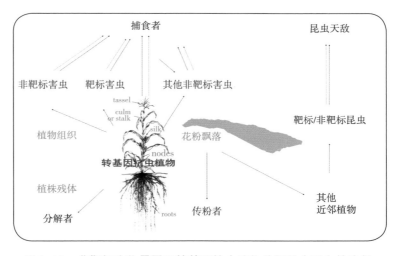

捕食者

昆虫天敌

非靶标害虫　靶标害虫　其他非靶标害虫

tassel

culm
or stalk

silk

花粉飘落

靶标/非靶标昆虫

植物组织

nodes

转基因抗虫植物

植株残体

roots

分解者

传粉者

其他
近邻植物

图4-19　非靶标生物暴露于转基因抗虫植物外源杀虫蛋白的途径

3. 一般评估程序和步骤

评价转基因植物对农田非靶标节肢动物及生物多样性的潜在影响，目前国际上普遍采用分层次的评估体系。简单地说，就是首先选择合适的受试生物，然后依次开展从实验室试验（lower-tier test）到半田间试验（middle-tier test），再到田间试验（higher-tier test）的分阶段的评估体系（图4-20）。在评估的每一阶段，根据所获得的研究数据决定评估是否终止或进行重复试验或需要进入下一阶段开展更接近田间实际情况的评估试验。如果在阶段性试验中能明确转基因作物对受试非靶标节肢动物没有负面影响，一般不必要进一步开展下阶段试验。但是如果发现负面影响或试验结论不确定，需要重复试验或者开展下一阶段试验进行验证。不管是实验室评价还是田间评价，目标都是为了保护"农田生物多样性"，但传统上，一般把"实验室评价"认定为"非靶标生物影响"评价，而把"田间调查试验"认定为"生物多样性影响"评价。本章节主要讨论实验室评价，田间调查试验在第四节重点介绍。

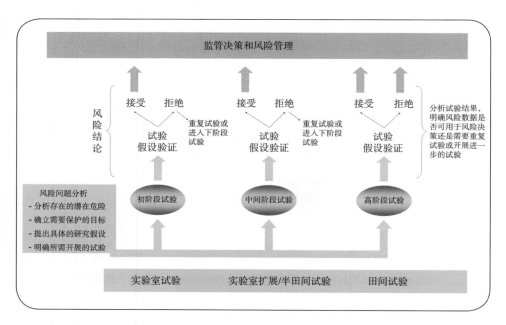

图4-20 转基因作物非靶标生物影响评估一般程序（参考Romeis et al.，2008）

4. 实验室评价一般方法

实验室和半田间评价主要目的是明确转基因抗虫作物表达的外源杀虫蛋

白对农田非靶标节肢动物是否具有非预期毒性。开展实验室或半田间评价工作，首先需要遴选代表性节肢动物种，即指示种，然后根据不同指示种的生物学和生态学特性，在实验室条件下开展生物测定试验，通过将纯化的转基因外源杀虫蛋白或转基因植物组织直接或间接饲喂给受试生物，观察分析受试生物的生命参数，评估转基因植物对受试指示生物的潜在毒性。

（1）指示性生物遴选。农田有益节肢动物种类繁多，在实验室或半田间条件下评估转基因抗虫作物的非靶标效应，不可能对每个节肢动物进行逐一评估，因此，需要选择合适的、具有代表性的节肢动物作为指示生物（indicator species），通过对代表物种的评估来预测转基因植物对其他被代表物种的潜在影响。因此，选择合适的代表性节肢动物种是评估转基因植物非靶标生物影响的重要环节。一般情况下，选择指示性生物应遵循以下几个标准：①在作物田发挥重要生态功能的节肢动物种，如捕食性天敌普通草蛉和瓢虫等；②在转基因抗虫作物田，较高地暴露于外源杀虫化合物，最有可能受到影响的节肢动物种；③与转基因抗虫植物靶标昆虫亲缘关系较近，最可能对植物所表达杀虫蛋白敏感的节肢动物种，如评估以鞘翅目害虫为靶标的转基因抗虫作物的环境风险时，应该把鞘翅目非靶标昆虫作为重点评估对象；④还需要考虑试验操作上的便利性和可行性。一般来说，易于在实验室饲养，在试验中易于处理和观察的非靶标节肢动物应该被优先考虑作为指示性物种。表4-1为目前国际上常用的代表性节肢动物种。

表4-1　转基因作物非靶标影响评价国际常用节肢动物指示种类

生态功能	物种（目：科）
传粉者	意大利蜜蜂 *Apis mellifera*（Hymenoptera：Apidae）
寄生者	姬蜂 *Lchneumon promissorius*（Hymenoptera：Ichneumonidae）
	丽蝇蛹集金小蜂 *Nasonia vitripennis*（Hymenoptera：Pteromalidae）
	瓢虫柄腹姬小蜂 *Pediobius foveolatus*（Hymenoptera：Eulophidae）

（续表）

生态功能	物种（目：科）
捕食者	具斑食蚜瓢虫*Coleomegilla maculata*（Coleoptera：Coccinellidae）
	龟纹瓢虫*Propylaea japonica*（Coleoptera：Coccinellidae）
	七星瓢虫*Coccinella septempunctata*（Coleoptera：Coccinellidae）
	集栖瓢虫*Hippodamia convergens*（Coleoptera：Coccinellidae）
	土鳖虫*Poecilus cupreus*（Coleoptera：Carabidae）
	双线隐翅虫*Aleochara bilineata*（Coleoptera：Staphylinidae）
	普通绿草蛉*Chrysoperla carnea*（Neuroptera：Chrysopidae）
	日本通草蛉*Chrysoperla sinica*（Neuroptera：Chrysopidae）
	小花蝽*Orius insidiosus*（Hemiptera：Anthocoridae）
分解者	白符跳*Folsomia candida*（Collembola：Isotomidae）
水生生物	大型溞*Daphnia magna*（Crustacea：Diplostraca：Daphniidae）
	摇蚊*Chironomus dilutus*（Diptera：Chironomidae）

（2）实验室评价。在实验室条件下评估转基因抗虫作物对受试指示生物的潜在影响，一般开展以下3类试验：①纯蛋白直接饲喂试验，即所谓的Tier-1试验；②二级营养试验（Bi-trophic experiment）；③三级营养试验（Tri-trophic experiment）（图4-21）。

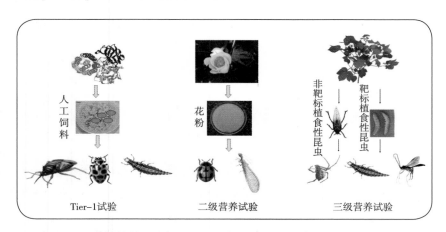

图4-21　评估转基因杀虫蛋白对非靶标生物潜在毒性的一般试验方法

纯蛋白直接饲喂试验，即所谓的Tier-1试验。开展该类试验，首先需要一个合适的蛋白载体（protein carrier），如人工饲料，把高剂量的纯杀虫蛋白（一般为由大肠杆菌表达，分离、纯化获得）传递（饲喂）给受试生物，通过比较分析取食含杀虫蛋白饲料的受试生物与取食不含杀虫蛋白饲料的受试生物的生长发育、繁殖、死亡等情况，明确杀虫蛋白对受试生物的潜在毒性。此类试验设计得很保守，使用的杀虫蛋白的剂量一般要为转基因植物最高表达量的10倍以上，保证了试验结论的可靠性。

二级营养试验。对于某些可以直接取食植物组织的受试节肢动物，可开展二级营养试验，即通过把转基因植物组织直接饲喂给受试生物，观察受试生物的生长发育或其他生命参数，明确取食转基因植物组织对受试生物的潜在影响。该类试验检测的影响可能来源于转基因抗虫植物表达的外源蛋白对受试生物的直接毒性，也可能来源于外源基因转入植物导致的非预期效应，如植物产生的次生代谢物等。因此，如果在该类试验中检测到对受试生物的负面影响，需要通过Tier-1试验明确所检测的影响是否来源于转基因外源杀虫蛋白。在该类试验中，如果仅取食植物组织不能满足受试生物的正常生长发育，还需要在饲喂受试生物植物组织的同时提供其他食物，以满足受试生物的正常需求。在该类试验中，由于无法人为提高受试生物食物中杀虫化合物的含量，一般通过延长生物测试试验时间来提高受试生物暴露于杀虫化合物的水平，提高试验结论的可靠性。

三级营养试验。对于昆虫天敌，如昆虫捕食者或寄生蜂，可以开展三级营养试验，即首先把纯杀虫蛋白或转基因植物组织饲喂给受试天敌昆虫的猎物或寄主，再把体内含有转基因杀虫蛋白的猎物或寄主饲喂给天敌昆虫。开展此类试验，需要注意以下两点：①如果以植物组织为食物，尽量选择取食转基因植物后体内含有较高杀虫蛋白的猎物或寄主。一些天敌猎物或寄主，如蚜虫取食*Bt*玉米或*Bt*棉花后，体内基本不含*Bt*蛋白，这样的猎物或寄主不能有效地把转基因杀虫蛋白传递给天敌昆虫，因此，不宜用于该类试验；②要选择对受试杀虫蛋白不敏感的昆虫或对受试化合物产生抗性的实验室种群作为猎物或寄主。如果所选择猎物或寄主对杀虫蛋白敏感，其取食杀虫蛋白后，可能死亡，影响试验的开展，或者生长发育受到影响，导致其作为猎物或寄主营养质量下降而对上一营养层的间接影响，以致难以明确杀虫蛋白是否对受试天敌具有毒性。

5. 案例分析

下面具体以评价转*cry2Ab*+*cry1Ac*基因双价抗虫棉对大斑长足瓢虫的潜在影响为例，介绍转基因抗虫作物对非靶标生物影响的实验室评价方法。

转*cry2Ab*+*cry1Ac*基因抗虫棉花可产生Cry2Ab和Cry1Ac两种外源杀虫蛋白，用来防治棉铃虫、红铃虫、粉纹夜蛾等鳞翅目害虫。大斑长足瓢虫是棉田重要的捕食性天敌昆虫，可捕食棉铃虫的卵和幼虫，以及蚜虫和蓟马等小型害虫。同时，当田间猎物稀少时该昆虫也会取食棉花花粉或幼苗。因此，大斑长足瓢虫在转基因棉田可通过取食棉花组织直接摄取到杀虫蛋白，也可通过猎食植食性昆虫而间接摄取到转基因植物产生的外源杀虫蛋白。另外，该瓢虫还容易饲养，很适合作为指示性生物用于转基因抗虫植物非靶标影响评价。评价转基因抗虫棉花对大斑长足瓢虫的潜在影响，一般开展两类试验：①纯蛋白直接饲喂试验，②三级营养试验（图4-22）。

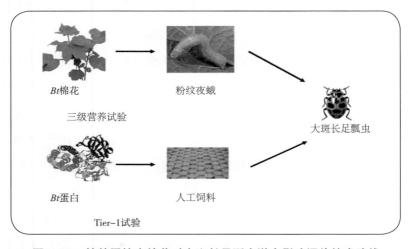

图4-22　转基因抗虫棉花对大斑长足瓢虫潜在影响评价技术路线

大斑长足瓢虫属于捕食性天敌，开展三级营养试验需要找到合适的猎物。靶标昆虫粉纹夜蛾幼虫为大斑长足瓢虫的猎物之一，但由于粉纹夜蛾幼虫对Cry2Ab和Cry1Ac杀虫蛋白敏感，取食了含有这些杀虫蛋白的转基因棉花后将被杀死或其生长发育受到影响，作为猎物营养质量下降，不适合用于三级营养试验。为了解决这一问题，研究者曾采用在实验室筛选的对Cry2Ab和Cry1Ac杀虫蛋白具有较高抗性的粉纹夜蛾幼虫作为猎物用于此类试验。因为抗性粉纹夜蛾对这两种杀虫蛋白都具有抗性，取食了含有这两种杀虫蛋白的转基因棉花后仍能正常存活，不会出现其受到杀虫蛋白毒性影响而作为猎物营养质量下降而导致对瓢虫的间接负面影响。

试验中，先让抗性粉纹夜蛾幼虫分别取食转基因和非转基因棉花叶片3~4天，然后将体内含有Bt杀虫蛋白的夜蛾幼虫饲喂给大斑长足瓢虫。通过对比分析转基因棉花处理组和非转基因棉花处理组的大斑长足瓢虫的重要生命参数，如生存率、体重和产卵量等，明确Bt棉花表达的两种外源杀虫蛋白对瓢虫是否具有毒性影响。为了明确通过这种饲喂体系，瓢虫暴露于杀虫蛋白的水平，采用ELISA（酶联免疫吸附测定法，一种蛋白的定量方法）分别测定了棉花叶片、粉纹夜蛾抗性幼虫和大斑长足瓢虫体内的杀虫蛋白含量。另外，为了弄清通过该饲喂体系瓢虫摄取到的Cry2Ab和Cry1Ac蛋白是否依然具有生物活性，将杀虫蛋白从猎物，即粉纹夜蛾幼虫体内提取出来，再加入人工饲料饲喂对两种蛋白敏感的靶标昆虫，通过观察靶标昆虫的生长发育情况鉴定粉纹夜蛾幼虫传递给瓢虫的Cry2Ab和Cry1Ac蛋白的杀虫活性（图4-23）。研究结果发现：通过所建立的生物测定体系，大斑长足瓢虫可取食到一定浓度且具有杀虫活性的Cry2Ab和Cry1Ac蛋白，但该瓢虫对这两种蛋白不敏感，不会受到负面影响。

相对取食猎物，在田间条件下大斑长足瓢虫可通过直接取食转基因棉花组织如花粉而摄取到较高浓度的杀虫蛋白。为了明确取食更高浓度Bt杀虫蛋白对该瓢虫是否具有负面影响，可进一步通过开展Tier-1试验，即将纯蛋白通过人工饲料直接饲喂给大斑长足瓢虫。由于该瓢虫喜食虾卵，试验中将虾卵通过研钵研碎，加入琼脂，凝固后作为人工饲料饲喂瓢虫。试验证明，该人工饲料能满足瓢虫的正常生长发育。通过该人工饲料，即将纯化的具有杀虫活性的*Bt*蛋白搅拌入人工饲料直接饲喂瓢虫，通过观察记录大斑长足瓢虫生存率、发育历期、体重等各项指标判定*Bt*蛋白对瓢虫是否具有毒性。试验中，将已知对大斑长足瓢虫有毒的无机化合物PA（砷酸钾）和有机化合物E-64（一种蛋白酶抑制剂）同样加入人工饲料饲喂瓢虫，作为阳性对照处理验证试验体系的敏感性和有效性（图4-24）。

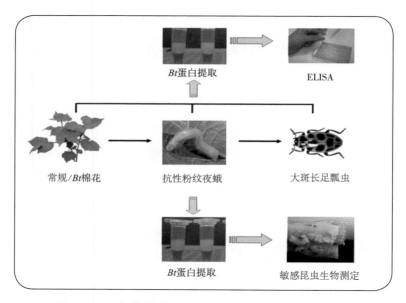

图4-23　三级营养试验中*Bt*蛋白的含量和杀虫活性检测

通过该试验体系评估了转基因棉花所产生的Cry2Ab和Cry1Ac杀虫蛋白对大斑长足瓢虫的潜在毒性影响。结果显示：虽然试验中瓢虫取食到杀虫蛋白的浓度远高于其在田间条件下可接触到的浓度（>10倍），瓢虫的生存率、幼虫历期和体重等重要生命参数相对取食纯人工饲料（对照）的瓢虫没有显著差异；而取食含有E-64的阳性对照组中大斑长足瓢虫生存率及生长发育均受到显著负面影响。在进行评价的过程中，还通过使用ELISA和敏感昆虫生物测定等手段对混入饲料中的杀虫蛋白的含量以及杀虫活性进行了检测，证实试验中大斑长足瓢虫取食到高剂量并具有杀虫活性的Bt蛋白。该试验进一步证明转基因棉花所表达的Cry2Ab和Cry1Ac杀虫蛋白对大斑长足瓢虫没有毒性，种植表达这两种杀虫蛋白的转基因棉花对大斑长足瓢虫不会带来显著的不利影响。

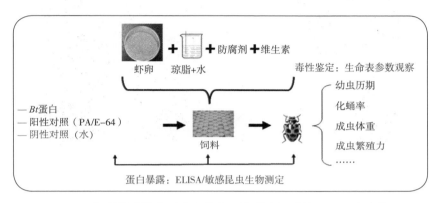

图4-24　评价杀虫蛋白对大斑长足瓢虫潜在影响的Tier-1试验体系

第四节　对农田生物种群动态与群落结构的影响评价

一、试验方法

（一）试验设计

试验品种为转基因抗虫棉品种与对应的非转基因棉花品种（亲本对照），种子质量应达到GB 4407.1中对棉花种子的要求。随机区组设计，小区面积不小于300米^2，3次重复，常规耕作管理，全生育期不应喷施杀虫剂（图4-25）。

图4-25　棉花种植小区（图片由耿亭提供）

（二）播种

按当地春棉或夏棉（短季棉）常规播种时间、播种方式、播种量进行播种（图4-26）。

图4-26　棉花播种（图片由耿亭提供）

（三）调查记录

1. 对棉田节肢动物多样性的影响

（1）调查方法

直接调查观察法：从棉花出苗至吐絮，每7天调查一次。每小区采用棋盘式取样方法调查10个样点，每点调查5株棉花。记载整株棉花（伏蚜只调查上部倒数第三片展开叶）及其地面各种昆虫和蜘蛛的数量、种类和发育阶段。开始调查时，首先要快速观察活泼易动的昆虫和（或）蜘蛛的数量。对田间不易识别的种类进行编号，带回室内鉴定（图4-27）。

图4-27　直接调查观察法

吸虫器调查法：在棉花生长的苗期（4~6片真叶）、蕾期、花期、铃期、吐絮期各调查一次，共计5次，每小区采用对角线五点取样。每点用吸虫器吸取5株棉花（全株）及其地面1米²范围内的所有节肢动物种类。将抽取的样品带回室内清理和初步分类后，放入75%乙醇溶液保存，供进一步鉴定（图4-28）。

图4-28 吸虫器调查法（图片由耿亭提供）

（2）结果记录

记录所有直接观察到和用吸虫器吸取的节肢动物的名称、发育阶段和数量。

（3）结果表述

运用节肢动物群落的多样性指数、均匀性指数和优势集中性指数3个指标，分析比较转基因抗虫棉田节肢动物群落、害虫和天敌亚群落的稳定性。

节肢动物群落的多样性指数按公式①计算：

$$H = -\sum_{i=1}^{s} P_i \ln P_i \qquad ①$$

式中：

H ——多样性指数；

$P_i = N_i/N$；

N_i ——第i个物种的个体数；

N ——总个体数；

s ——物种数。

计算结果保留2位小数。

节肢动物群落的均匀性指数按公式②计算。

$$J=H / \ln S \qquad ②$$

式中：

J ——均匀性指数；

H ——多样性指数；

S ——物种数。

计算结果保留2位小数。

节肢动物群落的优势集中性指数按公式③计算。

$$C = \sum_1^n (N_i / N)^2 \qquad ③$$

式中：

C ——优势集中性指数；

N_i ——第i个物种的个体数；

N ——总个体数。

计算结果保留2位小数。

2. 对靶标害虫和主要非靶标害虫及其天敌种群数量的影响

（1）调查方法

结合节肢动物多样性调查进行。每小区采用棋盘式取样方法调查10个样点，每点调查5株棉花，每7天调查一次。调查的靶标害虫包括棉铃虫、红铃虫；其他鳞翅目害虫包括小地老虎、甜菜夜蛾、斜纹夜蛾、棉造桥虫等；其他主要刺吸性害虫包括棉蚜、棉叶螨、烟粉虱、棉叶蝉、棉盲蝽；主要天敌种类包括七星瓢虫、龟纹瓢虫、草间小黑蛛、狼蛛、小花蝽、草蛉、中红侧沟茧蜂、齿唇姬蜂等。

（2）结果记录

记录每次调查的棉铃虫的落卵量、幼虫龄期和数量，其他害虫及天敌的数量。

（四）结果分析

用方差分析方法分析比较转基因抗虫棉花与非转基因棉花对主要害虫及天敌种群数量、节肢动物群落结构的影响。

二、对节肢动物多样性的影响

转基因抗虫棉及亲本对照上节肢动物群落、害虫亚群落和天敌亚群落的结构与组成间无明显差异。与非转基因棉花相比，转基因抗虫棉对群落多样性指数、均匀性指数、优势集中性指数也没有显著影响。

三、对靶标害虫和主要非靶标害虫及其天敌种群数量的影响

1. 对靶标害虫的影响

研究表明，转基因抗虫棉与亲本对照上靶标害虫（棉铃虫、红铃虫）以及棉大卷叶螟等次要靶标害虫的落卵量间均没有显著差异，而转基因抗虫棉上靶标害虫以及次要靶标害虫的幼虫数量均较亲本对照上的明显减少。因此，转基因抗虫棉对靶标害虫具有很好的控制作用。

2. 对非靶标害虫的影响

与非转基因棉花相比，转基因抗虫棉上棉蚜、棉盲蝽、烟粉虱、叶螨的发生量间差异均不显著。因此，转基因抗虫棉对非靶标害虫的发生没有显著影响。

3. 对天敌的影响

研究发现，转基因抗虫棉上天敌（如瓢虫、草蛉、小花蝽等）的发生种类与优势种及亲本对照相比均没有显著差异。因此，转基因抗虫棉对天敌的发生没有显著影响。

第五节　基因漂移的环境影响评价

一、基因漂移的概述

1. 什么是基因漂移

基因漂移，又称基因漂流，基因逃逸，是指一种生物的目标基因向附近野生近缘种的自发转移，导致附近野生近缘种发生内在的基因变化，具有目标基因的一些优势特征，形成新的物种，以致整个生态环境发生结构性的变化。理论上存在两种类型的基因漂移，即垂直基因漂移（vertical gene flow）和水平基因漂移（horizontal gene flow）。垂直基因漂移主要发生于同一物种之内或者亲缘关系较近的物种之间，一般以杂交渗入为主要方式；水平基因漂移主要发生在亲缘关系较远的物种之间，如植物与微生物之间以及不同微生物之间的基因漂移。由于水平基因漂移的频率极低，以致在通常情况下很难跟踪和检测到，垂直基因漂移是最常见的基因漂移形式，也是对生物进化影响最大的基因漂移方式。

2. 基因漂移的发生途径

在植物中，基因漂移的途径有不同的方式，通常根据基因漂移介导媒介的不同把基因漂移的发生途径分为以下3种形式：①花粉介导的基因漂移，即以花粉流（pollen flow）或花粉传播为媒介的基因漂移，主要依赖花粉传播自然媒介（如水流、风力和动物等）的辅助而实现。其中，根据传粉媒介的不同又可以把花粉传播分为风媒传粉（通过空气流动作为媒介）和虫媒传粉（以昆虫携带为媒介）两种主要形式。②种子介导的基因漂移，即以种子的传播或散布为媒介，主要借助自然媒介（如风力、水流、

动物）或人类活动（如采收与运输）等而实现的基因漂移。③繁殖体介导
的基因漂移，常发生于多年生植物，是以植物繁殖体的传播为媒介而导致
的基因漂移。特别需要注意的是，种子和繁殖体介导的基因漂移最终也必
须通过花粉杂交，即花粉介导的基因漂移，才能真正实现不同个体之间的
基因交流，最终引发一系列生态风险。

3. 基因漂移的危害

转基因逃逸到环境中可能带来很多潜在的生态影响，根据基因漂移
对象的不同，所带来的后果会存在很大差异。这些影响主要包括以下几个
方面：一是外源基因从转基因作物逃逸到非转基因作物，往往会使非转基
因种子中混杂了含有转基因成分的种子，导致种子纯度下降。种子的混杂
或纯度的下降可能会引起国家之间或地区之间的贸易问题。同时，这些混
杂于传统品种的种子如果用于留种或繁殖，可能会影响传统品种种质资源
的遗传完整性。二是基因漂移可能会导致野生近缘物种灭绝。在自然环境
下，经过修饰的外源基因一旦发生逃逸，可能会改变基因漂移受体植物各
个世代的生态适合度和入侵能力。在这个过程中，可能会造成野生种质等
位基因丢失，进而影响野生群体的遗传完整性和多样性，在严重的情况下
会导致野生种群的局部灭绝。三是基因漂移会引发杂草化问题，导致"超
级杂草"的滋生。外源转基因从转基因作物向作物的同种或近缘种杂草漂
移会带来杂草化问题，具有选择优势的外源基因漂移到作物的同种或近缘
种杂草上并有效表达，使杂草获得抗除草剂、抗旱或抗虫的田间适应能
力，加剧了田间杂草为害的管理和治理难度。

4. 国际上常用的研究基因漂移的模式

在所有的基因漂移途径中，花粉介导的基因漂移因其作用范围广，控
制性差，生态风险高，因此是转基因植物风险性评价体系中的重要评价环
节和试验重点。目前的转基因植物风险性评价体系中主要通过大田试验来

确定转基因植物花粉漂移的影响因素和距离。普遍使用的是Wagon-wheel模式（图4-29）。Wagon-wheel种植模式是目前最广泛使用的田间转基因植物风险性评价的试验方法。图4-29为田间常用的检测基因漂移的wagon-wheel模式，图中心区域为转基因植物种植区，周围种植常规品种，F$_1$代取样点多呈米字形或是车轮状排布。即以一定面积的转基因植物为中心，周围放射性种植常规品种，经过一代杂交，之后多以"米"字形或车轮状取样，检测F$_1$代，试验重复两年及以上。

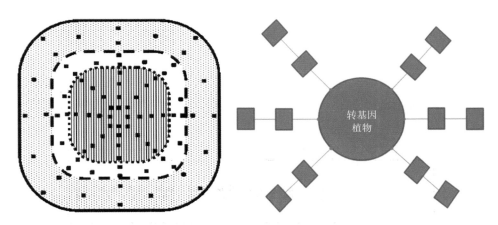

图4-29　Wagon-wheel模式转基因田间种植

二、案例分析

棉花是常异花授粉，花朵较大，易造成外媒传粉的发生。虽然棉花花粉自身的传播距离十分有限，但风力、授粉昆虫等因素可使漂移距离明显提高。

（一）风速对基因漂移的影响

探索风速对基因漂移的影响，采用的方法是温室风速处理和室内F$_1$代基因结果检测，从而有效评估转基因抗虫棉花环境释放的生态风险性。

1. 温室风速处理设计

于棉花花期，在温室（排除自然界风及其他因素的影响）设置3个处理区，分别为低速风处理区（低速1挡风）、中速风处理区（中速2挡风）、高速风处理区（高速3挡风），对照区与转基因棉花种植区域之间用透明薄膜隔开，以防止各处理之间的干扰。

每个处理及对照区种植布局如图4-30所示，均自北向南依次种植非转基因品种（对照区）、转基因品种、非转基因品种（处理区）。在转基因棉花种植区各设置了落地电风扇，面向处理区吹风，以使转基因棉花花粉充分扩散（图4-31）。由于棉花仅白天开花，电风扇工作时间设置为每天6:00至21:00。处理区均设置为定向风，风向垂直于棉花栽种行的方向，自西向东，保持恒定不变；对照区为空白处理，仅作种植，不设人工风力条件。

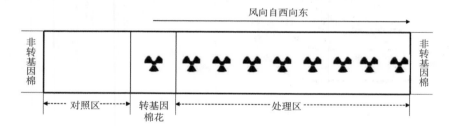

图4-30　转基因棉田间种植布局图

图4-31　转基因棉区落地扇温室实景

2. 室内F₁代基因漂移检测结果

温室棉花吐絮后，采集对照区和处理区距转基因棉花区不同距离处的非转基因棉花F₁代种子，并取其中的一部分进行室内种植（以获得除了种子外更多植物组织，使实验结果更加可靠），对F₁代种子及植物组织进行基因检测，检测非转基因棉花种子是否受到转基因棉花花粉传粉的干扰，检测不同风速条件下，转基因棉花花粉漂移至非转基因棉花处的距离和频率（某一距离处，非转基因棉花品种受基因漂移影响的百分率）。

3. 研究结果

对于处理区：在低速风区，在距转基因棉区0.8米处达到最高值45.71%，最远漂移距离为12.8米。在中速风区，在距转基因棉区0.8米处达到最高值40.00%，最远漂移距离为19.2米。在高速风中，在距转基因棉区6.4米处达到最高值19.15%，最远漂移距离为19.2米；而在对照区中，未检测到基因漂移的发生，漂移频率皆为0。

（二）授粉昆虫对基因漂移的影响

探索授粉昆虫对基因漂移的影响，采用的方法是温室授粉昆虫处理设计和室内F₁代基因结果检测，从而有效评估转基因抗虫棉花环境释放的生态风险性。

1. 温室授粉昆虫处理设计

于棉花花期，在温室（排除自然界授粉昆虫及其他因素的影响）设置3个处理区，分别为熊蜂处理区、蜜蜂处理区、菜粉蝶处理区，对照区与转基因棉花种植区域之间用纱网隔开，以防止传粉昆虫飞到对照区进行随机传粉。

每个处理及对照区种植布局如图4-32所示，均自北向南依次种植非转基因品种、转基因品种、非转基因品种。在转基因棉花种植区释放传粉昆虫。

图4-32　转基因棉温室内种植布局

　　在熊蜂处理区中，棉花开花初期时于转基因棉花种植区域中央释放一箱红光熊蜂（*Bombus ignitus*），见图4-33。释放时应在傍晚进行，将蜂群放入温室，第二天早晨打开巢门。对于480米^2（60米×8米）的普通温室，一箱熊蜂（约200头）即可满足棉花授粉需要。摆放蜂箱时，应注意将蜂箱放在高度约为30厘米的支架上，巢门面向非转基因棉花种植区。由于高温会抑制熊蜂的活力，因此，在蜂箱上部要进行遮阳处理，防止温度过高熊蜂不出巢。

图4-33　温室熊蜂释放实景

　　在蜜蜂处理区中，棉花开花初期时于转基因棉花种植区域中央释放一箱意大利蜜蜂（*Apis melliferaligustica*），见图4-34。释放地应阳光充足，不积水。摆放蜂箱时，巢口应面向非转基因棉花种植区域。一箱意大利蜜蜂约有7 000只，对于480米²（60米×8米）的普通温室，可满足温室内部棉花授粉的需要。

在菜粉蝶处理区中，棉花开花初期时于转基因棉花种植区域中央释放一群菜粉蝶成虫（*Pieris rapae* Linne），200余头（图4-35），对于480米²（60米×8米）的普通温室，可满足温室内部棉花授粉的需要。

图4-34 温室蜜蜂释放实景

图4-35 温室菜粉蝶释放实景

2. 室内F₁代基因漂移结果检测

温室棉花吐絮后，采集对照区和处理区距转基因棉花区不同距离处的非转基因棉花F₁代种子，并取其中的一部分进行室内种植（以获得除了种子外更多植物组织，使实验结果更加可靠），对F₁代种子及植物组织进行基因检测，检测其是否受到转基因棉花花粉传粉的干扰，检测不同授粉昆虫条件下，转基因棉花花粉漂移至非转基因棉花处的距离和频率（某一距离处，非转基因棉花品种受基因漂移影响的百分率）。

3. 研究结果

对于非转基因棉田处理区：熊蜂区，在距转基因棉区1.6米处达到最高值43.33%，最远漂移距离为25.6米。在蜜蜂区6.4米处达到最高值35.61%，最远漂移距离为6.4米）。菜粉蝶区，在距转基因棉区1.6米处达到最高值13.33%，最远漂移距离为25.6米；而在对照区中，未检测到基因漂移的发生，漂移频率皆为0。

（三）玉米隔离带对花粉散布率的影响

通过以上两个实验，可以得出风媒和虫媒是棉花花粉散布的主要媒介，而花粉介导的基因漂移则是基因漂移的主要方式，因此花粉散布率的研究对棉田基因漂移的发生有一定的指导作用。本试验在田间人为种植玉米隔离带情况下，通过花粉染色的方法对棉田花粉散布进行检测，为基因漂移治理提供一定的支持。

1. 试验方法

在大田分别设置3个处理：非转基因棉花小区和转基因棉花小区邻作，非转基因棉花小区和转基因棉花小区间隔4米空白行，非转基因棉花小区和转基因棉花小区间隔4米玉米隔离带（图4-36），每个处理3个重复。

图4-36 田间种植实景

花粉染色方法：选择盛蕾期进行试验，用1%的赤鲜红对靠近非转基因棉区2米范围内的转基因棉进行染色处理（图4-37）。染色时间为每天早上8:00—9:00，花药刚刚开裂时，每株只染色一朵，对有数朵花朵的棉株，只对顶端花进行染色，其他花留作他用，对染色过的花朵挂牌标记。

染色4小时以后，对染色区内多花棉株进行统计，调查花粉在同株异花直接的散布情况。染色4小时以后，对距离隔离带1米、2米、4米、7米、10米处的常规棉进行调查，统计花粉在异株异花直接的散布率。花粉散布频率（%）=含染色花粉粒的花朵数/被观察花朵总数×100。

图4-37 未染色（左）和赤藓红喷洒过的染色（右）棉花

2. 研究结果

（1）同株异花花粉散布率。本次试验共进行4次重复，8月1日，同株异花共观察141朵，其中96朵观察到染色花粉，花粉散布率为68.09%；8月4日，同株异花共观察145朵，其中106朵发现染色花粉，花粉散布率为73.10%；8月6日，同株异花共观察127朵，其中89朵观察到染色花粉，花粉散布率为70.80%；8月8日，同株异花共观察153朵，其中109朵观察到染色花粉，花粉散布率为71.24%。

（2）异株异花花粉散布率。4次观察中，邻作状态下，染色花粉最远可漂移至距离转基因棉7米的位置，4米空白行处理中的花粉最大迁移距离为5米，而种植隔离带的处理中其最远迁移距离只有2米。花粉在异株异花直接的散布率远小于同株异花之间的散布率。

第六节　分阶段的安全评价管理程序

为了便于监管及转基因材料在商业化应用前得到有效控制，根据我国《农业转基因生物安全管理条例》，转基因作物从实验室研究到商业化应用决策整个过程被分为实验研究、中间试验、环境释放、生产性试验和获得安全应用证书5个阶段。在试验研究阶段，研发者必须在本单位农业转基因生物安全领导小组的监督下，采取必要的安全保障措施，保证研发活动在安全可控的条件下进行。当实验室研究完成后，如果培育的转基因作物材料具有商业化应用前景，研发者可向农业农村部主管部门提出申请，获得允许后才能进入后续的安全评价阶段。而且，完成一个阶段的安全评价试验后，研发者需要按各阶段的要求向主管部门提交安全评价数据，由国家农业生物安全委员会评估通过后，农业农村部颁发许可证，才能进入下一阶段。

一旦完成安全评价所有阶段的试验工作，获得充分的评估数据，研发者就可以向农业农村部主管部门申请农业转基因生物安全应用证书。收到申请后，主管部门将委托具备资质的转基因生物安全检测和评价机构开展进一步的验证试验，并组织农业转基因生物安全委员会进行更为系统、全面的安全评价。通过评估证明转基因生物新品系安全，可进入商业化应用，农业农村部将向研发者颁发安全应用证书。根据我国相关法规，获得安全应用证书的转基因新品系并不能马上进入商业化应用，还需要进行品种审定，通过品种审定后，方能在指定区域进行商业化种植。

通过这样一套系统严格的安全评价和管理程序，在转基因作物研发与评估过程中，可将具有安全风险的转基因材料及时剔除，确保进入商业化应用的每个转基因作物品系的安全应用。同时，这种分阶段的安全评价程序可及时发现具有安全风险的转基因材料，避免了后期评估中人力和物力的浪费。在国际上，我国已成为转基因作物安全管理最严格的国家之一。

采用上述安全评价程序和方法，对我国培育的抗虫转基因棉花品系进行了系统的评价，获得数据为我国转基因抗虫棉花商业化应用决策和安全管理提供了科学依据。已获得安全证书的抗虫转基因棉花品种在环境安全评价中均达到了各方面的安全性标准要求，有力保障了我国转基因抗虫棉花20余年的安全应用。

第五章　转基因棉花的环境安全监测

第一节　环境安全评价与监测的关系

虽然转基因作物在商业化应用前要开展系统、严格的安全评价，但是国际上普遍认为这种商业化前所开展的短期实验室试验和局限的田间试验不能完全检测到转基因作物的种植可能带来的所有潜在环境影响，所以，在转基因作物环境释放后进行系统、长期的环境监测，预防和阻止潜在生态环境风险的发生是十分必要的。

在一定意义上来说，转基因植物环境安全监测是环境安全评价的延续与发展。两者的异同点是：①环境安全评价与安全监测的主要内容是相似的；②环境安全评价集中在转基因植物商业化之前开展，贯穿新基因挖掘、新品系选育等转基因植物研发直至商业化的整个过程；而安全监测主要在转基因植物商业化之后开展；③环境安全评价在室内、封闭小区等可控的、有限的空间中进行，而安全监测在不可控的、广袤的自然生态系统中进行。转基因植物环境安全监测应重视以下几点。

与环境安全评价有机衔接，提高科学性。环境安全评价中发现的潜在风险问题，可能在自然生态系统中不会出现，或者不具有生态学意义、可以忽略。而安全监测中，任何一个数据都可能是多种因素共同影响的结果，需要借助可控条件下的安全评价结果予以深入分析，有助于找到关键影响因子并确认是否与转基因植物有关。因此，两者需要相互借鉴和有机结合，能显著提高转基因植物环境安全资料的完整性与科学性。

由简到繁、逐层递进，强化系统性。正因为自然生态系统的复杂性，环境安全监测工作的开展应根据食物链（网）结构，从处于食物链基部的物种，向处于上部的物种，再向整个食物链（网），最后针对整体群落、生态系统逐步进行。这样的系统研究才能真正地诠释转基因植物的环境安全性问题，而缺乏系统性、片面的研究往往不能科学、准确地揭示安全性的实质，导致常出现一些站不住脚的结果与论点，负面影响极大，应予以重视。

强调区域性与长期性。转基因植物的环境安全性除与转基因植物本身及其种植规模有关以外，还与其种植区域及环境条件、生物种类组成等多种因素休戚相关。而且，自然生态系统、生物群落等都处于不断的变化过程中。在实际中，转基因植物环境安全问题在不同的生态区域可能不一样，在同一区域的不同季节和年份也会有变化。因此，转基因植物安全监测工作需要在不同的种植区域连续开展，应覆盖转基因植物的所有种植区域以及贯穿转基因植物的整个种植利用过程，这样才能有效确保其安全性。

第二节　靶标生物抗性监测与治理

一、靶标害虫抗性监测与治理

通过抗性监测可以及时准确地掌握田间靶标害虫对抗虫转基因棉花的抗性演化趋势，包括抗性水平、分布以及抗性变化的时空动态等，根据害虫抗性发展情况及时实施、评估、调整害虫抗性治理策略，为延缓害虫抗性发展、延长抗虫转基因棉花的使用寿命提供依据。

（一）抗性监测方法

1. 生物测定

从田间采集靶标害虫幼虫或成虫，经过室内饲养获得足够的靶标害虫卵，待卵孵化后采用喂毒法对靶标害虫进行生物测定。先将与抗虫转基因棉花中表达的同种*Bt*杀虫蛋白按比例稀释成5~8个不同的浓度梯度，在配制的靶标害虫人工饲料凝固前，分别混入其中并搅拌均匀；待饲料凝固后，分装于24孔养虫盒中。用细尖毛笔将靶标害虫初孵幼虫接到配制好的饲料上，每孔接虫1头。置于（27±2）℃，75%±10% RH，光照14：10h（L：D）条件下培养，5~7天后检查各浓度人工饲料上的死亡虫数或未发育到3龄的幼虫数。以不加*Bt*杀虫蛋白的正常人工饲料为对照，试验重复4次（图5-1）。通过死亡率或生长抑制率计算LC_{50}或IC_{50}值，确定靶标害虫对*Bt*杀虫蛋白的敏感性。以最早测定的LC_{50}或IC_{50}值为敏感基线，逐年监测敏感性的变化。该方法的优点是能利用较少的虫源，方便快速地得到数据，但无法区分抗性杂合子与纯合子。

图5-1　靶标害虫对*Bt*杀虫蛋白敏感性生物测定（左：含*Bt*杀虫蛋白饲料；右：正常饲料）

2. F₁/F₂测定

F₁代法，将从田间采集的靶标害虫幼虫室内饲养至成虫或从田间直接采集雄成虫，将田间的雄成虫与室内筛选的抗性品系雌成虫进行单对杂交，再用含诊断剂量（能杀死99%以上敏感个体的蛋白剂量）Bt杀虫蛋白的饲料饲喂其F₁代初孵幼虫，能存活者即为抗性基因的携带者，由此来估算田间种群中抗性基因的频率。F₁代检测法对抗性隐性基因的检出率比常规的生物测定方法至少提高了一个数量级，但也有明显的局限性，即这种方法依赖于必须有室内筛选的抗性品系，且明确抗性品系的遗传方式；另外，该方法只能检测单基因抗性，无法检测多基因抗性。

F₂代法，将从田间采集的靶标害虫幼虫室内饲养，待其化蛹羽化后，区分雌雄成虫，并进行单对配对，形成不同的单雌家系；或从田间直接采集交配过的雌成虫，每个雌虫的后代为一个单雌家系。每个单雌家系的后代（F₁）饲养至成虫后，同一单雌家系内的同胞自交，其后代（F₂）初孵幼虫再用诊断剂量处理，由此确定抗性个体，进而推测其亲本基因型及其抗性等位基因频率。从田间采集的雌虫或经过单对配对交配的雌虫带有4个配子，两个是其自身的，另两个来自于与其交配的雄虫，每个单雌系中含有4种基因型，所以假如有一个抗性配子r，那么F₂代幼虫中有1/16的个体为抗性纯合子（图5-2）。F₂代检测法在检测隐性抗性杂合子时更为方便和有效，已被广泛应用于靶标害虫对抗虫转基因棉花的抗性监测，但其检测成本较高，工作量大。

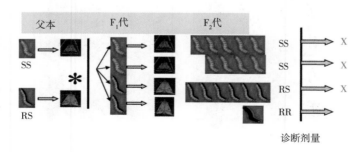

图5-2　利用F₂代法进行靶标害虫抗性监测示意图

3. 抗性基因分子检测

依据已知的引起靶标害虫对 Bt 杀虫蛋白产生抗性的基因突变，设计特异性引物，以田间采集的靶标害虫DNA为模板，进行PCR扩增，根据扩增产物的电泳条带，评估采集的个体是否存在抗性基因，估算该抗性基因的田间频率。当抗性可能存在多种抗性基因突变时，需设计多个引物，进行多次PCR。与传统生物测定方法相比，DNA分子检测法有以下优点：可以明确区分抗性杂合子和敏感纯合子；既能检测抗性隐性基因，又能检测抗性显性基因；可以对所有虫态，甚至是保存的昆虫标本进行检测；检测结果稳定可靠。但是，分子检测方法的建立有限定条件，一是需要提前掌握室内筛选的抗性品系的分子机制，二是该方法只限于对已发现的抗性基因进行检测，不能检测田间未知的抗性基因。

（二）抗性发展趋势

自1997年抗虫转 Bt 基因棉花开始商业化种植，我国就开始系统监测田间棉铃虫对 Bt-Cry1Ac杀虫蛋白敏感性的发展变化。采用生物测定方法监测结果显示，2006年之前我国棉铃虫对Cry1Ac的敏感性变化不大，但随后至今棉铃虫对Cry1Ac的敏感性显著降低（图5-3）。当抗性基因频率低于0.005时，传统的生物测定方法往往不够敏感，因此，从2002年起又通过 F_1 和 F_2 代法以测定相对发育级别（RADR）来监测山东省夏津县、河北省安次县等地棉铃虫对Cry1Ac的敏感性，结果发现田间棉铃虫对Cry1Ac的耐受性近年来明显增加。抗性基因为隐性遗传时，采用生物测定的方法难于区分杂合子（rs）和纯合子（ss）的敏感个体，因此很难检测到田间稀少的抗性个体（rr），而DNA检测可以检测到田间频率较低的抗性基因；如通过检测 F_1 和 F_2 代棉铃虫中钙黏蛋白的突变，在我国华北种群中发现有15个抗性等位基因，其中一个钙黏蛋白细胞内区域的55个氨基酸缺失的突变r15是非隐性的，这种突变在华北棉铃虫种群中的检测率高于在西北种群（新疆）中的检测率，而且抗性突变个体的出现频率也有逐年增加的趋势。在过去的20多年间，随着抗虫转*Bt*基因棉花的大面积种植，我国棉铃虫对Cry1Ac抗性在逐步增加，但抗性发展速度比较慢、抗性水平依然比较低，生产中抗虫转*Bt*基因棉花仍然可以有效控制棉铃虫的发生为害。

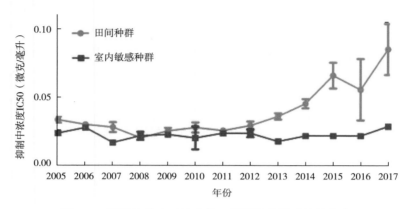

图5-3　我国棉铃虫对抗虫转*Bt*基因棉花敏感性的变化

（Zhang et al.，Pest Management Science，75：753-759）

抗虫转*Bt*基因棉花于2000年开始在长江流域商业化种植，对靶标害虫红铃虫表现出了很好的抗性效率（图5-4）。此后该地区抗虫转*Bt*基因棉花的种植比例逐年上升，至2008年已达94%以上。由于红铃虫为寡食性害虫，在田间条件下主要取食棉花这一种农作物。在常年的高压汰选下，红铃虫极可能快速演化出对抗虫转*Bt*基因棉花的抗性。系统抗性监测表明，在2008—2010年，红铃虫LC_{50}达到了0.42微克/毫升，在诊断剂量下的存活率上升到了1.6%，有56%的红铃虫品系在诊断剂量下有存活个体，显示红铃虫已经对抗虫转*Bt*基因棉花产生了早期的抗性。但在2010—2017年，继续监测结果表明，红铃虫对*Bt*蛋白的相对抗性倍数出现逐年下降的趋势，对抗虫转*Bt*基因棉花的敏感性出现了恢复的现象。目前，抗性监测及种群动态调查数据均显示，长江流域地区红铃虫对抗虫转*Bt*基因棉花仍然保持高度敏感。

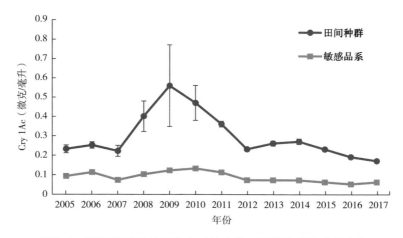

图5-4 我国长江流域红铃虫对抗虫转*Bt*基因棉花敏感性变化
（Wan et al.，PNAS，2017，114：5 413-5 418）

（三）抗性治理技术

从遗传进化的角度看，靶标害虫对抗虫转基因作物产生抗性是一个必然的过程，抗性治理的目标就是尽量延缓这一进化适应过程。针对靶标害虫的抗性问题，最早提出的是"高剂量—庇护所策略"，即抗虫转基因作物表达的外源抗虫物质表达量应达到杀死靶标害虫正常野生种群99%个体剂量25倍以上，该抗性治理策略称为高剂量策略；在种植抗虫转基因作物的同时，种植一定比例的非转基因同种作物或靶标害虫的其他寄主作为庇护所，在抗虫转基因作物上存活的少量抗性个体与庇护所中存活的敏感个体随机交配产生的携带杂合抗性基因后代在抗虫转基因作物上不能存活，该抗性治理策略称为庇护所策略。这种高剂量—庇护所策略是基于：最初的抗性基因频率非常低、*Bt*杀虫蛋白汰选的（抗性的）和非*Bt*杀虫蛋白汰选的（敏感的）成虫能够自由交配、抗性基因是隐性遗传及抗虫转*Bt*基因作物表达的蛋白剂量确实足够高的假设。这种策略在很多事例中获得了成功，但当抗虫转基因作物表达的蛋白量不足、或缺乏足够的非转基因作物庇护所、或抗性和敏感昆虫缺少自由交配或抗性基因不是隐性遗传时，害虫产生抗性的风险就非常大。因此，又发展了多基因策略（基因聚合策略），即通过在同一作物品种中聚合对同一靶标害虫具有高剂量效应的多个抗虫基因，获得饱和杀死效应，从而降低靶标害虫对抗虫转基因作物的抗性风险，该抗性治理策略称为基因聚合策略。

在靶标害虫抗性治理实践中，应因地制宜，制订和实施与当地田间实际情况相适应的抗性治理措施。两种抗性治理策略组合使用的效果要好于单一策略，如高剂量策略和基因聚合策略都需要与庇护所策略组合使用。在实施抗性治理策略过程中，需要加强抗性监测预警，并根据抗性演化动态对抗性治理策略做适应性调整。此外，抗虫转基因作物只是害虫综合治理中的一项重要手段，必须充分运用其他害虫防治措施（如生物防治、遗传防治、物理防治、农业防治及化学防治等），降低害虫种群密度，减少对抗虫转基因作物的依赖，才能保证抗虫转基因作物的长期有效利用。

在我国华北棉铃虫抗性发展缓慢的主要原因：一是玉米、大豆、花生和多种蔬菜等其他非转基因寄主作物起到了棉铃虫的自然庇护所作用；二是棉铃虫的大范围迁飞能力造成的基因交流也可能是延缓棉铃虫抗性发展的重要原因。但是，对棉铃虫的抗性监测结果给了我们早期的预警，要延缓害虫的抗性发展、延长抗虫转Bt基因棉花的使用寿命，我们应该禁止种植低表达量的抗虫转Bt基因棉花品种，发展基因聚合策略，同时发展多种防治害虫的方法，将抗虫转Bt基因棉花作为IPM的一种手段综合防治害虫。在长江流域，通过比较分析6省17个监测点的红铃虫种群发生量及其对抗虫转Bt基因棉花的抗性监测数据、F_2代抗虫转Bt基因棉花的种植比例，证实了种植F_2代抗虫转Bt基因棉花是延缓该区红铃虫产生抗性的根本原因（图5-5）。由此提出了长江流域红铃虫对抗虫转Bt基因棉花抗性治理的新方法，该方法无需监管干预，且能降低棉花制种成本、减少杀虫剂投入，给育种企业及棉农带来直接的经济利益。这对丰富庇护所策略、推动抗虫转Bt基因作物产业和转基因作物环境风险管理工作有重要意义。

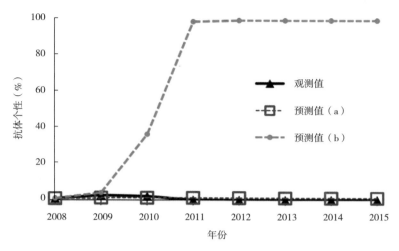

图5-5 我国红铃虫对抗虫转**Bt**基因棉花抗性发展的预测

（Wan et al.，PNAS，2017，114：5 413-5 418）

二、靶标杂草抗性监测与治理

在抗除草剂转基因棉花的商业化应用过程中，除草剂的大量使用将导致部分杂草抗药性的产生与发展。系统监测杂草抗药性演化趋势，以便科学制定并及时实施杂草抗药性治理策略。

（一）抗性监测方法

1. 田间和温室整株植物测定

一般所使用的方法为Ray法，该方法虽比较费时，但简便易行，大批量植株可同时进行，重复性好，是除草剂抗性鉴定的常规方法。

在疑似抗性杂草生物型和从未使用过草甘膦的田块采集杂草种子，按小区大田播种或温室盆栽，在苗后5~6叶期进行常规施药处理。药剂设置不同浓度梯度，通过整株杂草生物量对除草剂系列浓度的反应，建立剂量与生物量的关系，以地上部生物量受药剂的抑制程度来评价其对除草剂的抗性。

2. 组织或器官的形态结构测定

根据杂草对除草剂产生的局部反应，抗药性杂草往往会在组织或器官形态结构上表现出差异性，测定这种差异便可以鉴定抗药性。这是一种快速测定的方法，并且不需要种子，可以在同一母体植株上获得多个组织器官。

3. 培养皿种子检测法

这种方法是把催芽的杂草种子放在加入药剂的琼脂平面或浸药的滤纸上培养，通过测定发芽率、主根长、鲜重或干重等指标鉴定抗性。此法相对快速、廉价、可靠，尤其适用于大量杂草种群的常规抗药性检测。

4. 离体叶片浸渍测定

把离体叶片浸泡在含有一系列浓度梯度除草剂的试管中，在一定时间内对敏感和抗性杂草生物型叶片进行观察比较坏死情况，此方法在1~3天就可获得结果，并且可检测对草甘膦有耐受性的杂草。

5. 蒸腾和光合作用测定

在草甘膦处理后几小时内敏感型杂草蒸腾和光合作用受到严重抑制，而抗性生物型在处理后光合速率变化不大。此方法可快速检测杂草的抗药性。

6. 叶绿素生物合成测定

草甘膦处理后可引起植物代谢活跃组织（如幼叶）的白化和缺绿现象，有研究报道草甘膦处理下一些杂草，如苘麻的敏感型可在两天后观察到缺绿现象，而在抗药型杂草中叶绿素含量受影响很小。

7. 莽草酸含量积累测定

草甘膦杀死植物是通过抑制芳香族氨基酸生物合成的5-烯醇丙酮莽草

酸-3-磷酸合酶（EPSPS），导致植物体中莽草酸-3-磷酸盐（S3P）和莽草酸的快速积累。由于莽草酸含量水平是草甘膦处理后植物最早出现变化的生理指标，因此，草甘膦处理后莽草酸的积累往往被作为检测植物受草甘膦药害程度的有效方法。抗药性生物型杂草经草甘膦处理后体内莽草酸积累较少，而敏感性生物型杂草体内莽草酸则积累到相当的水平。莽草酸含量测定可通过分光光度计或高效液相色谱等进行整株或离体叶片的测定。

8. EPSPS蛋白离体酶活测定

EPSPS酶在植株中不易提取。最简单的离体酶测定方法是用孔雀绿法监测磷酸烯醇丙酮酸（PEP）和S3P的释放，还可利用试剂盒EnzCheck phosphate assay kit检测无机磷的释放来测定EPSPS的活性。

9. 分子水平测定

EPSPS酶是草甘膦的靶标位点，靶标位点突变导致杂草产生抗性。抗性杂草EPSPS单一碱基对突变导致Pro106突变为Ser、Thr、Leu或者Ala，已报道牛筋草、瑞士黑麦草、多花黑麦草、两耳草、糙果苋和光头稗杂草发生此类突变。通过荧光定量PCR、Rt-PCR或单核苷酸多态性SNP分析DNA或RNA的表达量及位点突变。

（二）抗性发展趋势

草甘膦使用最初的20年并未造成杂草产生抗性，因此，草甘膦被认为是抗性频率最低的除草剂品种，但由于抗草甘膦转基因作物的广泛推广，单一过度依赖草甘膦，加快了草甘膦抗性或耐性杂草的产生。1996年第一种抗草甘膦杂草瑞士黑麦草*Lolium rigidum*在澳大利亚果园被发现，此后6年时间仅发现了牛筋草*Eleusine indica*、多花黑麦草*Lolium multiflorum*和小飞蓬*Conyza canadensis*。从2003年开始，抗草甘膦杂草种类每年都以超过两种的速度增长，2005年与2014年两年的抗性杂草种类增长均达到了5种，截至2019年1月，全球29个国家抗草甘膦杂草种类达43种，抗草甘膦杂草多发生在美国、澳大利亚、阿根廷等种植抗草甘膦转基因作物面积较大的国家。根据国际抗性杂草调查数据库中的数据分析，发现有多种杂草对4个或更多作用位点的除草剂产生了交互抗性现象，例如，2015年Jalaludin等人报道了同时抗草甘膦、草铵膦、百草枯和ACCase-inhibiting除草剂的牛筋草。

就美国来说，2000年在美国特拉华州第一个抗草甘膦转基因作物（大豆）田中发现抗草甘膦杂草小飞蓬，小飞蓬是分布最广的抗草甘膦杂草，在11个国家和美国25个州被发现，然而由于具有有效的、费用不高的可替代防治措施，其造成的经济损失不大。在2004年美国佐治亚州的棉田中首次发现抗草甘膦长芒苋*Amaranthus palmeri*，目前在美国27个州出现，此抗性杂草是全球经济为害最大的抗草甘膦杂草，一般发生在抗草甘膦转基因棉花、玉米和大豆田中。糙果苋*Amaranthus tuberculatus*是另一重要的抗草甘膦杂草，是美国18个州的难防治杂草。抗性长芒苋主要发生在美国南部的州，而抗性糙果苋多发生在北部的州，是中西部玉米和大豆生产中最大的威胁，并且它们已对这些作物中主要使用的其他作用位点的大部分除草剂产生了抗性。

（三）抗性治理技术

采取多种防除手段，进行综合治理。例如，在美国抗草甘膦转基因棉田除对长芒苋化学治理采取草甘膦处理外，还要配合使用作用方式和施用时间不同的除草剂（如2,4-D、丙炔氟草胺、草铵膦、氟磺胺草醚、敌草隆及二甲戊灵），以丰富除草剂的使用种类，延缓抗性的发生，并利用人工除草、翻耕、作物栽培、收获后3年1次的深耕等措施相结合进行治理，虽除草成本提高了很多，但取得了很好的防除效果。

第三节　非靶标生物群落演替与控制

一、害虫群落演替与控制

（一）害虫监测方法

一般以定点监测与面上监测相结合。定点监测在试验站进行，条件相对可控，试验处理明确；面上监测在农户生产田进行，棉花品种、管理水平等影响因素复杂多变。面上监测主要反映害虫种群多年间的变化趋势，而定点监测主要分析其变化的形成机制。

定点监测常设置抗虫转基因棉花（不使用任何杀虫剂）、常规亲本棉花（不使用任何杀虫剂）、常规亲本棉花（使用化学杀虫剂防治抗虫转基因棉花的靶标害虫）等处理。每年，每个处理设置3个或3个以上的试验小区，所有小区进行随机排列。在棉花生长季，定期（如每隔5天）对每个小区中的害虫与天敌的种类及其数量进行随机五点抽样调查。基于多年的系统调查结果，可以分析同一年度间抗虫转基因棉花与常规亲本棉花上不同害虫、天敌种群发生差异，因化学农药使用变化对不同害虫、天敌种群发生影响，以及不同年度间不同害虫、天敌种群发生变化趋势。

面上监测一般以县为单位。每年，每个县随机选取具有代表性的棉田10~20块，定期（一般为7天一次）对每块棉田中的不同害虫、天敌种群数量进行随机五点抽样调查，并通过农户调查了解并记录每块田杀虫剂的使用情况。基于系统监测，分析棉田害虫、天敌种群密度以及杀虫剂使用情况的变化趋势，分析抗虫转基因棉花种植以后的棉花害虫种群地位演替规律以及天敌发生、杀虫剂使用等因素导致的变化机制。

（二）害虫发生趋势

1. 靶标害虫

在黄河流域棉区，连续10多年定点监测了棉铃虫在抗虫转Bt基因棉花和常规棉花田的种群发生动态，结果表明：抗虫转Bt基因棉花和常规棉花上棉铃虫落卵量没有显著差异，而抗虫转Bt基因棉花上棉铃虫幼虫发生数量显著减少。同时，随着抗虫转Bt基因棉花的种植，棉铃虫落卵量和幼虫发生数量逐年下降。在抗虫转Bt基因棉花种植之前，华北地区棉花上棉铃虫一般发生3代（2~4代），世代重叠现象严重；随着抗虫转Bt基因棉花的种植，现在仅2代棉铃虫有一定发生，3、4代发生数量极低，各世代产卵持续时间和产卵量显著下降，几乎不再存在世代重叠现象。区域性监测数据的分析发现，棉花及其他作物（包括玉米、花生、蔬菜、大豆）上棉铃虫的发生数量也随着抗虫转Bt基因棉花的种植呈显著下降趋势，而且棉田内外棉铃虫种群数量的下降与抗虫转Bt基因棉花的种植比例呈显著相关。这些结果表明，抗虫转Bt基因棉花的种植不仅有效控制了Bt棉田棉铃虫种群，而且明显减轻了其他作物上棉铃虫的为害。导致这一现象的主要原因是：由于棉铃虫成虫具有趋花产卵习性，使6月进入蕾花期的棉花成为棉铃虫最主要的产卵作物，而华北地区抗虫转Bt基因棉花的大规模种植在整个农田生态系统中形成了6月中下旬集中"诱卵杀虫"的棉铃虫"死亡陷阱"，从而破坏了其季节性寄主转换的食物链，高度抑制了棉铃虫在多种作物上的种群发生（图5-6）。

在长江流域棉区，对红铃虫的系统监测表明，随着抗虫转Bt基因棉花种植规模的扩大以及种植年限的延长，红铃虫种群数量明显下降；而且不仅抗虫转Bt基因棉田种群数量下降，非抗虫转Bt基因棉田种群数量也明显下降。

这种抗虫转Bt基因作物对靶标害虫区域性种群控制的现象被称为光圈效益（Halo effect），主要原因是抗虫转Bt基因棉花对整个农田生态系统中的靶标害虫种群起到了诱杀陷阱的作用，从而使区域性种群得到有效控制。

图5-6　*Science*杂志封面论文——《抗虫转*Bt*基因棉花种植控制了棉铃虫区域种群发生》

（Wu *et al.*，Science，321：1 676-1 678）

2. 非靶标害虫

在黄河流域棉区，系统监测了抗虫转*Bt*基因棉花种植对捕食性天敌（包括瓢虫、草蛉和蜘蛛）及其捕食对象——棉蚜伏蚜种群发生的长期性影响效应。结果表明：抗虫转*Bt*基因棉花与常规棉花上捕食性天敌与伏蚜的种群发生数量没有显著差异，而施药防治棉铃虫后棉田捕食性天敌的发生数量显著降低、伏蚜密度显著提高；随着抗虫转*Bt*基因棉花的大面积种植，棉田捕食性天敌的区域性种群密度不断增加，这与棉田用于棉铃虫防治的化学农药使用量的减少呈显著负相关，而伏蚜区域性种群发生数量逐步降低，并与捕食性天敌种群密度呈显著负相关，上述结果表明随着抗虫转*Bt*基因棉花的大面积种植以及棉田防治棉铃虫化学农药的减少使用，棉田捕食性天敌的种群快速上升，从而有效抑制了伏蚜的种群增长。

瓢虫、草蛉和蜘蛛等捕食性天敌对盲蝽没有明显的控制作用。在黄河流域棉区进行了定点研究，发现抗虫转*Bt*基因棉花对盲蝽种群发生没有明显影响，而常规棉田防治棉铃虫使用的广谱性化学农药能有效控制盲蝽种群发生，起到兼治作用。同时，系统监测数据表明，棉田盲蝽的种群数量随着抗虫转*Bt*基因棉花种植比例的提高而不断上升，同时抗虫转*Bt*基因棉花种植期间棉田盲蝽种群数量的增加与*Bt*棉田棉铃虫化学防治次数的减少呈显著负相关，这说明抗虫转*Bt*基因棉花种植后防治棉铃虫化学农药的减少使用直接导致棉田盲蝽种群上升、为害加重（图5-7）。

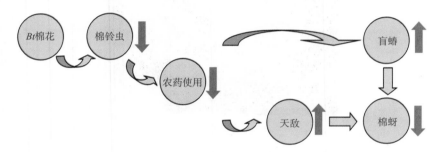

图5-7　我国抗虫转*Bt*基因棉田害虫种群地位演替规律

注：抗虫转*Bt*基因棉花种植控制了棉铃虫发生并减少了杀虫剂投入，从而保护了天敌，使天敌控制力强的棉蚜伏蚜种群下降，但天敌控制力弱的盲蝽因杀虫剂兼治作用的减弱而逐步上升为主要害虫。

最新研究表明，盲蝽不仅具有植食性，还兼具肉食性，对棉蚜具有较强的捕食作用。同时，盲蝽取食为害棉花叶片，能抑制同一棉株上棉蚜的种群增长，构成明显的种间竞争关系。综合捕食和竞争两方面因素，盲蝽发生能显著降低棉蚜种群增长，对棉蚜产生明显的控制作用。长期监测数据分析表明，盲蝽发生数量的增加，进一步促进了*Bt*棉田捕食性天敌对棉蚜种群的生物控制功能。

（三）害虫控制技术

抗虫转*Bt*基因棉花大面积种植以后棉田害虫种群地位出现了明显的演替，棉蚜伏蚜发生减轻，而盲蝽由次要害虫上升为首要害虫。针对"新害虫"盲蝽为害问题，发展了由性诱剂诱杀、寄生蜂饲养与释放、灯光诱捕、化学农药科学使用等防控技术，提出了棉花盲蝽绿色防控技术体系，有效控制了盲蝽种群的发生为害，保障了抗虫转*Bt*基因棉花的可持续利用。

抗虫转*Bt*基因棉花种植后，棉铃虫和红铃虫被有效控制，从而大幅度减少了棉花上用于这两种重大害虫防治的化学杀虫剂的使用量。但棉田用于盲蝽等非靶标害虫防治的化学杀虫剂使用量明显上升。整体上，与抗虫转*Bt*基因棉花种植之前相比，我国单位面积棉田中化学杀虫剂使用量下降了30%左右。

二、杂草群落演替与控制

1. 杂草监测方法

选择代表性田块，定点观察，对角线5点或"W"形9点取样，样点面积一般0.25~1米^2，确定样点后，每间隔一定时间（如10天或14天）进行一次调查，主要调查杂草的种类、数量、高度、盖度等指标，通过计算每种杂草的重要值来确定杂草的优势种。

2. 杂草发生趋势

至今尚未有结论性证据表明转基因抗除草剂（草甘膦）作物对杂草生物多样性和物种丰富度有直接的影响，而主要是由于耕作制度和杂草管理策略改变所带来的巨大选择压间接影响了杂草群落和种群多样性。特定的杂草群落根据其生长的具体选择压力而形成。在抗除草剂转基因作物田中少耕或免耕的耕作制度和单一依赖草甘膦控制杂草的策略在很大程度上影响了杂草群落组成和密度，为特定适应的杂草种类增长提供了生态机会，并导致杂草种群的重大变化，不可避免地发生种群的演替。种群演替归咎于杂草对作物生产中使用策略变化的"生态适应"。对杂草种群演替速度的预测，有报道认为草甘膦耐受性杂草可在种植抗除草剂转基因作物后5~8

年时间演变成优势种类，而草甘膦抗性杂草演替为优势种将更加缓慢，也有报道认为杂草种群演替的速度是不确定的，但这种种群演替趋势将增加杂草防除的难度和成本。

每年美国56%的农户在棉田使用草甘膦2次，42%农户使用草甘膦3次以上，草甘膦的频繁使用，使原本对草甘膦敏感的优势种被杀死，而对草甘膦具有抗性和天然耐受性杂草种群逐渐成为了优势种。例如，对美国Georgia州农户和相关机构的调查表明，2000—2005年和2006—2010年期间，在棉田杂草种群发生了演替。2000—2005年，36%的农户和60%的推广人员表示牵牛 *Ipomea* spp.种类发生最为严重，两组人中20%的人都表示镰果灯心草豆是发生严重程度排名第二的种类，不超过13%的人表示长芒苋是发生最为严重的种类，而在2006—2010年间，92%的农户和100%的调查机构把长芒苋列为了发生最严重的杂草种类，农户表示大约78%的作物面积受到抗草甘膦的长芒苋的侵扰。另外，对草甘膦具有天然耐受的牵牛花属 *Ipomoea* 及鸭跖草属 *Commelina* 等杂草种类也逐渐成为美国南部各州棉田的优势杂草。草甘膦虽然对小粒种子苋属 *Amaranthus* 杂草和一年生禾本科杂草防除效果好，但该类杂草在整个棉花生长季都可萌发，由于种植者减少或取消了残效除草剂的使用，草甘膦使用过后该类杂草还会萌发和结实，从而降低了棉花收获效率和棉花品质。

3. 杂草控制技术

在抗除草剂（草甘膦）转基因作物田中将不同作用方式的化学除草剂进行轮换使用，在抗除草剂转基因作物中引入抗草铵膦、麦草畏和磺酰脲类等除草剂基因，开发抗多种除草剂的转基因作物种类，将机械、物理（水、光、热等物理因子）、农业（耕作、栽培技术和田间管理）除草和生物防治等技术相结合进行综合治理。

第六章　转基因棉花的产业化

1996年美国、澳大利亚和墨西哥3个国家种植了转基因棉花，面积为80万公顷。2010年转基因棉花种植国家达到13个，种植面积达到2 100万公顷，比1996年增加26倍。2017年总面积为2 410万公顷，共有14个国家种植转基因棉花，其中4个国家的种植面积超过100万公顷，依次是印度（1 140万公顷）、美国（458万公顷）、巴基斯坦（290万公顷）和中国（278万公顷）。其余10个国家分别是巴西、澳大利亚、缅甸、阿根廷、墨西哥、南非、巴拉圭、哥伦比亚、苏丹、哥斯达黎加。

根据ISAAA数据统计发现，全球共注册发布91个转基因棉花品系（表6-1），其中具有单一抗虫性状转基因棉花品系34个，单一耐除草剂性状转基因棉花品系22个，具有抗虫、耐除草剂复合性状转基因棉花品系35个（表6-1）。抗虫性状是种植面积最大的转基因棉花，但抗虫和耐除草剂复合性状转基因棉花种植面积逐年增加，2017年全球抗虫转基因棉花种植面积为1 800万公顷，耐除草剂转基因棉花82.8万公顷，抗虫和耐除草剂复合性状转基因棉花520万公顷。

含有一个外源抗虫基因的第一代抗虫转基因棉花容易导致靶标害虫抗性的产生，在多个国家已被含有两个及两个以上抗虫基因的第二代抗虫转基因棉花所取代，例如，表达Cry1Ac+Cry2Ab两种抗虫蛋白的双价抗虫转基因棉花在澳大利亚于2003—2004年完全替代了表达单个抗虫基因的转基因棉花。

表6-1　全球范围内注册的转基因棉花品系

品系名称	目标性状	外源基因	批准使用国家和地区
19-51A	耐除草剂	als	美国（1996）
281-24-236	抗虫	cry1F	美国（2004）
281-24-236×3006-210-23	抗虫	cry1F+cry1Ac	澳大利亚（2009）；巴西（2009）；哥斯达黎加（2009）；美国（2004）
3006-210-23	抗虫	cry1Ac	美国（2004）
3006-210-23×281-24-236×MON1445	耐除草剂+抗虫	cry1F, cry1Ac, cp4 epsps	
3006-210-23×281-24-236×MON88913	耐除草剂+抗虫	cry1F, cry1Ac, cp4 epsps	哥斯达黎加（2009）
31807/31808	耐除草剂+抗虫	bxn+cry1Ac	日本（1998）；美国（1997）
757	抗虫	cry1Ac	韩国（2004）
ACS-GH001103-3×BCS-GH002-5	耐除草剂+耐除草剂		
BCS-GHΦ2-5（GHB614）	耐除草剂	2mepsps	巴西（2010）；哥斯达黎加（2009）；美国（2009）
BNLA-601	抗虫	cry1Ac	印度（2008）
BXN	耐除草剂	bxn	日本（1997）；美国（1994）
COT102×COT67B	抗虫	Vip3A+cry1Ab	哥斯达黎加（2009）
COT102	抗虫	Vip3A	哥斯达黎加（2009）；日本（2007）

（续表）

品系名称	目标性状	外源基因	批准使用国家和地区
COT102×COT67B×MON88913	耐除草剂+抗虫	*Vip3A+cry1Ab+epsps*	哥斯达黎加（2009）
COT67B	抗虫	*cry1Ab*	哥斯达黎加（2009）；日本（2007）
cry1A+CpT	抗虫	*cry1A+cpT1*	中国（1999）
Dicamba and Glufosinate	耐除草剂	*dicamba o-demethylase+bar*	哥斯达黎加（2009）
Event-1	抗虫	*cry1Ac*	印度（2006）
GEM1	抗虫	*cry1Ac*	哥斯达黎加（2009）
GFM	抗虫	*cry1Ab+cry1Ac*	印度（2006）
GHB119×T304-40	耐除草剂+抗虫	*cry1Ab+cry2Ae+bar*	巴西（2011）
GHB119	耐除草剂+抗虫	*cry2Ae+bar*	
GHB614×LL Cotton25×MON15985	耐除草剂+抗虫	*2mepsps+bar+cry1ac+cry2Ab*	
GK12	抗虫	*cry1Ab+cry1Ac*	中国（1997）
LLcotton25	耐除草剂	*bar*	澳大利亚（2006）；巴西（2008）；哥伦比亚（2010）；美国（2003）
LLcotton25×MON15985	耐除草剂+抗虫	*cry1ac+cry2Ab+bar*	
MLS-9124	抗虫		印度（2009）
MON1445	耐除草剂	*epsps*	阿根廷（2001）；澳大利亚（2006）；巴西（2008）；哥伦比亚（2004）；哥斯达黎加（2008）；日本（1997）；南非（2000）；美国（1995）

（续表）

品系名称	目标性状	外源基因	批准使用国家和地区
MON15985	抗虫	*cry1Ac+cry2Ab*	澳大利亚（2006）；巴西（2009）；布基纳法索（2008）；哥斯达黎加（2008）；印度（2006）；南非（2003）；美国（2002）
MON15985×MON1445	耐除草剂+抗虫	*cry1Ac+cry2Ab+epsps*	澳大利亚（2006）；哥斯达黎加（2008）
MON531	抗虫	*cry1Ac*	阿根廷（2009）；澳大利亚（2003）；哥伦比亚（2003）；哥斯达黎加（2008）；印度（2002）；巴基斯坦（2010）
MON531×MON1445	耐除草剂+抗虫	*cry1Ac+epsps*	阿根廷（2009）；澳大利亚（2003）；巴西（2009）；哥伦比亚（2007）；哥斯达黎加（2008）
MON531/757/1076	抗虫	*cry1Ac*	澳大利亚（1996）；巴西（2005）；日本（1997）；墨西哥（1997）；南非（1997）；美国（1995）
MON88913	耐除草剂	*epsps*	澳大利亚（2010）；巴西（2011）；哥伦比亚（2010）；哥斯达黎加（2008）；墨西哥（2011）；菲律宾（2011）；南非（2007）；美国（2004）
MON88913×MON15985	耐除草剂+抗虫	*cry1Ac+cry2Ab+epsps*	澳大利亚（2006）；哥伦比亚（2007）；哥斯达黎加（2008）；南非（2007）
Silver Six	抗虫		缅甸（2006）
T304-40	耐除草剂+抗虫	*cry1Ab+bar*	

（续表）

品系名称	目标性状	外源基因	批准使用国家和地区
281-24-236 × 3006-210-23（MXB-13）	抗虫	cry1F, cry1c, pat（syn）	澳大利亚（2005）；巴西（2009）；哥斯达黎加（2009）；欧盟（2011）；日本（2006）；墨西哥（2004）；韩国（2005）；中国台湾（2015）；新西兰（2005）；
281-24-236 × 3006-210-23 × COT102	抗虫	cry1Ac, cry1F, vip3A（a）	巴西（2018）
281-24-236 × 3006-210-23 × COT102 x 81910	耐除草剂+抗虫	cry1F, cry1Ac, pat（syn），vip3A（a），aph4（hpt），aad-12, pat	日本（2016）
3006-210-23 × 281-24-236 × MON8891 3 × COT102	耐除草剂+抗虫	cry1Ac, vip3A（a），aph4（hpt），cp4epsps（aroA: CP4），pat	日本（2013）；墨西哥（2014）；韩国（2014）
3006-210-23 × 281-24-236 × MON8891 3 × COT102 x 81910	耐除草剂+抗虫	cry1Ac, vip3A（a），cry1F, aph4（hpt），cp4epsps（aroA: CP4）aad-12, pat	墨西哥（2016）；韩国（2017）
31707	耐除草剂+抗虫	bxn, cry1Ac, npt II	美国（1998）
31803	耐除草剂+抗虫	bxn, cry1Ac, npt II	美国（1998）
31807	耐除草剂+抗虫	bxn, cry1Ac, npt II	加拿大（1998）；日本（1998）；美国（1998）
31808	耐除草剂+抗虫	bxn, cry1Ac, npt II	加拿大（1998）；日本（1998）；美国（1998）
42317	耐除草剂+抗虫	bxn, cry1Ac, npt II	美国（1998）
81910	耐除草剂	aad-12, pat	澳大利亚（2014）；巴西（2018）；加拿大（2015）；哥伦比亚（2015）；哥斯达黎加（2016）；日本（2015）；墨西哥（2016）；新西兰（2015）；韩国（2016）；中国台湾（2016）；美国（2014）

（续表）

品系名称	目标性状	外源基因	批准使用国家和地区
BXN10211（10211）	耐除草剂	*bxn*, *npt*Ⅱ	澳大利亚（2002）；日本（2001）；墨西哥（1996）；新西兰（2002）；美国（1994）
BXN10215（10215）	耐除草剂	*bxn*, *npt*Ⅱ	加拿大（1996）；日本（2001）；墨西哥（1996）；美国（1994）
BXN10222（10222）	耐除草剂	*bxn*, *npt*Ⅱ	澳大利亚（2002）；加拿大（1996）；日本（2001）；新西兰（2002）；美国（1994）
BXN10224（10224）	耐除草剂	*bxn*, *npt*Ⅱ	加拿大（1996）；墨西哥（1996）；美国（1994）
COT102	抗虫	*vip3A*（*a*），*aph4*（*hpt*）	澳大利亚（2005）；加拿大（2011）；中国（2016）；哥伦比亚（2016）；哥斯达黎加（2017）；日本（2012）；墨西哥（2010）；新西兰（2012）；菲律宾（2015）；韩国（2014）；中国台湾（2015）；美国（2005）
COT102 × MON15985	抗虫	*vip3A*（*a*），*aph4*（*hpt*），*cry1Ac*，*cry2Ab2*，*npt*Ⅱ，*aad*，*uidA*	澳大利亚（2014）；日本（2014）；墨西哥（2014）
COT102 × MON15985 × MON88913	耐除草剂+抗虫	*cp4-epsps*（*aroA*；CP4），*vip3A*（*a*），*aph4*（*hpt*），*cry1Ac*，*cry2Ab2*，*npt*Ⅱ，*aad*，*uidA*	澳大利亚（2014）；巴西（2016）；日本（2014）；韩国（2015）；中国台湾（2016）
COT67B	抗虫	*cry1Ab*	澳大利亚（2009）；加拿大（2011）；哥斯达黎加（2017）；日本（2012）；墨西哥（2011）；新西兰（2009）；韩国（2013）；美国（2009）
Event1	抗虫	*cry1Ac*, *npt*Ⅱ	埃塞俄比亚（2018）；印度（2006）；斯威士兰（2018）

（续表）

品系名称	目标性状	外源基因	批准使用国家和地区
COT102 × MON15985 × MON88913 × MON88701	耐除草剂+抗虫	cp4 epsps (aroA: CP4), vip3A (a), aph4 (hpt), cry1Ac, cry2Ab2, nptⅡ, aad, uidA, dmo, bar	澳大利亚（2016）；巴西（2018）；哥伦比亚（2012）；日本（2016）；墨西哥（2015）；韩国（2016）；中国台湾（2017）
GFM Cry1A	抗虫	cry1Ab-Ac, nptⅡ, uidA	印度（2006）；巴基斯坦（2012）
GHB119	耐除草剂+抗虫	bar, cry2Ae	澳大利亚（2011）；加拿大（2011）；中国（2014）；哥伦比亚（2016）；欧盟（2017）；日本（2013）；马来西亚（2017）；新西兰（2011）；韩国（2013）；中国台湾（2015）；美国（2011）
GHB614	耐除草剂	2mepsps	阿根廷（2014）；澳大利亚（2009）；巴西（2010）；加拿大（2010）；哥伦比亚（2008）；哥斯达黎加（2009）；欧盟（2011）；日本（2010）；马来西亚（2017）；墨西哥（2008）；新西兰（2009）；韩国（2010）；中国台湾（2015）；美国（2009）
GHB614 × LLCotton25	耐除草剂	2mepsps, bar	阿根廷（2015）；巴西（2012）；哥伦比亚（2013）；欧盟（2015）；日本（2010）；墨西哥（2010）；韩国（2012）；中国台湾（2015）
GHB614 × LLCotton25 × MON15985	耐除草剂+抗虫	cry1Ac, cry2Ab2, bar, 2mepsps, nptⅡ, aad, uidA	加拿大（2010）；墨西哥（2010）；韩国（2010）；中国台湾（2015）

（续表）

品系名称	目标性状	外源基因	批准使用国家和地区
GHB614×T304-40×GHB119	耐除草剂+抗虫	2mepsps, cry1Ab, cry2Ae, bar	巴西（2012）；墨西哥（2012）；韩国（2013）；中国台湾（2015）
GHB614×T304-40×GHB119×COT102	耐除草剂+抗虫	2mepsps, cry1Ab, cry2Ae, vip3A（a）, aph4（hpt）, bar	澳大利亚（2016）；巴西（2017）；日本（2015）；墨西哥（2015）；中国台湾（2016）
GHB811	耐除草剂	hppdPF W336; 2mepsps	澳大利亚（2018）；加拿大（2018）；日本（2018）；新西兰（2018）；美国（2018）
GK12	抗虫	cry1Ab-Ac	中国（1997）
LLCotton25	耐除草剂	bar	阿根廷（2014）；澳大利亚（2006）；巴西（2008）；加拿大（2004）；中国（2006）；哥伦比亚（2008）；哥斯达黎加（2009）；欧盟（2008）；日本（2004）；马来西亚（2017）；墨西哥（2006）；新西兰（2006）；南非（2011）；韩国（2005）；中国台湾（2015）；美国（2003）
LLCotton25×MON15985	耐除草剂+抗虫	bar, cry1Ac, cry2Ab2, nptⅡ, uidA, aad	澳大利亚（2006）；日本（2006）；墨西哥（2008）；新西兰（2006）；韩国（2006）；美国（2015）
MLS 9124	抗虫	cry1C, nptⅡ	印度（2009）
MON1076	抗虫	cry1Ac, nptⅡ, aad	澳大利亚（2000）；加拿大（1996）；日本（2005）；新西兰（2000）；韩国（1997）；美国（2018）

（续表）

品系名称	目标性状	外源基因	批准使用国家和地区
MON1445	耐除草剂	cp4 epsps（aroA: CP4），nptⅡ，aad	阿根廷（2001）；巴西（2000）；加拿大（1996）；中国（2004）；哥伦比亚（2003）；哥斯达黎加（2008）；欧盟（2002）；日本（2001）；墨西哥（2000）；新西兰（2000）；巴拉圭（2013）；菲律宾（2003）；新加坡（2014）；南非（2000）；韩国（2003）；中国台湾（2015）；美国（1995）
MON15985	抗虫	cry1Ac, nptⅡ, aad, uidA, cry2Ab2	澳大利亚（2002）；巴西（2009）；布基纳法索（2009）；加拿大（2003）；中国（2006）；哥伦比亚（2009）；欧盟（2002）；哥斯达黎加（2009）；日本（2002）；墨西哥（2003）；新西兰（2002）；尼日利亚（2018）；菲律宾（2003）；新加坡（2014）；南非（2003）；韩国（2003）；中国台湾（2015）；美国（2002）
MON15985 × MON1445	耐除草剂+抗虫	cp4 epsps（aroA: CP4），cry2Ab2, cry1Ac, uidA, nptⅡ, aad	澳大利亚（2002）；加拿大（2014）；哥斯达黎加（2014）；墨西哥哥（2009）；欧盟（2002）；日本（2003）；韩国（2003）；新西兰（2002）；菲律宾（2002）；韩国（2004）
MON1698	耐除草剂	cp4 epsps（aroA: CP4），nptⅡ，aad	加拿大（1997）；墨西哥（2000）；南非（2000）；美国（1995）
MON531	抗虫	cry1Ac, nptⅡ, aad	阿根廷（1998）；澳大利亚（2000）；巴西（2005）；加拿大（1996）；哥伦比亚（2003）；哥斯达黎加（2008）；欧盟（2002）；印度（2002）；日本（2001）；墨西哥（1996）；新西兰（2000）；巴基斯坦（2010）；巴拉圭（2007）；菲律宾（2004）；新加坡（2014）；南非（1997）；韩国（2003）；苏丹（2012）；中国台湾（2015）；美国（1995）

（续表）

品系名称	目标性状	外源基因	批准使用国家和地区
MON531×MON1445	耐除草剂+抗虫	cp4 epsps（aroA；CP4），cry1Ac，npt II，aad	阿根廷（2009）；澳大利亚（2003）；巴西（2009）；哥伦比亚（2008）；哥斯达黎加（2009）；欧盟（2002）；日本（2003）；墨西哥（2002）；新西兰（2000）；巴拉圭（2013）；菲律宾（2004）；南非（2005）；韩国（2004）；中国台湾（2015）
MON757	抗虫	cry1Ac，npt II，aad	澳大利亚（2000）；加拿大（1996）；日本（2001）；新西兰（2000）；南非（1997）；韩国（2003）；美国（1995）
MON88701	耐除草剂	dmo，bar	澳大利亚（2014）；巴西（2017）；加拿大（2014）；哥伦比亚（2016）；哥斯达黎加（2016）；日本（2013）；墨西哥（2014）；新西兰（2014）；韩国（2015）；中国台湾（2016）；美国（2013）
MON88701×MON88913	耐除草剂	dmo，bar，cp4 epsps（aroA；CP4）	澳大利亚（2016）；巴西（2018）；哥伦比亚（2016）；日本（2015）；墨西哥（2015）；韩国（2015）；中国台湾（2017）
MON88701×MON88913×MON15985	耐除草剂+抗虫	dmo，bar，cp4 epsps（aroA；CP4），cry1Ac，npt II，aad，uidA，cry2Ab2	日本（2015）；墨西哥（2014）；韩国（2015）；中国台湾（2017）
MON88702	抗虫	mCry51Aa2	澳大利亚（2018）；加拿大（2018）；新西兰（2018）；美国（2018）

（续表）

品系名称	目标性状	外源基因	批准使用国家和地区
MON88913	耐除草剂	cp4 epsps (aroA: CP4)	菲律宾（2005）；澳大利亚（2006）；巴西（2011）；加拿大（2005）；新加坡（2014）；哥伦比亚（2009）；哥斯达黎加（2009）；欧盟（2015）；日本（2005）；墨西哥（2006）；新西兰（2006）；南非（2014）；韩国（2006）；中国台湾（2015）；美国（2005）；中国（2007）
MON88913 × MON15985	耐除草剂+抗虫	cp4 epsps (aroA: CP4)；cry2Ab2；cry1Ac；uidA；nptⅡ；aad	澳大利亚（2006）；巴西（2012）；哥伦比亚（2010）；哥斯达黎加（2009）；日本（2006）；墨西哥（2006）；新西兰（2006）；巴拉圭（2017）；菲律宾（2006）；南非（2007）；韩国（2008）；中国台湾（2015）
Ngwe Chi 6 Bt	抗虫		缅甸（2006）
SGK321	抗虫	cry1A, CpTI	中国（1999）
T303-3	耐除草剂+抗虫	cry1Ab, bar	美国（2012）
T304-40	耐除草剂+抗虫	cry1Ab, bar	澳大利亚（2010）；中国（2011）；加拿大（2011）；马来西亚（2014）；欧盟（2015）；日本（2012）；新西兰（2017）；中国台湾（2015）；美国（2011）
T304-40 × HB119	耐除草剂+抗虫	cry1Ab, cry2Ae, bar	阿根廷（2014）；巴西（2011）；加拿大（2011）；韩国（2013）
T304-40 × HB119 × COT102	耐除草剂+抗虫	cry1Ab, cry2Ae, bar, vip3A (a)	巴西（2018）

第一节 亚 洲

亚洲是全球最大的产棉洲，棉花种植历史悠久，主产国有中国、印度、巴基斯坦、乌兹别克斯坦和土耳其，产量占全球的一半以上。中国从1997年就开始种植抗虫转基因棉花，亚洲其他国家开始较晚，印度于2002年开始种植，巴基斯坦于2010年开始种植，如今，抗虫转基因棉花种植面积占棉花总面积的90%以上。

一、中国

我国是世界产棉大国，棉花在我国国民经济中占有非常重要的地位，中国棉花产区曾覆盖1亿多农民，中国纺织服装从业人员2 000万人。从20世纪80年代以来，我国棉花总产已居世界前列，从此结束了棉花短缺史。棉花也是害虫发生种类较多、遭受为害较重的作物之一，常年造成棉花减产15%~20%，全国皮棉损失60万~80万吨。20世纪90年代，棉铃虫 *Helicoverpa armigera* 在我国黄河流域棉区和长江流域棉区暴发为害，每年经济损失高达数百亿元。同时，大量使用农药不仅大大增加了农民生产成本，而且严重破坏了生态环境，并损害了农民身体健康，人畜中毒事件也频频发生。

为了有效防治棉铃虫的发生为害，1997年我国开始商业化种植抗虫转基因棉花。据ISAAA统计资料显示，1998年抗虫转基因棉花推广面积为26万公顷，占我国棉花总种植面积的2%左右，2013年抗虫转基因棉花种植面积达到420万公顷，占棉花总种植面积的90%，到2017年抗虫转基因棉花种植面积为278万公顷，占棉花总种植面积的近95%（图6-1）。目前，我国商业化应用抗虫转基因棉花为单一抗虫基因品种，主要导入外源基因为*Cry*1*Ac*或*Cry*1*Ac*/*Cry*1*Ab*融合基因*Cry*1*A*，表现为抗鳞翅目的棉铃虫和红铃虫。

抗虫转基因棉花的推广与应用给中国带来了巨大的经济效益。长期以来，棉铃虫给中国的棉花生产带来严重的为害和损失，由于多年来大量使用有机磷、菊酯等常用农药，导致了20世纪90年代棉铃虫耐药性的暴发，不仅给农户带来了严重的经济损失和健康危害，由此带来的环境污染更是难以估量。抗虫转基因棉花的推广应用有效地控制了棉铃虫的暴发为害，在减少害虫防治次数70%~80%的情况下不影响产量，同时可节约农药60%~80%，有利于农户健康和生态环境保护。目前，抗虫转Bt基因棉花已经成为防控棉花害虫的一项关键措施。中国农业科学院植物保护研究所系统研究了河北廊坊1998—2007年间棉铃虫在抗虫转Bt基因棉花和常规棉花田的种群动态，结合对华北地区1992—2006年100个观测点的棉铃虫种群监测数据的模型分析，表明抗虫转Bt基因棉花的大规模商业化种植破坏了棉铃虫在华北地区季节性多寄主转换的食物链，压缩了棉铃虫的生态位，不仅有效控制了棉铃虫对棉花的为害，而且高度抑制了棉铃虫在玉米、大豆、花生和蔬菜等其他作物田的发生与为害。

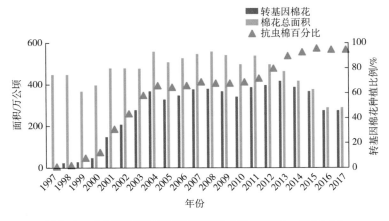

图6-1　中国转基因棉花种植情况（数据来源：ISAAA）

二、印度

印度是世界上植棉历史最悠久的国家之一，也是世界重要的棉花生产国和消费国。18世纪下半叶，印度从美国引进陆地棉，1854年印度开始现代纺织工业。印度棉花产量在第二次世界大战前一直产大于需，有25%的棉花供出口。第二次世界大战后，由于人口增长，对粮食需求增加，棉花种植面积下降，导致供需不足。20世纪60年代起，印度开始大力进行棉花品种改良，单产和品质都得到提高，生产开始持续发展，到70年代中期，开始有少量棉花出口，棉花总产量增长趋势持续到90年代。印度旁遮普邦、哈里亚纳邦和古吉拉特邦等邦棉花产量要高一些，但是其他地区如马哈拉施特拉邦、安得拉邦、泰仑加纳和卡纳塔克邦等，由于对季风的高度依赖，产量要低一些。

在印度，首先商业化种植的是单价抗虫转基因棉花Bollgard I（*Cry*1*Ac*）。2006年，双价抗虫转基因棉花Bollgard II（*Cry*1*Ac/Cry*2*Ab*）开始种植，种植面积不断扩大。2015年印度种植的1 160万公顷的抗虫转*Bt*基因棉花（种植面积与2014年相同），采用率为95%。2017年印度转基因抗虫棉的种植面积达到1 140万公顷，比2016年（1 080万公顷）增加60万公顷，占棉花种植总面积（1 224万公顷）的93%（图6-2）。而从2007年起，单价转基因抗虫棉花的种植面积在逐年减少。2010年，双价转基因抗虫棉花的种植面积是660万公顷，而单价转基因抗虫棉花的种植面积减少到280万公顷。据不完全统计，2017年，双价转基因抗虫棉花的种植面积占抗虫转基因棉花的90%。2017年，印度政府批准的转基因棉花转化事件共有6个，其中4个为印度国内公司开发的，这些棉花转化事件都是抗虫或耐除草剂为特征的转基因棉花。

印度抗虫转基因棉花种植带来的效益十分显著。在种植抗虫转基因棉花之前，印度的棉花生产也面临病虫害为害加重、害虫对化学农药抗性升高等问题，农药的使用增多，植棉成本增加。虽然大量使用杀虫剂，但效果并不明显，棉铃虫已经对所施杀虫剂产生抗药性，所以在2001年印度还是棉花的净进口国。2002年，印度允许农民种植含有杀虫基因的抗虫转基因棉花，印度棉花生产有了长足的进步。产量从20世纪90年代的221万吨到2004/2005年度突破340万吨，2004年棉花生产和消费分别居于世界第三和第二位，2005年，抗虫转基因棉花的种植使杀虫剂的使用量减少42%，种植转基因棉花每英亩（1英亩≈4 047米²）的收入比非转基因棉花高出373美元。2002—2014年，抗虫转Bt基因棉花使印度农场的收入增加183亿美元，仅2014年一年就达到16亿美元，截至2017年，印度种植抗虫转基因棉花共带来211亿美元经济效益。由于抗虫转基因棉花种植带来的较大的经济效益，印度棉花种植面积稳定增长，2015年印度成为全球第一大棉花生产国。

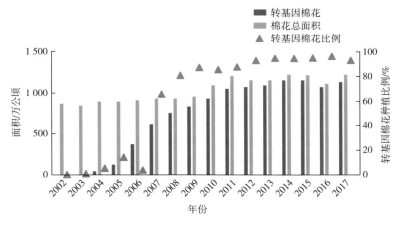

图6-2　印度转基因棉花种植情况（数据来源：ISAAA）

三、巴基斯坦

巴基斯坦是一个农业国家，棉花是巴基斯坦主要的经济作物和出口创汇资源，棉花在巴基斯坦素有"白金"之称，为世界第四大产棉国。巴基斯坦棉花主要种植在东部与印度接壤的旁遮普省、信德省和西北边区省。两省属典型的大陆性气候，无霜期长，且印度河流域良好的灌溉条件，加上棉花生长期间70%~90%为晴好天气，成熟与收花期基本无雨，优越的自然条件有利于棉花生长，无霜后花、青铃花，纤维品质好。旁遮普省产量最多，约占全国产量的75%，信德省约占25%。

1947年巴基斯坦独立时，棉田总面积123.7万公顷，其中陆地棉的栽培面积为103.5万公顷，占棉田总面积的83.7%。巴基斯坦独立之后，政府对农业非常重视，在政策上给予扶持并不断增加农业的投入，棉花生产迅速发展，棉田面积逐步扩大，单产水平不断提高，皮棉总产急剧增加。巴基斯坦棉花以往长度短、含杂多、品级低（SLM以下）。但从20世纪80年代初起，经过巴基斯坦中央棉花委员会及其所属科研单位不遗余力地培养优育品种以取代退化老品种，并注意改进棉花加工条件，近年来其品质有很大改进。巴基斯坦棉花实行自由种植，农民手工采摘，绝大部分棉花直接销售到附近的轧花厂，收购价格由市场调节。巴基斯坦棉花加工工艺改造进度不快，目前皮辊加工占加工总量的近一半。巴基斯坦棉花主要是1467、AFZAL、ALAKA这3个等级，AFZAL为标准级，长度为26毫米，马克隆值为3.6~4.6，强力为25GPT或更高。水杂特别大，三丝多，只可纺低支环锭纺纱和气流纺纱。巴基斯坦棉花按纤维长度分为短绒（21毫米以下）、中绒（21~25毫米）、中长绒（26~28毫米）和长绒（28~33毫米）4类。中长绒一般占总产量的60%~70%。

巴基斯坦2010年首次种植抗虫转基因棉花，种植面积就高达240万公顷，占棉花总面积（320万公顷）的75%。2017年，72.5万巴基斯坦棉农种植的抗虫转基因棉花面积保持在300万公顷，比2016年增加10万公顷，占棉花种植总面积的96%（图6-3）。抗虫转基因棉花种植面积的显著增加主要是政府给予农民的大量补贴，包括补贴肥料和降低贷款利率等。2010—2016年间，巴基斯坦国内转基因生物主管部门已经批准了34个抗虫转基因棉花品种，足够提供4个重要棉花种植省份（旁遮普省、信德省、开伯尔-普赫图赫瓦省和俾路支省）棉农的需要。

棉农是引进转基因棉花种植的受益者。在过去的8年里，大约72.5万名棉农通过种植抗虫转基因棉花而获益。2010—2016年，巴基斯坦种植抗虫转基因棉花的经济效益有48亿美元，仅2016年就有4.83亿美元的收益。研究表明，种植抗虫转基因棉花能够增产9%，减少农药用量21.7%，而且通过持续提高抗虫转基因棉花的抗虫能力和种子质量可以显著提高抗虫转基因棉花的经济效益。

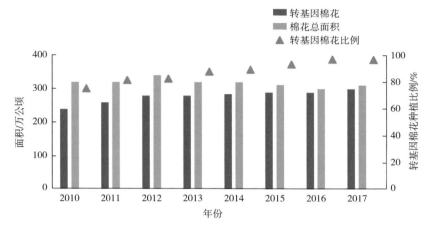

图6-3 巴基斯坦转基因棉花种植情况（数据来源：ISAAA）

第二节 美 洲

美洲是陆地棉的起源地，也是全球第二大产棉洲，该棉区含北美、中美和南美3个棉区，占世界年产量的20%。主产国有美国、巴西、阿根廷、墨西哥、秘鲁、巴拉圭和哥伦比亚，其中美国、巴西为主要产棉国。美国是全球第一个批准转基因棉花商业化种植的国家，巴西也在2005年批准转基因棉花的种植。

一、美国

美国是世界上最重要的棉花生产国之一，棉花是美国最早种植的经济作物之一。美国棉花种植面积、产量、出口量都稳居世界前列，主要的出口市场面向亚洲、欧洲、大洋洲、非洲和中东地区。几乎所有的棉花纤维都产自美国南部和西部，主要位于得克萨斯州、加利福尼亚州、亚利桑那州、密西西比州、阿肯色州和路易斯安那州，在美国种植的棉花99%是陆地棉品种，其余为美国皮马棉。农场主是美国棉花生产的主体，植棉农场是美国棉花的经营主体，由于机械化程度的不断提高，美国农场数量因合并而不断减少，而每个农场的面积不断增大。在美国，棉花生产是一个每年250亿美元的产业，从业人员超过20万人。美国国内没有棉花流通环节，美国棉农或农场主生产的籽棉，通过轧花厂变成皮棉后直接进入期货市场进行销售。作为棉花生产大国和棉纺工业大国，美国是全球制定棉花品质和质量标准最早的国家，美国的陆地棉标准是世界上公认的棉花分级标准，因此，美国农业部的标准既是"美棉标准"又称"国际通用标准"。

棉花是美国转基因作物中发展较早的一个品种。1996年美国率先商业化种植抗虫转*Bt*基因棉花，此后迅速发展。2000年时转基因棉花种植份额就已经达到了61%，2017年美国转基因棉花的种植面积从2016年的370万公顷提高到458万公顷，种植份额超过95%（图6-4）。2017年种植的转基因棉花包括23.9万公顷抗虫棉花，52.5万公顷耐除草剂棉花和380万公顷具有复合性状（抗虫和耐除草剂）的棉花。2000—2011年，单一抗虫转*Bt*基因棉花的种植份额基本稳定，最低时为13%，最高时也只有18%。近些年单一抗虫转*Bt*基因棉花的种植份额逐年下降，到2017年仅剩5%。单一耐除草剂棉花份额在2002年达到顶峰26%，之后一直减少，到2017年仅剩11%。单一耐除草剂性状的棉花在早期所占的份额较高，但随着转基因技术的不断发展，转基因棉花从最初的简单抗虫或耐除草剂改良为拥有抗虫、耐除草剂的复合性状，近年来复合性状的棉花开始逐渐占据主流，种植份额则一路稳步提高，2000年时仅有20%，到2011年已经达到58%，复合性状转基因棉花的份额是在2009—2010年猛涨了10%，从48%提高到58%，2017年复合性状转基因棉花的份额达到80%。

根据美国农业部农业推广服务司（AMS）的棉花和烟草项目显示，阿拉巴马州、阿肯色州、亚利桑那州、佛罗里达州、堪萨斯州、路易斯安那州、密苏里州、新墨西哥州、北卡罗来纳州、俄克拉荷马州、田纳西州以及弗吉尼亚州的转基因棉覆盖率达到100%，其他州的转基因棉覆盖率在97.4%~99.9%。

美国是发达的工业国家，农业机械化程度很高，转基因作物的种植面积世界第一。负责监测全球转基因农作物的独立国际机构的一项调查指出，无论在发达工业国家还是在发展中国家，农民们都愿意种植更多的转基因棉花，这是因为转基因棉花便于管理，以及由于减少传统农药的使用带来的环境效益，也正好反映了现代农民得益于转基因农作物诸多优越性并逐步提高对转基因农业技术的接受度。对于农民来说，"抗虫"和"抗农达"等转基因作物减少了可能的虫害，且利于使用除草剂除草，免于人工除草。种植转基因作物的土地用肥量和用水量都少于种植非转基因作物的田地，节约成本。目前，美国市场对转基因作物和普通作物在价格、标识等方面同等对待。对于依赖机器的美国农民，不种植抗虫害、抗草甘膦的转基因作物，可能意味着成本大幅增加而收成不大，在市场上"吃亏"，因此，转基因作物自然受到很多农民的欢迎。

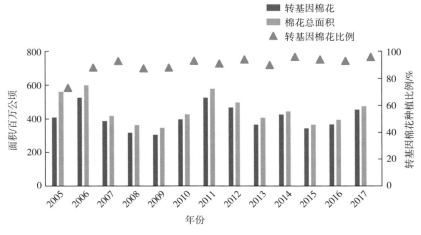

图6-4 美国转基因棉花种植情况（数据来源：ISAAA）

二、巴西

巴西棉花在世界上占有很重要的地位，常年产量居世界第五位，出口量居第三位。巴西是棉花起源地之一。目前世界公认51个棉种（亚种），3个四倍体野生种之一的黄褐棉（*Gossypium mustelinum*）原产于巴西。所以，巴西是现代栽培棉的起源中心之一。20世纪90年代，巴西棉区做了大幅度调整，主要由南部和北部向中西部转移，而且棉区变化很大，中部新棉区产量占全巴西的比重从1990年度的17%增加到2005年度的94%。巴西从西到东形成植棉带，虽然贯穿了15个州，但棉区是集中成片的，可分为3个棉区：一是中西棉区或Cerrado棉区，包括中西部的3个州（马托格罗索、戈亚斯、南马托格罗索）、东南部的1个州（米纳斯吉拉斯）和东北部的1个州（马拉尼昂）；二是南部棉区，包括南部的巴拉那和东南部的圣保罗两个州；三是东北棉区，包括东北部的8个州（皮奥伊、塞阿拉、北里奥格兰德、帕拉伊巴、伯南布哥、阿拉戈斯、塞尔希培、巴伊亚）。2005年、2006年收获面积分别是84万公顷和97万公顷。

巴西2005年首次种植抗虫转基因棉花，种植面积为10万公顷，占棉花种植面积的10%。2014年转基因棉花种植面积为60万公顷，由于棉花在巴西种植结构中所占比例较小，转基因棉花普及速度不快，2014/2015年转基因棉花种植面积占棉花总面积仅为66.5%。2017年，巴西转基因棉花种植面积达到94万公顷，比2016年（79万公顷）增加了19%，占棉花种植总面积的84%（图6-5）。其中抗虫转基因棉花占11%（10.2万公顷），耐除草剂棉花占30%（28.2万公顷），抗虫与耐除草剂复合性状棉花占59%（55.6万公顷）。巴西2005年首次批准合法种植抗鳞翅目害虫转基因棉花MON531，2008年批准抗草甘膦转基因棉花LLCotton25和MON1445，2009年批准既抗草甘膦又抗鳞翅目害虫的转基因棉花284-24-236/3006-210-23和MON1445×MON521。其中9.1%（10万公顷）为既抗草甘膦又抗鳞翅目害虫转基因棉花，26.3%（29万公顷）为抗草甘膦转基因棉花，剩余的14.7%

（16万公顷）为抗鳞翅目害虫转基因棉花。

巴西棉花害虫发生严重，种植抗虫转基因棉花之前，棉花整个生长季需进行14次喷药来防治棉花害虫，防治费用占到植棉成本的40%。种植抗虫转基因棉花显著降低害虫防治费用，最大可以使杀虫剂使用量减少12倍，每公顷节约成本130美元。另外，转基因棉花的种植也带来巨大的生态效益，据估算，种植转基因棉花前5年，巴西节约2.5亿升水，节省209万升柴油。由于收益率、较高的价格、大量的国内外市场需求，2017年巴西棉花的种植面积比2016年显著增加。未来巴西转基因棉花的种植面积会随着国内和全球对未加工的棉花原料不断增加的需求而扩大。

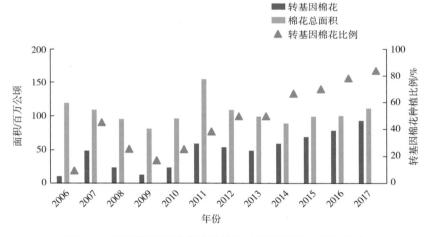

图6-5 巴西转基因棉花种植情况（数据来源：ISAAA）

第三节 澳 洲

澳洲产棉区主要分布在澳大利亚。澳大利亚棉花单产水平高，植棉收益好，纤维品质优良，适纺高支纱，是全球棉花强国。长期以来，澳大利亚是世界第三大棉花出口国，占世界出口量的5%~10%。澳大利亚植棉历史较短，但澳大利亚是最早种植转基因棉花的国家之一，1996年率先商业化种植抗虫转*Bt*基因棉花，如今澳大利亚种植的棉花全部为转基因棉花。

澳大利亚棉区气候温暖至炎热，终年没有霜冻，光热资源丰富，适宜棉花生产发育，是澳大利亚棉花高产的重要原因之一，如昆士兰棉区棉花适宜生长期在300天以上。澳大利亚大约80%的棉田和全国85%的灌溉棉田集中在昆士兰州和新南威尔士州沿河谷地，总产量占93%左右，其棉花种植面积受水资源严重制约，年际间种植面积与产量波动较大。澳大利亚棉花生产的特点是棉花生产规模大、机械化程度高。澳大利亚棉花生产以家庭农场的形式进行，土地均为私有。澳大利亚常年植棉面积20万公顷，而棉花农场只有1 500个，平均一个农场100公顷，远远高于我国户均植棉面积。规模生产带来规模效益。由于农场规模大，劳动力成本高，澳大利亚棉花生产的全过程，从整地、播种、浇水、施肥、喷药到采收、运输、加工、包装都实现了机械化，人力投入少、生产效率高，这是与该国的国情相适应的。澳大利亚是世界棉花出口大国，在世界棉花市场上占有重要地位，皮棉绝大部分出口，占世界出口量的10%左右，在国际市场上有很强的市场竞争力，出口的国家主要是印度尼西亚、日本、泰国、韩国，中国台湾也是其出口的市场之一。

澳大利亚是最早种植转基因棉花的国家之一，1996年和美国、墨西哥率先商业化种植转基因棉花（*Bt*抗虫棉）。2015年澳大利亚种植了21.4万公顷棉花，比2014年的20万公顷增加了7%。2017年澳大利亚转基因棉花种植面积达到43.2万公顷（图6-6），值得注意的是，澳大利亚种植的棉花全部为转基因棉花（采用率100%），其中有1.6万公顷耐除草剂棉花和41.6万公顷耐除草剂/抗虫复合性状棉花。澳大利亚是全球转基因棉花部署和抗虫管理的领先者，2015年已经对Bollgard Ⅲ进行了田间试验，种植面积3万公顷。Bollgard Ⅲ抗虫靶标为棉铃虫（*Helicoverpa armigera*）以及澳大利亚棉铃虫（*Helicoverpa punctigera*），除了拥有Bollgard Ⅱ品种原有的*Bt*杀虫蛋白Cry1Ac和Cry2Ab，还具备新型的*Bt*杀虫蛋白Vip3A。这三类杀虫蛋白将提高棉花品种抗虫技术的持效期，每种毒素具有不同的作用模式，可以3

种不同的方式杀死鳞翅目靶标害虫。

第一代抗虫转基因棉花推广种植后，有效地控制了棉铃虫的为害，农药使用量下降50%以上，环境中农药残留问题也基本解决。2003年澳大利亚推广第二代抗虫棉，由于抗虫性的提高，农药使用量也下降90%以上，每公顷的防治成本也从500澳元下降到30澳元，喷药次数也由之前的10.7次，下降到2.6次。2015年澳大利亚棉农从抗虫转基因棉花种植中获得净收益5 580万美元。截至2016年，澳大利亚种植耐除草剂转基因棉花累计获得收益11 320万美元，种植抗虫转基因棉花累计获得收益95 370万美元。

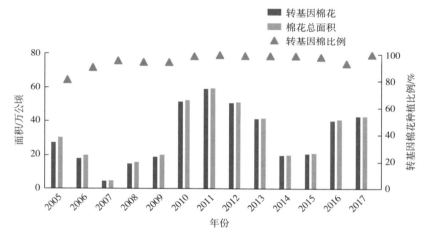

图6-6 澳大利亚转基因棉花种植情况（数据来源：ISAAA）

第四节 非 洲

非洲棉区含北、东、西、南4个棉区，占世界年产量的7.97%。其主要产棉国家有埃及、苏丹、坦桑尼亚、科特迪瓦（象牙海岸）、马里、布基纳法索、喀麦隆、乍德、津巴布韦和南非等。北非国家埃及、苏丹是世界上重要的长绒棉产地，近些年埃及棉花种植面积在40万~50万公顷。西非是全球重要的棉花产区，是非洲棉花的集中产区，棉花是西非国家农民经济收入的主要来源，多个国家的国徽里镶嵌有棉花的图案。

1997年，抗虫转*Bt*基因棉花成为南非第一个商业化种植的转基因作物。目前，非洲允许种植转基因作物的国家有南非、布基纳法索和苏丹等13个国家。2017年，南非转基因棉花种植面积为3.74万公顷，相比于2016年的0.9万公顷，增加了315%，其中旱地和灌溉地区的种植面积分别增加了68%和170%。1997年苏丹的*Bt*棉花种植面积达到12万公顷，2017年*Bt*棉花种植面积达到19.2万公顷，比2015年增长了59%。在布基纳法索，2008年开始进行商业化种植转基因棉花，2010年实现了抗虫转基因棉花种植面积100%的增长，从2009年的11.5万公顷到2010年8万户农民种植的26万公顷，这对其邻国以及非洲大陆具有战略性意义。斯威士兰完成抗虫棉花环境释放申请的评估，目前等待斯威士兰环境管理局批准商业种植的种子进口许可证和商业化种植。另外，有6个国家进行转基因作物区域试验，为环境释放做准备。

在南非，种植抗虫转基因棉花每公顷节约农药和人力成本12~23美元，种植耐除草剂棉花每公顷增加收入32.57美元。布基纳法索种植抗虫转基因棉花增产18%~20%，每公顷因减少施药节约52美元，扣除支付的知识产权费用，2015年每公顷增加收入81.7美元，整个国家累计增收2 700万元，2008—2015年，累计增加收入20 460万美元。

REFERENCE / 主要参考文献

Clive James. 2008. 2007年全球转基因作物商业化发展态势——从1996年到2007年的第一个12年[J]. 中国生物工程杂志，2：1-10.

Clive James. 2009. 2008年全球生物技术/转基因作物商业化发展态势——第一个十三年（1996—2008）[J]. 中国生物工程杂志，2：1-10.

Clive James. 2010. 2009年全球生物技术/转基因作物商业化发展态势——第一个十四年（1996—2009）[J]. 中国生物工程杂志，2：1-22.

Clive James. 2012，2011年全球生物技术/转基因作物商业化发展态势[J]. 中国生物工程杂志，1：1-14.

Clive James. 2013. 2012年全球生物技术/转基因作物商业化发展态势[J]. 中国生物工程杂志，2：1-8.

Clive James. 2014. 2013年全球生物技术/转基因作物商业化发展态势[J]. 中国生物工程杂志，1：1-8.

Clive James. 2015. 2014年全球生物技术/转基因作物商业化发展态势[J]. 中国生物工程杂志，1：1-14.

Clive James. 2016. 2015年全球生物技术/转基因作物商业化发展态势[J]. 中国生物工程杂志，4：1-11.

Clive James. 2018. 2017年全球生物技术/转基因作物商业化发展态势[J]. 中国生物工程杂志，38（6）：1-8.

崔金杰，雒珺瑜，张帅. 2013. 转基因棉花环境安全评价[M]. 北京：中国农业科学技术出版社.

崔金杰，苗成朵，马艳. 2012. 转双价基因抗虫棉花[M]. 北京：中国农业科学技术出版社.

崔金杰，沈平，吴孔明，等. 2007. 转基因植物及其产品环境安全检测：抗虫棉花：第4部分：生物多样性影响[S]. 中华人民共和国国家标准. 农业部953号公告-12.4-2007.

高小明，王安平，张军民，等. 2011. 我国不同转基因棉花品种棉籽营养成分和棉酚含量研究 [J]. 华北农学报，26：95-98.

郭三堆，崔洪志，倪万潮. 两种编码杀虫蛋白质基因和双价融合表达载体及其应用：ZL98102885.3[P]. 1999-06-16.

郭三堆，倪万潮，徐琼芳. 编码杀虫蛋白融合基因和表达载体及其应用：ZL95119563.8. CN12 15/32[P]. 1995-12-28.

郭三堆，孙豹，张锐，等. 一种含有草甘膦抗性基因的表达载体及其应用：201410204703.6 [P]. 2017-01-18.

郭三堆，王远，孙国清，等. 2015. 中国转基因棉花研发应用二十年[J]. 中国农业科学，48（17）：3 372-3 387.

国家农作物品种审定委员会办公室. 2008. 中国转抗虫基因棉花品种（1997—2007）[M]. 北京：中国农业出版社.

侯红利，罗宇良. 2005. 棉酚毒性研究的回顾[J]. 水生态学杂志，25（6）：100-102.

黄滋康. 2007. 中国棉花品种及其系谱[M]. 北京：中国农业出版社.

金石桥，刘逢举，刘媛，等. 2014. 黄河流域常规棉品种近几年育种趋势分析[J]. 中国棉花，41（1）：8-11.

李云河，吴孔明. 2013. 转基因作物商业化种植的生态效应[M]//李文华. 中国当代生态学研究：可持续发展生态学卷. 北京：科学出版社：197-214.

刘超，朱彦卓，代文俊，等. 2014. 转基因棉花抗逆性研究进展[J]. 湖南农业科学（15）：32-35.

刘晨曦，吴孔明. 2011. 转基因棉花的研发现状与发展策略[J]. 植物保护，37（6）：11-17.

刘方，王坤波，宋国立. 2002. 中国棉花转基因研究与应用[J]. 棉花学报，14（4）：249-253.

陆宴辉，梁革梅. 2016. Bt作物系统害虫发生演替研究进展[J]. 植物保护，42：7-11.

陆宴辉，简桂良，李香菊，等. 2011. 棉花病虫害防控技术问答[M]. 北京：金盾出版社.

陆宴辉，简桂良，吴孔明. 2013. 棉花主要病虫害简明识别手册[M]. 北京：中国农业出版社.

陆宴辉，齐放军，张永军. 2010. 棉花病虫害综合防治技术[M]. 北京：金盾出版社.

毛树春，李付广. 2016. 当代全球棉花产业[M]. 北京：中国农业出版社.

孙雷心. 2014. 2013年全球转基因作物商业化发展态势[J]. 中国农业科学，6：1 110.

汪若海. 2007. 中国棉文化[M]. 北京：中国农业科学技术出版社.

王国英. 2001. 转基因植物的安全性评价[J]. 农业生物技术学报，9（3）：205-207.

王坤波，郭香墨，张香云，等. 2007. 巴西棉花考察报告[J]. 中国棉花，34（5）：8-12.

王留明. 1997. 赴澳大利亚棉花科技生产考察报告[J]. 山东农业科学（6）：47-49.

王宗文. 2011. 国内外抗除草剂棉花研究应用现状[J]. 山东农业科学（1）：81-85.

张锐，郭三堆，梁成真. 三个棉花ABF/AREB/ABI5/DPBF类转录因子及其编码基因与应用：ZL200910158311.X[P]. 2013-09-11.

张锐，王远，孟志刚 等. 2007. 国产转基因抗虫棉研究回顾与展望[J]. 中国农业科技导报，9（4）：32-42.

张帅，雒珺瑜，崔金杰. 2016. 转基因棉花环境安全性研究[M]. 北京：中国农业科学技术出版社.

Carstens K，Cayabyab B，Schrijver A D，et al. 2014. Surrogate species selection for assessing potential adverse environmental impacts of genetically engineered insect-resistant plants on non-target organisms[J]. Landes Bioscience，5：1-5.

Culpepper A S. 2006. Glyphosate-induced weed shifts[J]. Weed technology，20：277-281.

EFSA. 2010. Guidance on the environmental risk assessment of genetically modified plants[J]. The EFSA Journal，8：1 879.

Garcia-Alonso M，Jacobs E，Raybould A，et al. 2006. A tiered system for assessing the risk of genetically modified plants to non-target organisms[J]. Environmental Biosafety Research，5：57-65.

Givens W A，Shaw D R，Kruger G R，et al. 2009. A grower survey of herbicide use patterns in glyphosate-resistant cropping systems[J]. Weed Technol，23：156-161.

Jalaludin A，Yu Q，Powles S B. 2014. Multiple resistance across glyfosinate，glyphosate，paraquat and ACCase-inhibiting herbicides in an Eleusine indica population[J]. Weed Research，55：82-89.

Jin L，Zhang H N，Lu Y H，et al. 2015. Large-scale test of the natural refuge strategy for delaying insect resistance to transgenic Bt crops[J]. Nature Biotechnology，33：169-174.

Kanniah R，Cary J W，Jaynes J M. 2005. Disease resistance conferred by the expression of a gene eneoding a synthetic peptide in transgenic cotton（*Gossypium hirsutum* L.）plants[J]. Plant Biotechnology Journal，3（6）：545-554.

Lanzetta P A，Alvarez L J，Reinach P S，et al. 1979. An improved assay for nanomole amounts of inorganic phosphate[J]. Analytical Biochemistry，100：95-97.

Li W J，Wang L L，Jaworski C C，et al. 2019. The outbreaks of nontarget mirid bugs promote arthropod pest suppression in Bt cotton agroecosystems[J]. Plant Biotechnology Journal，doi：10.1111/pbi.13233.

Li Y H，Romeis J，Wang P，et al. 2011. A comprehensive assessment of the effects of

Bt cotton on *Coleomegilla maculata* demonstrates no detrimental effects by Cry1Ac and Cry2Ab[J]. PLoS ONE, 6（7）：e22185.

Li Y H, Romeis J, Wu K M. 2014. Tier-1 assays for assessing the toxicity of insecticidal proteins produced by genetically engineered plants to non-target arthropods[J]. Insect Science, 21：125-134.

Li Y, Ostrem J, Romeis J, et al. 2011. Development of a Tier-1 assay for assessing the toxicity of insecticidal substances against the ladybird beetle, *Coleomegilla maculata*[J]. Environmental Entomology, 40：496-502.

Lu Y H, Wu K M, Jiang Y Y, et al. 2012. Widespread adoption of Bt cotton and insecticide decrease promotes biocontrol services[J]. Nature, 487：362-365.

Lu Y H, Wu K M, Jiang YY, et al. 2010. Mirid bug outbreaks in multiple crops correlated with wide-scale adoption of Bt cotton in China[J]. Science, 328：1 151-1 154.

Maqbool S B, Husnain T, Riazuddin S, et al. 1998. Effective control of yellow stem borer and rice leaf folder in transgenic rice indica varieties Basmati 370 and M 7 using the novel δ-endotoxin cry2A Bacillus thuringiensis gene[J]. Molecular Breeding, 4（6）：501-507.

Murray F, Llewellyn D, McFadden H, et al. 1999. Expression of the *Talaromyces flavus* glucoseoxidase gene in cotton and tobacco reduces fungal infection, but isalsophy totoxie[J]. Moleular Breeding, 5（3）：219-232.

Reddy K N, Jha P. 2016. Herbicide-resistant weeds: Management strategies and upcoming technologies[J]. Indian Journal of Weed Science, 48：108-111.

Romeis J, Bartsch D, Bigler F, et al. 2008. Assessment of risk of insect-resistant transgenic crops to nontarget arthropods[J]. Nature Biotechnology, 26：203-208.

Romeis J, Hellmich R L, Candolfi M P, et al. 2011. Recommendations for the design of laboratory studies on non-target arthropods for risk assessment of genetically engineered plants[J]. Transgenic Research, 20：1-22.

Romeis J, Raybould A, Bigler F, et al. 2013. Deriving criteria to select arthropod species for laboratory tests to assess the ecological risks from cultivating arthropod-resistant transgenic crops[J]. Chemosphere, 90：901-909.

Wan P, Huang Y X, Huang M S, et al. 2012. The halo effect: Suppression of pink bollworm by Bt cotton on non-Bt cotton in China[J]. PLoS ONE, 7：e42004.

Wan P, Xu D, Cong S B, et al. 2017. Hybridizing transgenic Bt cotton with non-Bt cotton counters resistance in pink bollworm[J]. Proceedings of the National Academy of Sciences, 114：5 413-5 418.

Webster T M. 2013. Weed survey-southern states 2013 Broadleaf crops subsection, 2013 Proceedings[C]. Southern Weed Science Society, 66: 275-287.

Wendel J F, Brubaker C, Alvarez I, et al. 2009. Evolution and Natural History of the Cotton Genus[M]// Genetics and Genomics of Cotton: 3-22.

Wu K M, Lu Y H, Feng H Q, et al. 2008. Suppression of cotton bollworm in multiple crops in China in areas with Bt toxin-containing cotton[J]. Science, 321: 1 676-1 678.

Zhang D D, Xiao Y T, Chen W B, et al. 2019. Field Monitoring of *Helicoverpa armigera* (Lepidoptera: Noctuidae) Cry1Ac Insecticidal Protein Resistance in China (2005—2017) [J]. Pest Management Science, 75: 753-759.

Zhang W, Lu Y H, van der Werf W, et al. 2018. Multidecadal, county-level analysis of the effects of land use, Bt cotton, and weather on cotton pests in China[J]. Proceedings of the National Academy of Sciences, 115: 7 700-7 709.